"十四五"职业教育国家规划教材　　职业教育国家在线精品课程配套教材

"十四五"时期水利类专业重点建设教材（职业教育）

高等职业教育水利类新形态一体化教材

工程水力计算

主　编　张春娟　马雪琴
副主编　韩红亮　霍海霞　李　特
主　审　郝红科　张　迪

中国水利水电出版社
www.waterpub.com.cn
·北京·

内容提要

本书是“十四五”职业教育国家规划教材、职业教育国家在线精品课程配套教材、“十四五”时期水利类专业重点建设教材（职业教育）、高等职业教育水利类新形态一体化教材，属于“中国特色高水平高职学校和专业建设计划”水利类专业课程改革系列教材。全书共分8个项目，内容包括：水流认知、静水压力计算、水流运动解析、水头损失计算、有压管流水力计算、渠道水力计算、堰闸水力计算、消能水力计算。按照任务单、学习单、任务解析单、工作单组织教学内容。

本书适用于高职水利工程、水利水电建筑工程、水利水电工程技术、给排水工程技术、水利工程监理等专业，也可作为相关专业工程技术人员的参考用书。

图书在版编目（CIP）数据

工程水力计算 / 张春娟，马雪琴主编. -- 北京 : 中国水利水电出版社，2023.7(2024.12重印).
“十四五”职业教育国家规划教材　职业教育国家在线精品课程配套教材　“十四五”时期水利类专业重点建设教材. 职业教育　高等职业教育水利类新形态一体化教材
ISBN 978-7-5226-1140-2

Ⅰ. ①工… Ⅱ. ①张… ②马… Ⅲ. ①水力计算－高等职业教育－教材 Ⅳ. ①TV131.4

中国版本图书馆CIP数据核字(2022)第224659号

书　名	“十四五”职业教育国家规划教材 职业教育国家在线精品课程配套教材 “十四五”时期水利类专业重点建设教材（职业教育） 高等职业教育水利类新形态一体化教材 **工程水力计算** GONGCHENG SHUILI JISUAN
作　者	主　编　张春娟　马雪琴 副主编　韩红亮　霍海霞　李　特 主　审　郝红科　张　迪
出版发行	中国水利水电出版社 （北京市海淀区玉渊潭南路1号D座　100038） 网址：www.waterpub.com.cn E-mail：sales@mwr.gov.cn 电话：(010) 68545888（营销中心）
经　售	北京科水图书销售有限公司 电话：(010) 68545874、63202643 全国各地新华书店和相关出版物销售网点
排　版	中国水利水电出版社微机排版中心
印　刷	清淞永业（天津）印刷有限公司
规　格	184mm×260mm　16开本　15.25印张　371千字
版　次	2023年7月第1版　2024年12月第2次印刷
印　数	3001—6000册
定　价	**56.00**元

前言

水利类专业是杨凌职业技术学院"国家双高计划建设项目"。按照子项目建设方案，杨凌职业技术学院在广泛调研的基础上，与行业企业专家共同研讨，在原国家示范建设成果的基础上不断创新"合格+特长"的人才培养模式，以水利工程建设一线的主要技术岗位核心能力为主线，兼顾学生职业迁移和可持续发展需要，优化课程内容，进行专业平台课与优质专业核心课的建设。

"工程水力计算"课程是水利类专业的专业平台课。本书面向水利类学生，立足于实际工作职业能力的培养，以实际工程水力计算任务为切入点，以水利建筑行业职业资格标准为依据，构建模块化课程内容和知识体系。课程内容和知识点的选取紧紧围绕工作任务完成的需要，同时充分考虑高等职业教育对理论知识学习的需要，并融合相关职业资格证书对知识、技能和素质的要求，融入"课程思政"理念，落实党的二十大精神进教材、进课堂、进头脑，按照任务单—学习单—任务解析单—工作单的工作手册式形式组织内容，旨在为水利类专业提供一本符合人才培养方案要求、实用性强、特色鲜明的教材。

经过行业、企业专家深入、细致、系统地分析，本书最终确定了水流认知、静水压力计算、水流运动解析、水头损失计算、有压管流水力计算、渠道水力计算、堰闸水力计算、消能水力计算等8个项目。通过学习，学生可以了解工程水力计算课程的基本内涵和知识，会用工程水力计算基本原理和方法分析解决实际工程问题，还要初步培养水利工程作业现场基本的管理与控制能力，培养"忠诚、干净、担当，科学、求实、创新"的新时代水利精神，从而从整体上提升大学生的培养质量，为创造新的历史伟业贡献水利力量。

本书由杨凌职业技术学院张春娟、马雪琴主编并统稿；杨凌职业技术学院韩红亮、霍海霞、李特任副主编；杨凌职业技术学院郝红科、咸阳职业技术学院张迪任主审。项目1和项目3由张春娟编写；项目2和项目4由马雪琴编写；项目5由霍海霞编写；项目6由韩红亮编写；项目7由李特编写；项目8由中国水电建设集团十五工程局有限公司黄炎兴编写。

本书在编写过程中，专业建设团队的全体老师提出了宝贵意见，学院及教务处领导也给予了大力支持，同时还得到了兄弟院校及中国水电建设集团十五工程局有限公司、延安市水利局、冯家山水库管理局的积极参与和大力帮助，在此表示最真挚的感谢。

本书引用了一些规范、专业文献和资料，在此，对有关作者表示诚挚的谢意。

本书内容体系属首次尝试，构建若有不妥之处恳请广大师生和读者批评指正，编者不胜感激。

本课程建设团队

2022年11月

“行水云课”数字教材使用说明

“行水云课”水利职业教育服务平台是中国水利水电出版社立足水电、整合行业优质资源全力打造的“内容”＋“平台”的一体化数字教学产品。平台包含高等教育、职业教育、职工教育、专题培训、行水讲堂五大版块，旨在提供一套与传统教学紧密衔接、可扩展、智能化的学习教育解决方案。

本套教材是整合传统纸质教材内容和富媒体数字资源的新型教材，它将大量图片、音频、视频、3D动画等教学素材与纸质教材内容相结合，用以辅助教学。读者可通过扫描纸质教材二维码查看与纸质内容相对应的知识点多媒体资源，完整数字教材及其配套数字资源可通过移动终端APP、“行水云课”微信公众号或中国水利水电出版社“行水云课”平台查看。

扫描下列二维码可获取本书课件。

多媒体知识点索引

序号	资源名称	资源类型	页码
1	1.1　水流认知	视频	1
2	2.1　静水压强认知	视频	8
3	2.2　静水压强基本方程解析	视频	10
4	2.3　压强的单位和表示方法	视频	15
5	2.4　静水压强测算	视频	17
6	2.5　静水压强分布图的绘制	视频	21
7	2.6　矩形平面上静水压力计算	视频	22
8	2.7　压力体绘制	视频	29
9	2.8　曲面壁上静水压力计算	视频	31
10	3.1　水流运动认知	视频	34
11	3.2　连续性方程解析	视频	40
12	3.3　能量方程的建立	视频	43
13	3.4　能量方程应用	视频	48
14	3.5　能量方程应用示例	视频	54
15	3.6　动量方程解析	视频	60
16	4.1　水头损失认知	视频	66
17	4.2　水流运动形态划分	视频	69
18	4.3　沿程水头损失计算	视频	74
19	4.4　局部水头损失计算	视频	81
20	5.1　管流认知	视频	86
21	5.2　简单短管水力计算	视频	88
22	5.3　测压管水头线与总水头线的绘制	视频	90
23	5.4　简单短管水力计算示例——虹吸管	视频	96
24	5.5　简单短管水力计算示例——倒虹吸管	视频	97
25	5.6　简单短管水力计算示例——水泵	视频	99
26	6.1　明渠水流认知	视频	129
27	6.2　明渠均匀流计算公式解析	视频	134

续表

序号	资　源　名　称	资源类型	页码
28	6.3　明渠均匀流计算问题探究——水力最佳断面及允许流速	视频	136
29	6.4　明渠均匀流计算问题探究——综合糙率及复式断面的水力计算	视频	139
30	6.5　明渠均匀流水力计算——渠道过水能力及底坡确定	视频	143
31	6.6　明渠均匀流水力计算——渠道断面尺寸的确定	视频	144
32	6.7　明渠非均匀流认知	视频	151
33	6.8　水跃水力计算	视频	159
34	7.1　堰闸认知	视频	182
35	7.2　薄壁堰水力计算	视频	187
36	7.3　实用堰水力计算	视频	190
37	7.4　宽顶堰水力计算	视频	198
38	7.5　闸孔出流水力计算	视频	204
39	8.1　水流衔接计算	视频	210
40	8.2　底流消能水力计算	视频	215

目录

前言
“行水云课”数字教材使用说明
多媒体知识点索引
项目1　水流认知 …… 1
1.0.1　液体的基本特性 …… 1
1.0.2　液体的主要物理力学性质 …… 2
1.0.3　实际液体与理想液体 …… 7
项目2　静水压力计算 …… 8
任务2.1　静水压强认知 …… 8
2.1.1　静水压强 …… 8
2.1.2　静水压强基本方程解析 …… 10
任务2.2　点静水压强测算 …… 14
2.2.1　压强的单位 …… 15
2.2.2　压强的表示方法 …… 15
2.2.3　点压强的测算 …… 17
任务2.3　平面静水压力计算 …… 21
2.3.1　静水压强分布图的绘制 …… 21
2.3.2　矩形平面静水压力计算 …… 22
2.3.3　任意平面静水压力计算 …… 25
任务2.4　曲面静水压力计算 …… 29
2.4.1　曲面壁上静水压力分析 …… 29
2.4.2　水平分力计算 …… 30
2.4.3　铅直分力计算 …… 30
2.4.4　静水总压力计算 …… 31
项目3　水流运动解析 …… 34
任务3.1　水流运动认知 …… 34
3.1.1　描述水流运动的方法 …… 34
3.1.2　水流运动的基本概念 …… 35
3.1.3　水流的运动要素 …… 36
3.1.4　水流运动的类型 …… 37
任务3.2　连续性方程解析 …… 40

任务 3.3　能量方程解析 …… 43
3.3.1　微小流束能量方程的建立 …… 43
3.3.2　恒定总流的能量方程 …… 44
3.3.3　能量方程的意义 …… 46
3.3.4　能量方程的应用条件及注意事项 …… 48
3.3.5　有能量输入或输出的能量方程 …… 50
任务 3.4　能量方程应用示例 …… 54
3.4.1　孔口和管嘴出流 …… 54
3.4.2　毕托管测流速 …… 56
3.4.3　文德里流量计 …… 57
3.4.4　文德里量水槽 …… 59
任务 3.5　动量方程解析 …… 60
3.5.1　动量方程的建立 …… 60
3.5.2　动量方程应用示例 …… 61
项目 4　水头损失计算 …… 66
任务 4.1　水头损失认知 …… 66
4.1.1　水头损失产生的原因 …… 66
4.1.2　水头损失的分类 …… 66
4.1.3　水头损失的影响因素 …… 67
4.1.4　水流运动的两种形态 …… 69
任务 4.2　沿程水头损失计算 …… 74
4.2.1　沿程水头损失的半经验半理论公式——达西公式 …… 74
4.2.2　沿程水头损失的经验公式——谢才公式 …… 78
任务 4.3　局部水头损失计算 …… 81
4.3.1　局部水头损失分析 …… 81
4.3.2　局部水头损失计算 …… 81
项目 5　有压管流水力计算 …… 86
任务 5.1　简单短管水力计算 …… 86
5.1.1　管流认知 …… 86
5.1.2　简单短管水力计算 …… 88
5.1.3　总水头线与测压管水头线绘制 …… 90
5.1.4　管径的确定 …… 93
任务 5.2　简单短管水力计算示例 …… 96
5.2.1　虹吸管水力计算 …… 96
5.2.2　倒虹吸管水力计算 …… 97
5.2.3　水泵装置水力计算 …… 99
任务 5.3　简单长管水力计算 …… 103

5.3.1 简单长管水力计算公式 …… 103
5.3.2 简单长管水力计算任务 …… 104
任务 5.4 复杂管道水力计算 …… 106
5.4.1 串联管道 …… 106
5.4.2 并联管道 …… 109
5.4.3 沿程均匀泄流管 …… 110
5.4.4 分叉管道 …… 112
5.4.5 管网水力计算基础 …… 114
任务 5.5 水击水力计算 …… 120
5.5.1 水击认知 …… 120
5.5.2 水击压强计算 …… 123
5.5.3 减小水击压强的措施 …… 127
项目 6 渠道水力计算 …… 129
任务 6.1 明渠水流认知 …… 129
6.1.1 明渠水流 …… 129
6.1.2 渠道的过水断面形式 …… 129
6.1.3 渠道的底坡 …… 131
6.1.4 明渠均匀流 …… 132
6.1.5 明渠非均匀流 …… 133
任务 6.2 明渠均匀流计算问题探究 …… 134
6.2.1 明渠均匀流计算公式 …… 134
6.2.2 水力最佳断面 …… 136
6.2.3 允许流速 …… 137
6.2.4 不同糙率 …… 139
6.2.5 复式断面 …… 139
6.2.6 渠道的糙率分析 …… 141
任务 6.3 明渠均匀流水力计算 …… 143
6.3.1 渠道过水能力的确定 …… 143
6.3.2 渠道底坡 i 的确定 …… 144
6.3.3 渠道断面尺寸的确定 …… 144
6.3.4 无压圆管均匀流的水力计算 …… 146
任务 6.4 明渠非均匀流认知 …… 151
6.4.1 明渠水流的三种流态 …… 151
6.4.2 明渠水流的流态判别 …… 152
6.4.3 断面比能（断面单位能量） …… 153
6.4.4 临界水深 …… 154
6.4.5 缓坡、陡坡、临界坡 …… 156
任务 6.5 水跃水力计算 …… 159

6.5.1 水跌与水跃现象 …… 159
6.5.2 水跃共轭水深与水跃函数 …… 160
6.5.3 水跃长度计算 …… 162
6.5.4 水跃形式的判别 …… 162
6.5.5 水跃能量损失计算 …… 164
任务 6.6 明渠水面曲线分析 …… 167
6.6.1 明渠水面曲线分析式 …… 167
6.6.2 明渠水面曲线类型 …… 168
6.6.3 水面曲线的定性分析 …… 169
6.6.4 水面曲线分析实例 …… 172
任务 6.7 明渠水面曲线计算 …… 175
6.7.1 水面曲线计算式 …… 175
6.7.2 计算方法步骤 …… 176
项目 7 堰闸水力计算 …… 182
任务 7.1 堰闸认知 …… 182
7.1.1 堰流和闸孔出流现象 …… 182
7.1.2 堰流和闸孔出流的类型及判别 …… 182
7.1.3 堰流的基本公式 …… 184
任务 7.2 薄壁堰水力计算 …… 187
7.2.1 矩形薄壁堰流 …… 187
7.2.2 三角形薄壁堰流 …… 188
任务 7.3 实用堰水力计算 …… 190
7.3.1 曲线型实用堰的剖面形状 …… 190
7.3.2 流量系数 …… 191
7.3.3 侧收缩系数 …… 192
7.3.4 淹没系数 …… 192
任务 7.4 宽顶堰水力计算 …… 198
7.4.1 流量系数 …… 198
7.4.2 侧收缩系数 …… 199
7.4.3 淹没系数 …… 199
7.4.4 无坎宽顶堰流 …… 201
任务 7.5 闸孔出流水力计算 …… 204
7.5.1 宽顶堰上的闸孔出流 …… 204
7.5.2 曲线型实用堰上的闸孔出流 …… 207
项目 8 消能水力计算 …… 210
任务 8.1 水流衔接计算 …… 210
8.1.1 泄水建筑物下游水流衔接消能形式 …… 210

8.1.2 水流衔接计算 …… 211
任务 8.2 底流消能水力计算 …… 215
8.2.1 降低护坦高程消力池深度 d 的计算 …… 215
8.2.2 护坦末端建消力坎坎高的计算 …… 216
8.2.3 消力池长度计算 …… 218
8.2.4 消力池的设计流量 …… 218
8.2.5 辅助消能工 …… 218
任务 8.3 挑流消能水力计算 …… 221
8.3.1 挑流射程的计算 …… 221
8.3.2 冲刷坑深度的估算 …… 223
8.3.3 挑坎的形式和尺寸 …… 223
参考文献 …… 226
附图 …… 227

项目1 水 流 认 知

任务单

1.1 水流认知

子曰："智者乐水，仁者乐山。"水，是生命的源泉，是农业的命脉，也是工业的血液。中华民族自古以来对水有着深刻的理解和感悟，"为政之要，其枢在水"。中华民族的发展史，也是治水的奋斗史。连通二江的广西灵渠、灌溉成都平原的都江堰、沟通南北的大运河，这些古代伟大水利工程，凝聚着中华民族的杰出智慧；举世瞩目的长江三峡工程、南水北调工程，更是人类治水用水的伟大创举。

研究水，就要先认识水。水的特性是什么？有哪些物理力学性质？

学习单

1.0.1 液体的基本特性

1.0.1.1 液体与固体和气体的区别

自然界的物质有三种存在形式，即固体、液体和气体。水作为一种最常见液体，在运动过程中表现出与固体不同的特点。固体由于其分子间距离很小，内聚力很大，所以能保持固定的形状和体积，能承受一定数量的拉力、压力和剪切力。而液体则不同，由于其分子间距离较大，内聚力很小，很容易发生变形或流动，所以液体不能保持固定的形状。

液体与气体两者相比，液体分子内聚力比气体大得多，这是因为液体分子间距离很小，密度较大，所以液体虽然不能保持固定的形状，但能保持固定的体积。一个盛有液体的容器，若其容积大于液体的体积时，液体就不会充满整个容器，而具有自由表面（液体仅占据自身体积所需要的那部分空间）。气体不仅没有固定的形状，也没有固定的体积，极易膨胀和压缩，它可以任意扩散到其所占据的那部分空间。而液体的压缩性很小，在很大的压力作用下，其体积的缩小甚微，液体的膨胀性同样也是很小的。液体与气体的主要差别就是它们的可压缩程度不同。

1.0.1.2 连续介质的概念

液体和任何物质一样，都是由分子组成，分子与分子之间是不连续且有空隙的。现代物理研究指出，在常温下，每立方厘米的水中约含有 3×10^{22} 个水分子，相邻分子间距离约为 3×10^{-8}cm，可见分子间距离是相当微小的，在很小的体积中包含有难以计数的分子。

工程水力计算主要是为工程服务的，并不需要研究水流的微观运动，只需要研究水流的宏观运动规律。因此，在工程水力计算的研究中，将液体假设为一种由无数没有微观运动的质点所组成、毫无空隙地充满所占空间的连续体，这种抽象化了的液体模型，就是1753年由瑞士学者欧拉（Euler）提出来的连续介质假设，即假设液体是一种连续充满其所占据空间毫无空隙的连续体。工程水力计算所研究的液体运动是连续介质的连续流动。

连续介质的概念作为一种假定在流体力学的发展上起了巨大作用。如果把液体视为连续介质，则液流中的一切物理量（如速度、压强等）都可以视为空间坐标和时间的连续函数，这样，我们在研究液体运动规律时，就可以利用连续函数的分析方法。长期的生产和科学实验表明：利用连续介质假定所得出的有关液体运动规律的基本理论与客观实际是十分符合的。

在连续介质假设的基础上，一般还认为液体是均质的，液体质点的物理性质在液体内各部分和各方向都是相同的，即液体具有均质等向性。

有了连续介质假设，液体的一切物理量：速度、加速度、压强等，均可视为空间坐标和时间的连续函数，这为运用高等数学中的连续函数理论来研究液体的运动规律提供了很大方便。

综上所述，液体的基本特性应该是：液体是一种易流动，不易压缩，且均质等向的连续介质。

1.0.2 液体的主要物理力学性质

液体的主要物理力学性质包括惯性、万有引力特性、黏滞性、压缩性和表面张力特性。

1.0.2.1 惯性

液体与自然界其他物体一样，也具有惯性。惯性是物体所具有的反抗改变其原有运动状态的一种物理力学性质，其大小可以用质量来度量。质量越大的物体，惯性越大，反抗其原有运动状态的能力也就越强。

液体单位体积的质量称为密度，即

$$\rho=\frac{m}{V} \tag{1.0.1}$$

式中 ρ——液体的密度，kg/m^3；

m——液体的质量，kg；

V——液体的体积，m^3。

因为液体的体积随温度和压强的变化而变化，故其密度也随温度和压强的变化而变化，但改变不大，实用上可看作常数。工程中在温度为4℃，压强为一个大气压下，常采用水的密度 $\rho=1000kg/m^3$。

1.0.2.2 万有引力特性

万有引力特性是指任何物体之间具有相互吸引力的性质，其吸引力称为万有引力。地球对物体的吸引力称为重力（或重量），对于质量为 m 的液体，其重量为

$$G=mg \tag{1.0.2}$$

式中 G——液体的重量，N或kN；

g——重力加速度，m/s^2，一般取 $g=9.8m/s^2$。

液体单位体积的重量称为容重，即

$$\gamma=\frac{G}{V} \tag{1.0.3}$$

式中 γ——液体的容重，N/m^3 或 kN/m^3，在工程中，容重有时也称为重度或重率。

将式（1.0.3）代入式（1.0.4），可得到容重与密度的关系为

$$\gamma=\frac{G}{V}=\frac{mg}{V}=\rho g \tag{1.0.4}$$

液体的容重与密度一样随温度和压强的变化而变化，但变化量很小。工程中常将水的容重视为常数。在温度为4℃，压强为一个大气压下，采用水的容重 $\gamma=9800N/m^3$ 或 $\gamma=9.8kN/m^3$。

【例 1.0.1】 已知水银的体积为100mL，密度为 $13600kg/m^3$，求水银的质量、重量和容重。

解： 水银的质量

$$m=\rho V=13600\times 0.0001=1.36(kg)$$

水银的重量

$$G=mg=1.36\times 9.8=13.328(N)$$

水银的容重

$$\gamma=\rho g=13600\times 9.8=133280(N/m^3)=133.28(kN/m^3)$$

1.0.2.3 黏滞性

1. 黏滞性认知

当液体处在运动状态时，质点间、流层间都存在着相对运动，从而在质点与质点间、流层与流层间就会产生内摩擦力（又称黏滞力）抵抗其相对运动产生剪切变形。液体这种产生内摩擦力抵抗剪切变形的特性，称为黏滞性。

黏滞性是液体所固有的一种物理力学性质，所有的液体都具有黏滞性，液体不同，黏滞性的大小也不同，油的黏滞性就比水大。

由图1.0.1所示明渠水流的横断面流速分布图（图中每根带箭头的线段长度表示该点流速的大小）可以看出，渠道横断面上的流速分布是不均匀的：渠底流速为零，随着离开固体边界距离的增加，流速逐渐增大，至水面附近流速达到最大值。这是因为水流具有黏滞性，紧靠固体边界的第一水层极薄水层由于附着力的作用而贴附在壁面上不动，该水层通过黏滞（摩阻）作用影响第二水层的流速，第二水层又通过黏滞作用影响第三水层的流速，如此逐层影响下去。离开固体边界的距离越大，壁面对流速的影响越小，结果就形成

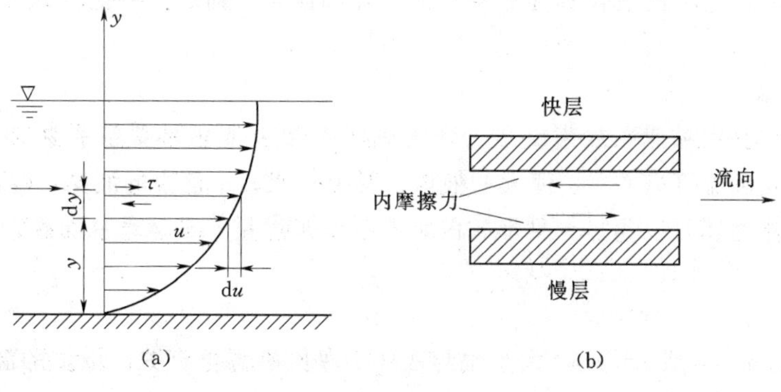

图1.0.1

了图 1.0.1 (a) 所示的流速分布规律。

因各流层的流速不等，有相对运动，相邻水层间就出现内摩擦力。流得快的水层对流得慢的水层起拖动作用，所以上层（流速快）对下层（流速慢）的摩擦力方向与水流方向一致；反之，下层对上层起阻滞作用，下层作用于上层的摩擦力方向与水流方向相反，如图 1.0.1（b）所示。

由于液流内部存在内摩擦力，在流动过程中内摩擦力做功而不断消耗液体的机械能，这种消耗的机械能称为液体的能量损失。因此，黏滞性是引起液体能量损失的根本原因，它在分析和研究水流运动中占有很重要的地位。

2. 牛顿内摩擦定律

实验表明，当液体质点作互不混掺的层流运动时，相邻流层接触面产生的内摩擦力 F 与流层间接触面面积 A 成正比，与两流层间的速度差 $\mathrm{d}u$ 成正比，与两流层间的距离 $\mathrm{d}y$ 成反比，与液体的种类、性质有关，这一结论称为牛顿内摩擦定律，可表示为

$$F=\mu A\frac{\mathrm{d}u}{\mathrm{d}y} \tag{1.0.5}$$

式（1.0.5）表明，液体的内摩擦力 F 产生于液体内各流层之间，它的大小与接触面上的压力无关。

单位面积上的内摩擦力称为黏滞切应力，用 τ 表示，则

$$\tau=\frac{F}{A}=\mu\frac{\mathrm{d}u}{\mathrm{d}y} \tag{1.0.6}$$

式中 F——液体的内摩擦力；

τ——液体流层间的黏滞切应力；

μ——动力黏滞系数，$\mathrm{N\cdot s/m^2}$ 或 $\mathrm{Pa\cdot s}$；

A——相邻流层间接触面的面积；

$\frac{\mathrm{d}u}{\mathrm{d}y}$——流速梯度，反映流速沿 y 方向的变化程度。

式（1.0.6）表明，液体的黏滞切应力与液体的性质及流速梯度有关：流速梯度大的地方，黏滞切应力 τ 也大，反之相反。

符合牛顿内摩擦定律的流体称为牛顿流体，如水、酒精、苯、油类、水银、空气等；不符合牛顿内摩擦定律的流体称为非牛顿流体，如泥浆、血浆、牛奶、颜料、油漆、淀粉糊等。

3. 黏滞系数

黏滞性的大小用黏滞系数来度量。动力黏滞系数 μ 是液体黏滞系数的一种，它的大小与液体的种类和温度有关。μ 值大的液体，黏滞性大；μ 值小的液体，黏滞性小。

液体的黏滞性还可以用另一种形式的黏滞系数来度量，即运动黏滞系数 ν：

$$\nu=\frac{\mu}{\rho} \tag{1.0.7}$$

ν 的单位为 $\mathrm{m^2/s}$ 或 $\mathrm{cm^2/s}$，大小也与液体的种类和温度有关。设水的温度为 t，以℃计，则水的运动黏滞系数可用下列经验公式计算：

$$\nu=\frac{0.01775}{1+0.0337t+0.000221t^2} \tag{1.0.8}$$

同一液体黏滞性随温度的升高而降低，不同温度条件下水的动力黏滞系数 μ 与运动黏滞系数 ν 的值，可参考表 1.0.1。空气与几种常见液体的容重见表 1.0.2。

表 1.0.1 **不同温度条件下水的物理性质**

温度 /℃	容重 γ /(kN/m³)	密度 ρ /(kg/m³)	动力黏滞系数 μ /(10^{-3}Pa·s)	运动黏滞系数 ν /(10^{-6}m²/s)	压缩系数 β /(10^{-9}1/Pa)	弹性系数 K /(10^{9}Pa)	表面张力系数 σ /(N/m)
0	9.805	999.9	1.781	1.785	0.495	2.02	0.0756
5	9.807	1000.0	1.518	1.519	0.485	2.06	0.0749
10	9.804	999.7	1.306	1.306	0.476	2.10	0.0742
15	9.798	999.1	1.139	1.139	0.465	2.15	0.0735
20	9.789	998.2	1.002	1.003	0.459	2.18	0.0728
25	9.777	997.0	0.890	0.893	0.450	2.22	0.0720
30	9.764	995.7	0.798	0.800	0.444	2.25	0.0712
40	9.730	992.2	0.653	0.658	0.439	2.28	0.0696
50	9.689	988.0	0.547	0.553	0.437	2.29	0.0679
60	9.642	983.2	0.466	0.474	0.439	2.28	0.0662
70	9.589	977.8	0.404	0.413	0.444	2.25	0.0644
80	9.530	971.8	0.354	0.364	0.455	2.20	0.0626
90	9.466	965.3	0.315	0.326	0.467	2.14	0.0608
100	9.399	958.4	0.282	0.294	0.483	2.07	0.0589

表 1.0.2 **空气与几种常见液体的容重**

名称	空气	水银	汽油	酒精	海水
t/℃	20	0	15	15	15
γ/(kN/m³)	0.01182	133.28	6.664～7.35	7.7783	9.996～10.084

1.0.2.4 压缩性

液体的体积随所受压力的增大而减小的特性，称为液体的压缩性，压缩性的大小可用体积压缩系数 β 来表示。设液体原体积为 V，当所受压强的增值为 $\mathrm{d}p$ 时，体积压缩值为 $\mathrm{d}V$，则体积压缩系数：

$$\beta=-\frac{\frac{\mathrm{d}V}{V}}{\mathrm{d}p} \tag{1.0.9}$$

体积压缩系数 β 反映了液体体积的相对压缩值 $\frac{\mathrm{d}V}{V}$ 与压强增值 $\mathrm{d}p$ 之比，其值越大，表示越易压缩。由于液体的体积总是随压强的增大而减小，所以 $\mathrm{d}V$ 与 $\mathrm{d}p$ 的符号总是相反，为使 β 为正值，上式右端取负号。β 的单位为 $\mathrm{m^2/N}$ 或 $1/\mathrm{Pa}$。

体积压缩系数的倒数称为体积弹性系数，用 K 表示：

$$K=\frac{1}{\beta}=-\frac{\mathrm{d}p}{\frac{\mathrm{d}V}{V}} \tag{1.0.10}$$

K 的单位为 Pa，K 值越大，表明液体越不易压缩。

液体的体积压缩系数 β 和体积弹性系数 K 与液体的种类和温度有关，水在不同温度下的 β 和 K 值见表 1.0.1。在普通水温情况下，压强每增加一个标准大气压，水的体积比原体积缩小约 1/21000，可见水的压缩性是很小的。在实际应用中，除某些特殊问题外，通常情况下认为液体是不可压缩的，即认为液体的体积和密度不随温度和压力的变化而变化。

1.0.2.5 表面张力特性

由于液体表层分子之间的相互吸引，使得液体表层形成拉紧收缩的趋势。液体的这种在表面薄层内能够承受微小拉力的特性，称为表面张力特性。表面张力不仅存在于液体的自由表面上，也存在于不相混合的两层液体之间的接触面上。表面张力只是一种局部受力现象，仅存在于液体的表面，内部并不存在。工程中接触到的水面一般较大，自由表面的曲率很小，表面张力很小，通常情况下可以忽略不计。

在小直径细管中，液体表面张力的现象十分明显，如图 1.0.2 所示。当液体内的引力小于它与管壁的附着力，表面张力将使细管内液面下凹、液体上升。反之，当液体内的引力大于它与管壁的附着力，表面张力将使细管内液面上凸、液体下降。玻璃管中水面高出容器水面的高度 h 为

$$h=\frac{29.8}{d} \tag{1.0.11}$$

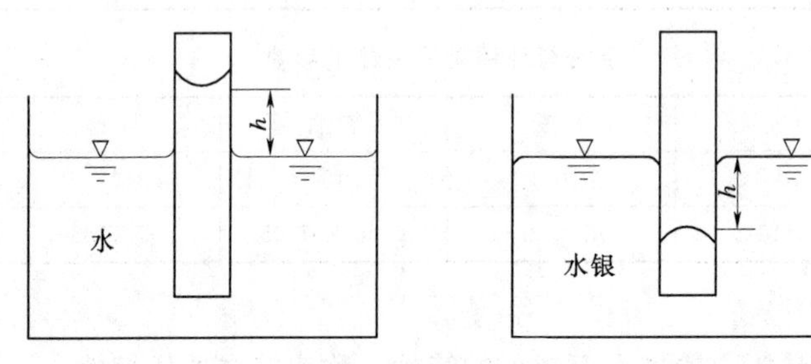

图 1.0.2

玻璃管中水银液面低于容器中水银表面的高度为

$$h=\frac{10.15}{d} \tag{1.0.12}$$

式（1.0.11）和式（1.0.12）表明液柱上升或下降的高度与管径有关。上面两式中，d 为玻璃管的内径，d 和 h 均以 mm 计。

在水力学实验中，常用细玻璃管做测压管，为了减少毛细管作用引起压强量测的误差，测压管的内径不宜小于 10mm。

液体表面张力的大小，可以用表面张力系数来度量。液面上单位长度所受的拉力称为

表面张力系数，用 σ 表示，σ 的单位为 N/m。表面张力系数的大小与液体的性质、温度以及表面接触情况有关，与空气相接触的水面在不同温度下的表面张力系数 σ 值见表 1.0.1。

1.0.3 实际液体与理想液体

以上介绍了液体的几种主要物理力学性质，这些性质均不同程度地影响液体的运动。其中，惯性、万有引力特性、黏滞性对液体运动影响最大，对液体运动起主导作用，而压缩性和表面张力特性只是对某些特殊的液体运动才起作用。为了简化问题，便于进行理论分析，引入了一个“理想液体”的概念，所谓理想液体，就是将液体看作是不可压缩、不能膨胀、没有黏滞性、没有表面张力特性的连续性介质。

由于水的压缩性和表面张力特性都很小，研究水流运动时可以忽略不计，这种忽略对研究的结论影响不大。但考虑不考虑黏滞性是理想液体与实际液体的主要差别，按理想液体分析得出的结论，在应用到实际液体时，均应考虑黏滞性影响而带来的偏差并加以修正。

任务解析单

水是一种易流动，不易压缩，且均质等向的连续介质，水具有惯性、万有引力特性、黏滞性、压缩性和表面张力特性。

工作单

1.0.1 实际液体与理想液体有何区别？

1.0.2 求在一个大气压下，4℃时，5L 水的重量和质量各为多少？

项目2 静水压力计算

任务2.1 静水压强认知

任务单

古人云："水则载舟，水则覆舟。"水的内部是有压力和压强的，且随深度的增加而增加。在水利工程中，重力坝的基本剖面是三角形，就与压强随水深的变化有关。那么水下压强如何计算？压强与水深有什么关系呢？

党的二十大报告指出，要"加快实施创新驱动发展战略。坚持面向世界科技前沿、面向经济主战场、面向国家重大需求、面向人民生命健康，加快实现高水平科技自立自强。"

"蛟龙号"是我国自主研发的载人潜水器，下潜深度达7000多米。"蛟龙号"的成功研制，标志着中国科学技术领域的又一创新和突破，大大增强了国民自豪感，对世界人民也是一个莫大的财富，让我们能够探索地球更多未知的领域。"蛟龙号"在下潜过程中，外壳压强随水深如何变化？下潜到水下7000m的压强是多少呢？

学习单

2.1 静水压强认知

2.1.1 静水压强

2.1.1.1 静水压强的概念

液体的静止状态有两种含义：一种是液体相对于地球而言没有运动，例如水库及蓄水池的水；另一种是液体对地球虽有相对运动，但液体与容器壁面之间没有相对运动，例如作等速或等加速运动油罐车中的石油。由于静止液体没有摩擦力出现，即不考虑黏滞力作用，因此，当液体静止时，理想液体和实际液体是一样的，不必区分。

在日常生活和生产实践中，液体对与之接触的表面一般会产生压力。人站在游泳池内，会感到身体与水接触的各部分都受到水的压力；水库大坝如果设计不当，水压可使得大坝滑动或翻覆。静水压力是指静止液体内部相邻两部分之间相互作用的力或者指液体对固体壁面的作用力，通常用大写英文字母 P 表示。

通常把静止液体作用在受压面单位面积上的静水压力，称为静水压强，静水压强通常用小写英文字母 p 表示，其数学表达式为

$$p=\frac{P}{A}$$

式中 p——静水压强，国际单位制为 N/m^2，又称帕斯卡（Pa），或 kN/m^2，又称千帕（kPa）；

P——静水总压力，N 或 kN；

A——受压面面积，m^2。

用上式计算出的静水压强，只能表示受压面单位面积上受力的平均值，因此，只有在受压面受力均匀的情况下，才能真实反映受压面各点的压力状况，但一般来讲，受压面上的压力是不均匀的，因此必须建立点静水压强的概念。

图 2.1.1 所示为一圆柱形水箱，在水箱中任取一点 M，以点 M 为中心，在它周围一块微小面积 ΔA 上的静水总压力为 ΔP，则微小面积上 ΔA 的平均静水压强为

$$p=\frac{\Delta P}{\Delta A}$$

如果当面积 ΔA 围绕 M 点无限缩小且趋近于零时，则 $\frac{\Delta P}{\Delta A}$ 的极限称为 M 点的静水压强，即

$$p=\lim_{\Delta A\to 0}\frac{\Delta P}{\Delta A}$$

在以后的有关计算中，如果没有特别说明，静水压强均指点静水压强。

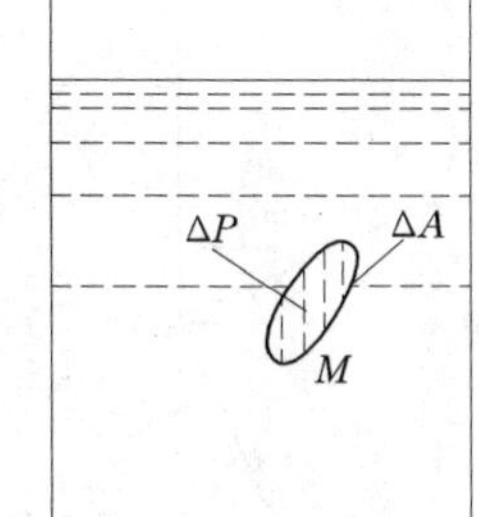

图 2.1.1

2.1.1.2 静水压强的特性

静水压强具有两个重要特性：

特性一：静水压强的方向与受压面垂直并指向受压面。

在静止的液体中取出一团液体，用任意平面将其切割成两部分，则切割面上的作用力就是液体之间的相互作用力。现取下半部分为研究对象，如图 2.1.2 所示，假如切割面上某一点 M 处的静水压强 p 的方向不是垂直于切割面而是任意方向，则 p 可以分解为切应力和法向应力。这个切向应力会使液体失去静止状态，这与静止液体的前提不符。

特性二：静水中任何一点处各个方向的静水压强的大小都是相等的，与受压面的方位无关。

这一特性可以用图 2.1.3 所示的装置进行实验说明。

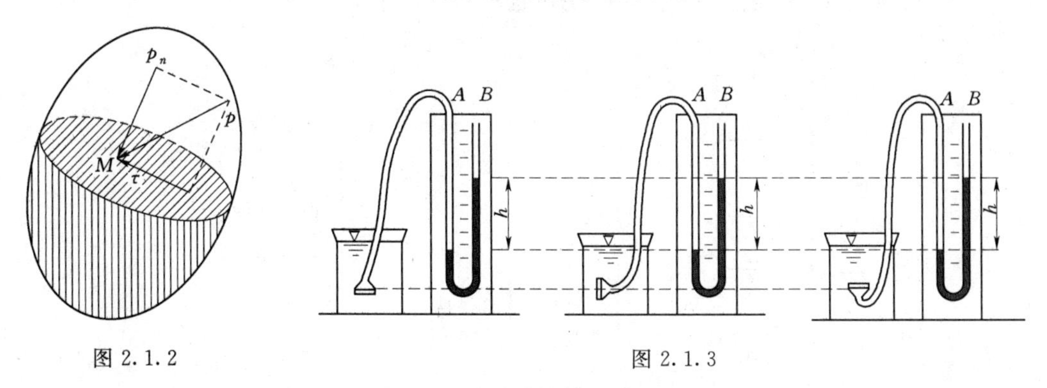

图 2.1.2　　图 2.1.3

把一个两端开口的 U 形玻璃管（U 形测压管）固定在有刻度的壁面上，并注入有色液体。实验前，由于两端都通大气，所以，管中液面位于同一高度。如果用一根橡皮管把一个蒙有橡皮膜的小圆盒连接到测压管 A 端，B 端与大气相通。这时，管中液面仍位于

同一高度上。若用手指去压橡皮膜，则U形测压管中液面高度就会发生变化（A管液面下降，B管液面上升），加力越大，两管液面的高度差h也越大；若手指放开，液面又恢复至同一高度。

实验开始：把蒙有橡皮膜的小圆盒放入水中，发现入水越深，管中液面的高度差h也越大。这一现象说明，静水中是存在压强的，而且静水压强的大小与水深有关；若把蒙有橡皮膜的小圆盒放在某一水深处，只改变盒口橡皮膜的方向（使橡皮膜朝上、下、左、右或斜向），则U形测压管液面的高度差h均不变。这一现象说明，静水中任一点的静水压强大小在各个方向上都是相等的，与受压面的方位无关。

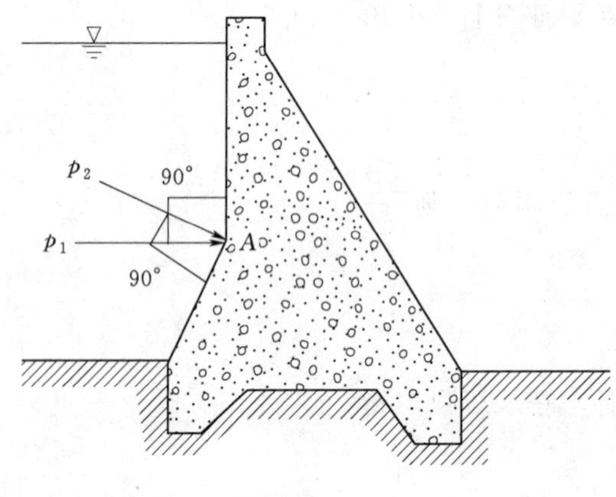

图 2.1.4

根据静水压强的特性，分析如图2.1.4所示挡水坝迎水面转折点A的受力情况。A点既在铅直壁面上，又在倾斜壁面上，对于不同方向的受压面，其静水压强的作用方向不同，各自垂直于它的受压面，但静水压强的大小是相等的，即$p_1=p_2$。

2.2 静水压强基本方程解析

2.1.2 静水压强基本方程解析

2.1.2.1 方程的建立

1. 静水压强基本方程

静水中任意一点压强的大小，可以通过力学分析的方法，建立水体受力的平衡方程，从而得到静水压强的计算公式。

讨论位于水面下铅直直线上任意两点1、2处的压强p_1和p_2间的关系。围绕1、2两点分别取微小面积ΔA，以ΔA为底面积、Δh为高作一铅直小圆柱水体，因ΔA是微小面积，故认为其上各点的压强是相等的。如图2.1.5（a）所示，p_0为水面压强，h_1、h_2分别为1、2两点的水深，G为所选小水柱的重量。

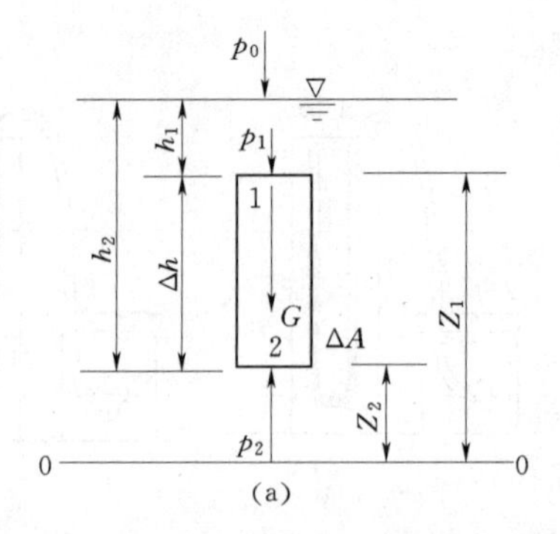

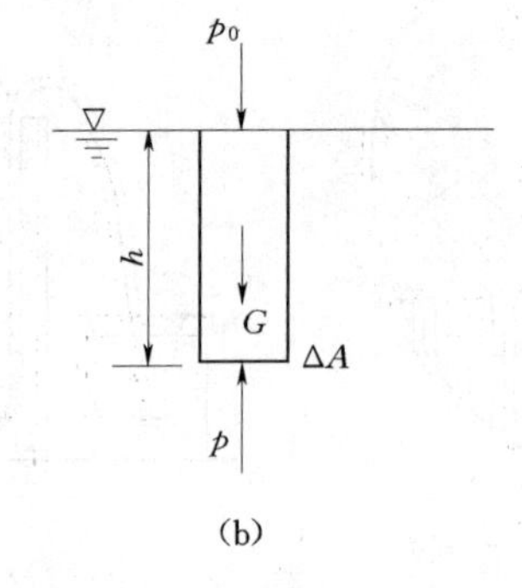

图 2.1.5

现取小水柱为脱离体，分析作用在它上面的力。先看水平方向，在重力作用下，水平方向没有质量力，前后左右的水平方向表面力处于平衡状态，所有表面力的合力等于零。

然后分析铅直方向，共有3个力：

小水柱顶面的压力 $P_1=p_1\Delta A$ 方向铅直向下；

小水柱底面上的压力 $P_2=p_2\Delta A$ 方向铅直向上；

小水柱脱离体的自重 $G=\gamma\Delta A\Delta h$ 方向铅直向下。

沿铅直方向，列力的平衡方程，得

$$p_2\Delta A-p_1\Delta A-\gamma\Delta A\Delta h=0$$

上式两端同除以ΔA，整理得

$$p_2=p_1+\gamma\Delta h \tag{2.1.1}$$

式（2.1.1）说明在静止液体中，水深较大的某一点压强，等于水深较小一点的压强加上两点的水深差乘以液体的容重；反过来，如果从较深一点的压强推算较浅一点的压强，和上面情况相反，用较深一点的压强减去液体容重乘以两点的水深差。

如果取$h_1=0$，并设自由表面的压强为p_0，如图2.1.5（b）所示，那么位于自由表面以下深度为h的某点的静水压强为

$$p=p_0+\gamma h \tag{2.1.2}$$

式（2.1.2）为常用的静水压强的基本方程式。它表明：仅在重力作用下，静水中任一点的静水压强，等于表面的压强加上液体的容重与该点在液面下深度的乘积，即静水中某点的压强大小与该点在液面下的深度成正比。液体自由表面压强发生变化，液体内所有各点压强都会随着变化，这就是物理学中著名的帕斯卡定律。水压机等设备都是根据这一定律设计制作的。

当液体表面压强等于大气压，为简化计算，$p_0=p_a=0$，只计算液体产生的压强，则静水压强的基本方程可写为

$$p=\gamma h \tag{2.1.3}$$

式（2.1.3）是静水压强分布规律的另一表达形式。它表明了在静止液体中任一点的压强与该点的水深呈线性函数关系。

在图2.1.5（a）中，如果把点1和点2位置改用离某一共同水平面（即基准面0—0）的距离表示，其位置高度分别为Z_1和Z_2，显然，$\Delta h=Z_1-Z_2$，代入式（2.1.1）并整理可得

$$Z_1+\frac{p_1}{\gamma}=Z_2+\frac{p_2}{\gamma} \tag{2.1.4}$$

式（2.1.4）是静水压强基本方程的另一种表达式。它表明：在静止液体中，位置高度Z越大，静水压强越小；位置高度Z越小，静水压强越大。

2. 等压面

在静水中，可以找到这样一些点，它们具有相同的静水压强值，这些点连成的面称为等压面。在式（2.1.4）中可以看出：在均质（$\gamma=$常数）、连通的液体中，水平面（$Z_1=Z_2=$常数）必然是等压面（$p_1=p_2=$常数），这就是通常所说的连通器原理。利用这一原理，计算点静水压强时非常方便。

与大气相接触的自由液面必然为等压面，因为自由液面上各点的压强都等于大气压强。不同液体的交界面也是等压面。由于空气的容重相对较小，当两点高差不大时，任意

两点的压强可看作是相等的。

图 2.1.6 (a) 中的1—1水平面不是等压面，因为两边的液体不连通；图 2.1.6 (b) 中的1—1水平面也不是等压面，因为一个是汽油，另一个是水，不是均质的液体。因此，在计算点静水压强取等压面时要特别注意均质、连通这一条件。

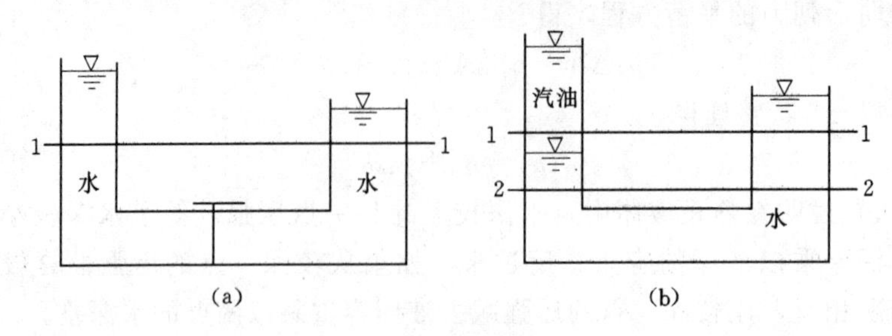

图 2.1.6

静水压强基本方程同样也反映了其他液体在静止状态下的规律，其区别在于容重 γ 不同。

2.1.2.2 方程的意义

1. 几何意义

在图 2.1.7 的容器中，任取两点（1 点和 2 点），并在该高度边壁上开一小孔，孔口处连接一垂直向上的开口玻璃管，通称测压管，可看到各测压管中均有水柱升起。测压管液面上为大气压，故容器内 1、2 两点的静水压强分别为

$$p_1=\gamma h_1 \quad p_2=\gamma h_2$$

即，测压管中水面上升的高度为

$$h_1=\frac{p_1}{\gamma} \quad h_2=\frac{p_2}{\gamma}$$

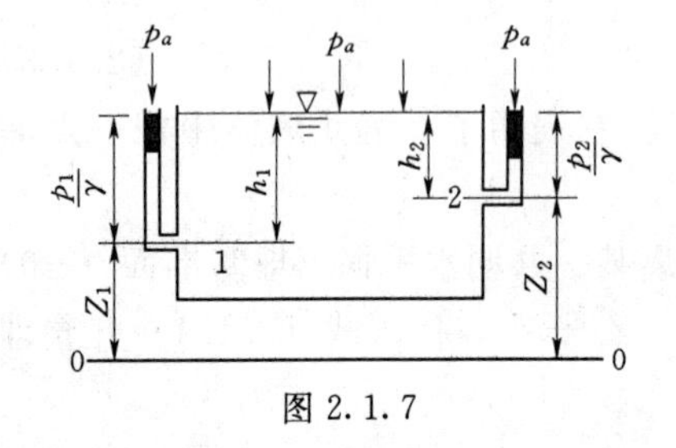

图 2.1.7

在均质、连通的液体内，γ 为定值，测压管中水面上升的高度说明静水中各点压强的大小。对于液体中任意点，Z 为该点到基准面的高度，$\frac{p}{\gamma}$ 为测压管自由液面到该点的高度，也就是该点压强所形成的液体高度。在工程水力计算中，通常用“水头”表示高度，故称 Z 为位置高度（或位置水头），$\frac{p}{\gamma}$ 为压强高度（或压强水头）；$Z+\frac{p}{\gamma}$ 称为测压管水头。

在图 2.1.7 中，当基准面 0—0 确定后，液体表面到基准面 0—0 的距离是不变的。因此，处于静止状态的水中，任何一点的测压管水头为一常数，即

$$Z+\frac{p}{\gamma}=C \tag{2.1.5}$$

常数 C 的大小随基准面的位置而变，所选基准面一定，则常数 C 的值也就确定了。

各点测压管中水面的连线，称为测压管水头线。因此，式（2.1.5）从几何上表明：静止状态的水仅受重力作用时，其测压管水头线必为水平线。

2. 物理意义

由物理学可知：质量为 m 的物体在高度为 Z 的位置所具有的位置势能为 mgZ。对于液体，它不仅具有位置势能，液体内部的压力也有做功的本领，水力计算中把它称为压强势能，简称压能。如在图 2.1.7 中质量为 m 的液体在 1 点处所具有的压能为 $mg\frac{p_1}{\gamma}$。

在研究液体时，常取单位重量的液体作为研究对象。这样，单位重量的液体在 1 点处所具有的位置势能，简称单位位能：

$$Z_1=\frac{mgZ_1}{mg}$$

单位重量的液体在 1 点处所具有的单位压能：

$$\frac{p_1}{\gamma}=\frac{mg\frac{p_1}{\gamma}}{mg}$$

单位重量的液体在 1 点处所具有的总势能，简称单位势能，应为 $Z_1+\frac{p_1}{\gamma}$。任意一点的单位势能为 $Z+\frac{p}{\gamma}$。

由式（2.1.4）可得

$$Z_1+\frac{p_1}{\gamma}=Z_2+\frac{p_2}{\gamma}=C$$

所以，静水压强基本方程从能量的观点表明：仅受重力作用处于静止状态的水中，任意点对同一基准面的单位势能为一常数。

值得注意的是，如果容器是密封的，且液体表面压强 p_0 大于或小于大气压强，则测压管中液面就高于或低于容器内的液面，但静止液体内不同点的测压管水头仍为同一常数，都等于测压管自由液面到基准面的距离。Z 的大小与所选基准面的位置有关，而压强水头的大小与基准面的位置无关。

【例 2.1.1】 求水库水深为 10m、20m 处的静水压强。

解： 已知水库表面压强为大气压强，故 $p_0=p_a=0$

水深 10m 处　　$p=\gamma h=9.8\times10=98(\text{kPa})$

水深 20m 处　　$p=\gamma h=9.8\times20=196(\text{kPa})$

【例 2.1.2】 某压力管道如图 2.1.8 所示，以 0—0 平面为基准面。当阀门关闭时，试求 A、B、C 三点的位置水头、压强水头和测压管水头，并绘制管路的测压管水头线。

解： 阀门关闭时，水处于静止状态，分别计算 A、B、C 三点的位置水头、压强水头和测压管水头，并列于表 2.1.1 中。

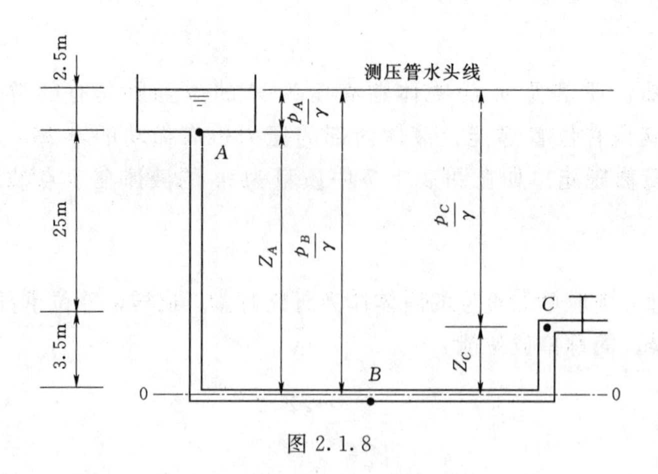

图 2.1.8

表 2.1.1　　测压管水头计算表

位置	位置水头 Z/m	压强水头 $\frac{p}{\gamma}$	测压管水头 $Z+\frac{p}{\gamma}$
A 点	28.5	2.5	31.0
B 点	0	31.0	31.0
C 点	3.5	27.5	31.0

任务解析单

“蛟龙号”在下潜过程中，外壳压强随水深的增大而增大，且压强与水深呈线性关系。下潜到水下 7000m 的压强为：$p=\gamma h=9.8\times7000=68600(\text{kN/m}^2)=68600(\text{kPa})=68.6(\text{MPa})$，该压强相当于在 1cm^2 的面积上放置 686kg 重的物体。“蛟龙号”下潜深度之深，承受压强之大，是真正的“大国重器”。

工作单

2.1.1　图 2.1.9 中所给出的水平面 A—A、B—B 和 C—C 是否为等压面？

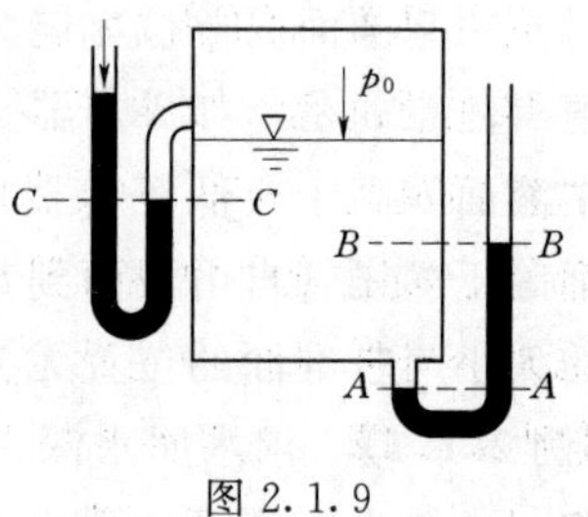

图 2.1.9

2.1.2　一圆柱形水箱，直径为 2m，水深为 3m。问：水箱底面的静水压强和所受的静水总压力各是多少？

2.1.3　求水库水深为 25m 处的静水压强。

任务 2.2　点静水压强测算

任务单

如图 2.2.1 所示某锅炉，炉内气体压力可通过 U 形水银测压计量测，若已测得测压计水银液面差 $h=0.6\text{m}$，试求锅炉内的气体压强 p_0 的绝对压强和相对压强。

学习单

2.2.1 压强的单位

水利工程常采用的压强计算单位有以下三种。

1. 应力单位

所谓应力就是单位面积上所受的力。压强就是单位面积上的压力，所以用应力表示压强是压强最常用的表示方法。在国际单位制中其单位为 N/m^2 (Pa) 或 kN/m^2 (kPa)。在工程单位制中，其单位为 kgf/cm^2。

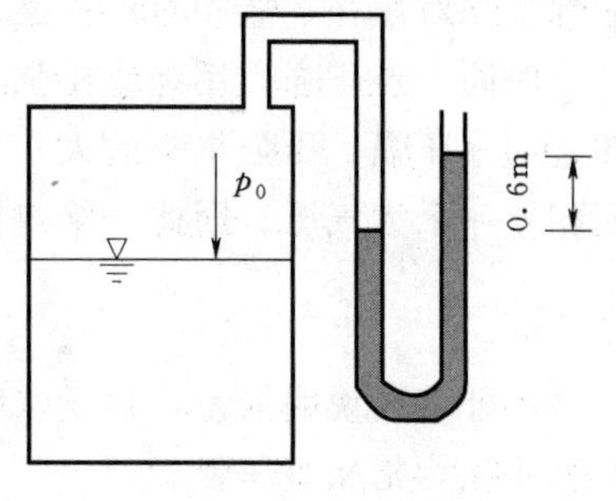

图 2.2.1

2. 工程大气压单位

地球外表包围着大气圈，99.9%的大气在离地表50km高度的范围内，这样高的一个空气柱因重量产生的压强就是大气压。国际单位制规定：1标准大气压=760mm水银柱产生压强=101.3kPa，它是纬度45°海平面上，当温度为0℃时的大气压强。水利工程中为计算方便，常以工程大气压来衡量压强的大小，规定：

$$1\text{工程大气压}=98\text{kPa}$$

3. 用液柱高度表示的单位

由 $p=\gamma h$ 可得 $h=\frac{p}{\gamma}$，说明任一点的静水压强都可以用一定的液柱高度来表示。例如一个工程大气压若用水柱高度表示，则为

$$h=\frac{p}{\gamma}=\frac{98\text{kN/m}^2}{9.8\text{kN/m}^3}=10\text{m(水柱)}$$

若用水银柱表示，因水银的容重 $\gamma_m=133.3\text{kN/m}^3$，则为

$$h=\frac{p}{\gamma_m}=\frac{98\text{kN/m}^2}{133.3\text{kN/m}^3}=736\text{mm(水银柱)}$$

2.2.2 压强的表示方法

1. 绝对压强

2.3 压强的单位和表示方法

如果以没有空气的绝对真空，即压力为零作基准算起的压强数值，叫做绝对压强，用符号 p' 表示。当自由表面为大气压强 p_a 时，即 $p_0=p_a$，则静水中任一点的绝对压强可用下式表示，即

$$p'=p_a+\gamma h \tag{2.2.1}$$

2. 相对压强

以一个工程大气压为基准（零）起算的压强数值，称为相对压强，直接用 p 表示。在实际工程中，建筑物表面和自由液面多受大气压强 p_a 作用，所以，对建筑物起作用的压强仅为相对压强。当表面压强 $p_0=p_a$ 时，液体内任意一点静水的相对压强可用下式表示，即

$$p=\gamma h \tag{2.2.2}$$

工程应用中的压力表放在大气中时，其指针一般都指着零，所以，通常压力表测的压

强都是相对压强，故相对压强又可以叫做表压强。

对同一点压强，用绝对压强计算和用相对压强计算虽然计算结果数值不同，但表示的却是同一压强，压强本身的大小并没有发生变化，只是计算的零基准发生了变化，它们之间相差一个大气压。因此，绝对压强和相对压强的关系为

$$p=p'-p_a \tag{2.2.3}$$

另外需要说明的是，由于水利工程中的压强都按相对压强计算，若无特殊说明，通常所称压强均指相对压强。

3. 真空压强

绝对压强总是正的，而相对压强则可正可负。当液体中某点的绝对压强小于当地的大气压强 p_a 时，即相对压强为负值，则称该点出现了真空或负压。如图 2.2.2 所示，在静止的液体中插入一个两端开口的玻璃管 1，这时管内外的液面必在同一高度。若在玻璃管的一端装上橡皮球，并把球内的气体排出，再放入水中（图 2.2.2 中的管 2），这时管 2 内液面就会高于管外的液面。这说明管内液面压强 p_0 已不是一个大气压。根据静水压强基本方程可知

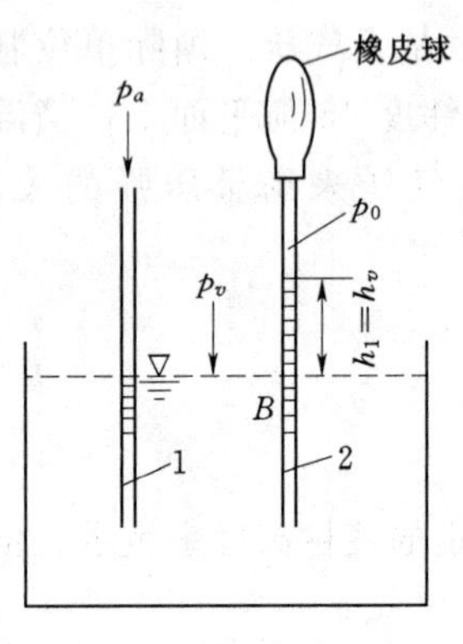

图 2.2.2

$$p_0+\gamma h_v=p_a$$

即

$$p_0=p_a-\gamma h_v$$

上式表明 p_0 是一个小于大气压的压强，即管 2 液面上出现了真空。通常把绝对压强小于大气压的那部分压强称为真空压强，用 p_v 表示。则真空压强 p_v 与相对压强 p 和绝对压强 p' 的关系为

$$p_v=p_a-p'=-p \tag{2.2.4}$$

离心泵和虹吸管能把水从低处吸到一定的高度，就是利用真空这个道理。

真空压强以水柱高度表示，称为真空高度，用 h_v 表示。显然，真空高度为

$$h_v=\frac{p_v}{\gamma} \tag{2.2.5}$$

【例 2.2.1】 静水中某点的绝对压强为 78.4kPa，求该点的相对压强、真空压强和真空高度。

解： 由式（2.2.3）可得该点的相对压强为

$$p=p'-p_a=78.4-98=-19.6(\text{kPa})$$

由式（2.2.4）可得该点的真空压强为

$$p_v=p_a-p'=98-78.4=19.6(\text{kPa})$$

又由式（2.2.5）可得该点的真空高度为

$$h_v=\frac{p_v}{\gamma}=\frac{19.6}{9.8}=2(\text{m 水柱})$$

图 2.2.3 为几种不同方法表示的压强值的关系。

2.2.3　点压强的测算

在生产和科学试验中，经常需要测量液体内某点压强的大小或者两点之间的压强差。用于测量压强的仪器有很多，如液柱式测压计、金属压强计及电测式仪表等。这里只介绍一些应用水静力学原理设计的液柱式测压计。

2.4　静水压强测算

1. 测压管

测压管是一根一端与容器中被测点 A 连接，另一端竖直向上的开口玻璃管，如图 2.2.4 所示。如果 A 点压强大于大气压强，测压管中的水面将会上升一个高度 h，量出测压管高度 h，便可求出 A 点的压强，即 $p=\gamma h$。

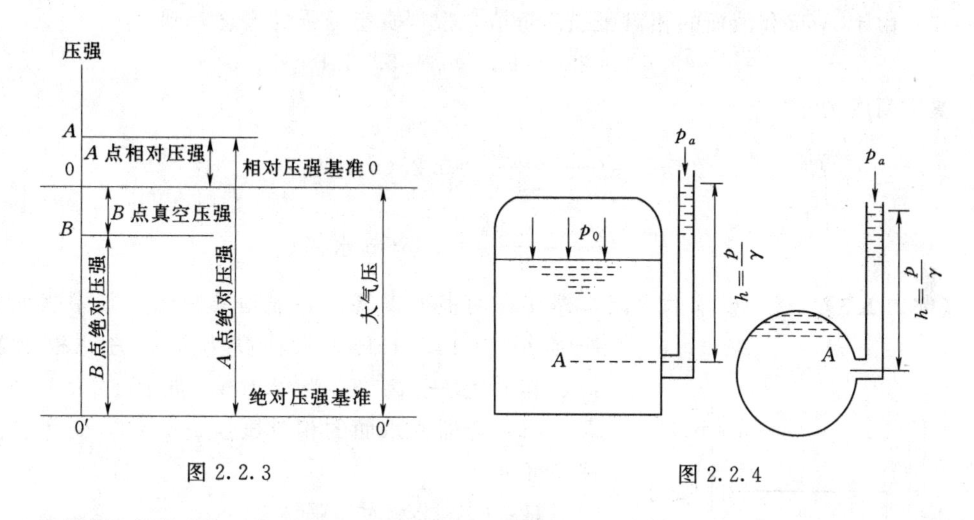

图 2.2.3　　　　图 2.2.4

一般情况下测压管不宜过长，高度应该不超过 2m，此外，为避免毛细管现象引起液柱高度变化，测压管直径不宜过小，直径在 10mm 左右。

2. U 形水银测压计

当被测点压强较大时，可利用 U 形水银测压计进行测量。它是一个两端开口的 U 形管，如图 2.2.5 所示。管子的一端安装在被测点处，并与被测点连通，而另一端则和大气相通，弯曲部分盛有水银。只要测得 U 形管中两水银面高差 h 及测点距左支水银面间的距离 a，便可计算出该点的压强。

根据连通器原理，水平面 1—2 为等压面。因此，点 1 和点 2 的压强相等，由静水压强方程得

$$p_1=p_A+\gamma a$$

右支测压计　　$p_2=\gamma_m h$（按相对压强计算）

因 $p_1=p_2$ 所以

$$p_A+\gamma a=\gamma_m h$$

则

$$p_A=\gamma_m h-\gamma a \tag{2.2.6}$$

因此，只要测出 a 和 h，即可求得 A 点的压强值。

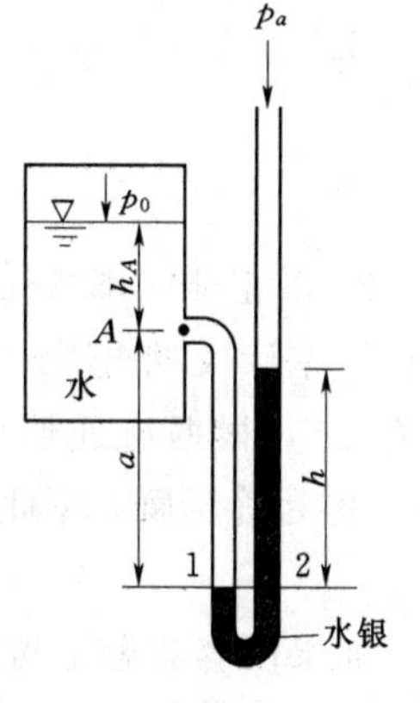

图 2.2.5

【例 2.2.2】　如图 2.2.5 所示，$h=20$cm，$a=25$cm，$h_A=10$cm。求：（1）A 点压强 p_A、液面压强 p_0。（2）如果 $h=0$，其他数据不变，p_A、p_0 又是多少？（3）其真空压强和

真空高度是多少？

解：(1) 根据式 (2.2.6) 可得

$$p_A=\gamma_m h-\gamma a=133.3\times0.2-9.8\times0.25=24.21(\text{kPa})$$

当 $h_A=0.1\text{m}$ 时得

$$p_0=p_A-\gamma h_A=24.21-9.8\times0.1=23.23(\text{kPa})$$

(2) 当 $h=0$，其他数据不变时

$$p_A=\gamma_m h-\gamma a=0-9.8\times0.25=-2.45(\text{kPa})$$

$$p_0=p_A-\gamma h_A=-2.45-9.8\times0.1=-3.43(\text{kPa})$$

(3) 由于 A 点和液面的相对压强为负值，根据真空压强的概念，则

$$p_{Av}=2.45\text{kPa}\quad p_{0v}=3.43\text{kPa}$$

真空高度为

$$h_{Av}=\frac{p_{Av}}{\gamma}=\frac{2.45}{9.8}=0.25(\text{m 水柱})$$

$$h_{0v}=\frac{p_{0v}}{\gamma}=\frac{3.43}{9.8}=0.35(\text{m 水柱})$$

【例 2.2.3】 有一盛水的封闭容器接有两根玻璃管，一根顶端封闭，其中表面相对压强 p_0 为 14.64kPa，水柱高为 h_0；另一根顶端开口，其中水柱高 h_c 为 2.0m，如图 2.2.6 所示。求：(1) 容器内水面的相对压强 p_c。(2) 封闭管内水柱高度 h_0。

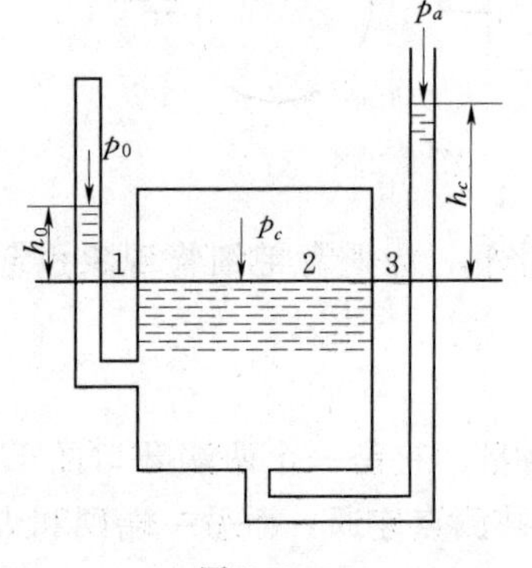

图 2.2.6

解：(1) 求相对压强 p_c。

水平面 2—3 为等压面，所以

$$p_c=p_3=\gamma h_c=9.8\times2=19.6(\text{kPa})$$

(2) 求封闭管内水柱高度 h_0。

水平面 1—2 亦为等压面，即

$$p_1=p_c$$

根据静水压强方程并以相对压强计，则有

$$p_1=p_0+\gamma h_0$$

即

$$p_0+\gamma h_0=p_c$$

得

$$h_0=\frac{p_c-p_0}{\gamma}=\frac{19.6-14.64}{9.8}=0.506(\text{m})$$

3. 压差计（比压计）

压差计又叫比压计，是测量两点压强差的仪器，如图 2.2.7 所示。只要测出两水银面高差 Δh，根据连通器原理，就可求得 A、B 两点间的压差。图中水平面 1—2、2—3、4—5 均为等压面，据此可推求得

$$p_A-p_B=(\gamma_m-\gamma)\Delta h-\gamma\Delta z \tag{2.2.7}$$

如果两容器位于同一高度（图 2.2.8），即 $\Delta z=0$ 时，则式 (2.2.7) 可写为

$$p_A-p_B=(\gamma_m-\gamma)\Delta h \tag{2.2.8}$$

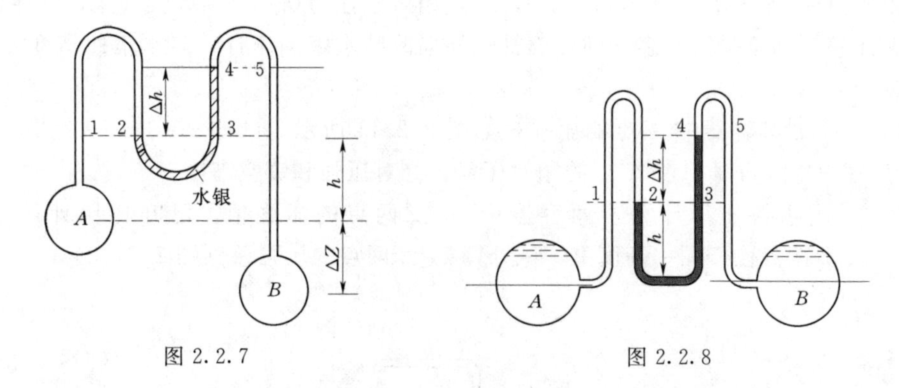

图 2.2.7　　　　图 2.2.8

【例 2.2.4】 在 A、B 两容器间（图 2.2.7）连接水银比压计，两容器皆为水，$\Delta z=0.4\text{m}$，$\Delta h=0.3\text{m}$。试求：（1）A、B 两点的压强差。（2）若容器 A、B 高程和压强不变，变动水银压差计的安装高度 h，问是否会影响读数 Δh？（3）若容器 A、B 变为同一高程（$\Delta z=0$），且 Δh 不变（图 2.2.8），求 A、B 两点的压强差。

解：（1）由式（2.2.7）可得 A、B 两点的压强差为

$$p_A-p_B=(\gamma_m-\gamma)\Delta h-\gamma\Delta z=(133.3-9.8)\times0.3-9.8\times0.4=33.1(\text{kPa})$$

（2）从上述计算公式可知：A、B 两点的压强差仅与 Δh 和 Δz 有关，而与 h 无关。也就是说，水银测压计读数 Δh 仅与容器 A、B 的压强差和位置高差有关，与测压计安装高度 h 无关。

（3）若容器 A、B 点同高，即 $\Delta z=0$ 时，按式（2.2.8）得

$$p_A-p_B=(\gamma_m-\gamma)\Delta h=(133.3-9.8)\times0.3=37.0(\text{kPa})$$

任务解析单

由前面学习内容可知，锅炉装了一个 U 形水银测压计。由于量测的是气体压强，因此左支水银面的压强即为 p_0。

则锅炉内气体的相对压强　$p_0=\gamma_m h=133.3\times0.6=79.98(\text{kPa})$

绝对压强　$p_0'=p_a+p_0=98+79.98=177.98(\text{kPa})$

工作单

2.2.1　计算如图 2.2.9 所示的容器壁面上 1～5 各点的静水压强值。

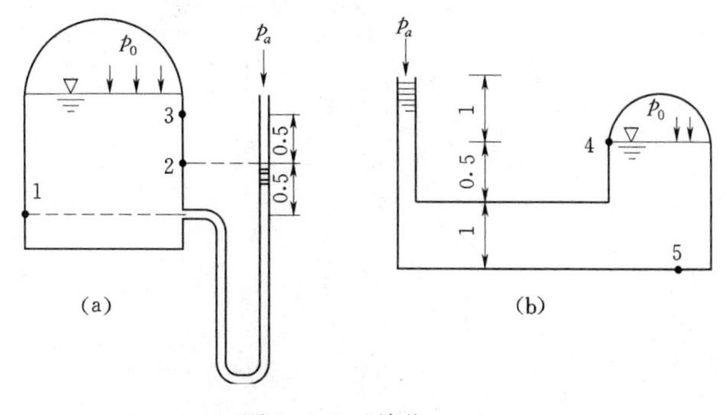

图 2.2.9（单位：m）

2.2.2　已知某容器（图 2.2.10）中 A 点相对压强为 0.8 个工程大气压，设在此高度上安装测压管，问至少需要多长的玻璃管？如果改装水银测压计，问水银柱高度 h_p 为多少（已测得 $h'=0.2\text{m}$）？

2.2.3　测量某容器中 A 点的压强，如图 2.2.11 所示。已知 $z=1\text{m}$，$h=2\text{m}$。若不计倒 U 形管内空气重量，求 A 点的相对压强、绝对压强和真空高度。

2.2.4　用水银比压计测量两容器中 1、2 两点的压强值。已知比压计读数 $h=350\text{mm}$，1、2 两点位于同一高度上，试计算 1、2 两点的压强差（图 2.2.12）。

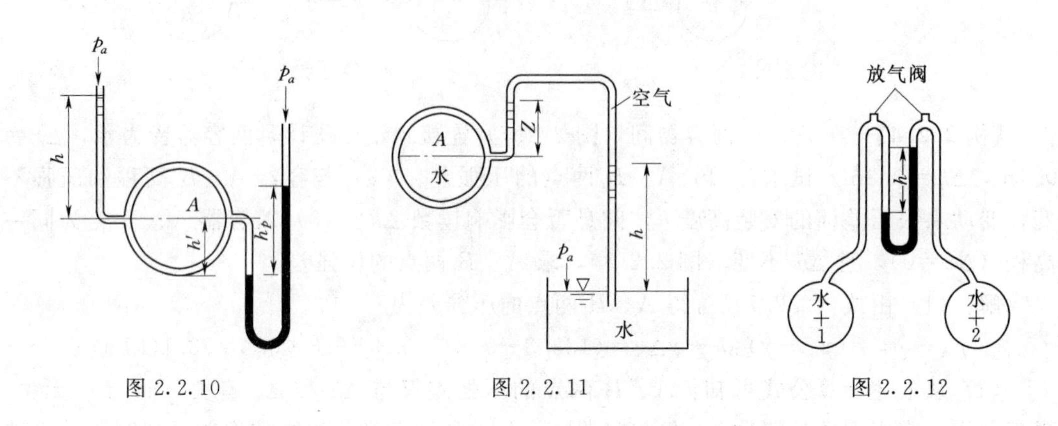

图 2.2.10　　图 2.2.11　　图 2.2.12

任务2.3　平面静水压力计算

任务单

三峡工程是当今世界建设规模最大、技术最复杂、管理任务最艰巨、影响最深远的水利枢纽工程。“高峡出平湖”“当惊世界殊”“众志绘宏图”“腾飞中国梦”，三峡工程举世瞩目。三峡工程最核心的效益是防洪，它的总库容393亿m^3，防洪库容221.5亿m^3，最大坝高181m，正常蓄水位175m。三峡工程蓄水量如此之大，作用在大坝迎水面的水压力与哪些因素有关？三峡大坝非溢流坝段正常蓄水位（水深h=171m）时1m长坝体承受的水压力有多大？

学习单

2.3.1　静水压强分布图的绘制

2.5　静水压强分布图的绘制

受压面上各点静水压强大小分布情况的几何图形，称为静水压强分布图，简称压力图。实际工程中，受压面两侧一般都承受着大气压强的作用，此时产生的压力效果对受压面来说可以相互抵消，因而一般情况下只需绘出相对压强分布图即可。

静水压强分布图既要确定各点压强的大小，又要确定各点压强的方向。各点压强的大小可由静水压强基本方程$p=\gamma h$确定，方向由静水压强基本特性确定，其绘制原则如下：

（1）选定比例尺，用线段长度代表该点静水压强的大小。

（2）在线段的一端用箭头标出静水压强的方向，并与受压面垂直。

由于γ为常数，p与h为一次方关系，故可知液体内任一点静水压强p与水深h呈直线关系，只要绘出两点的压强即可确定此直线，具体方法：如图2.3.1（a）所示，可选取受压面最上面的点A和最下面的点B，利用$p=\gamma h$计算其大小，$p_A=0$，$p_B=\gamma h$，再按一定比例尺取$BC=\gamma h$绘于图上，连AC可得压强分布图ABC。静水压强方向垂直并指向受压面，故箭头指向受压面。

受压面无论是斜面、折面或曲面，根据静水压强的特性和基本方程式都可绘出压力图。

现将工程上常见的几种情况绘出其压力图，如图2.3.1和图2.3.2所示。

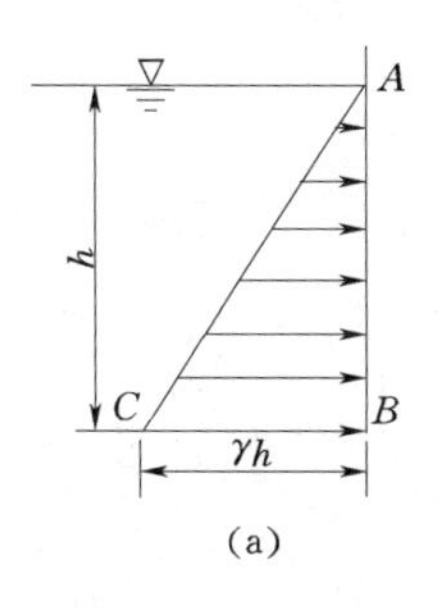

(a)

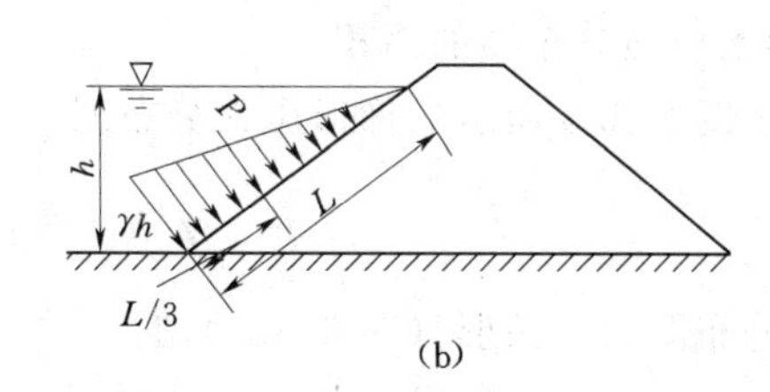

(b)

图2.3.1

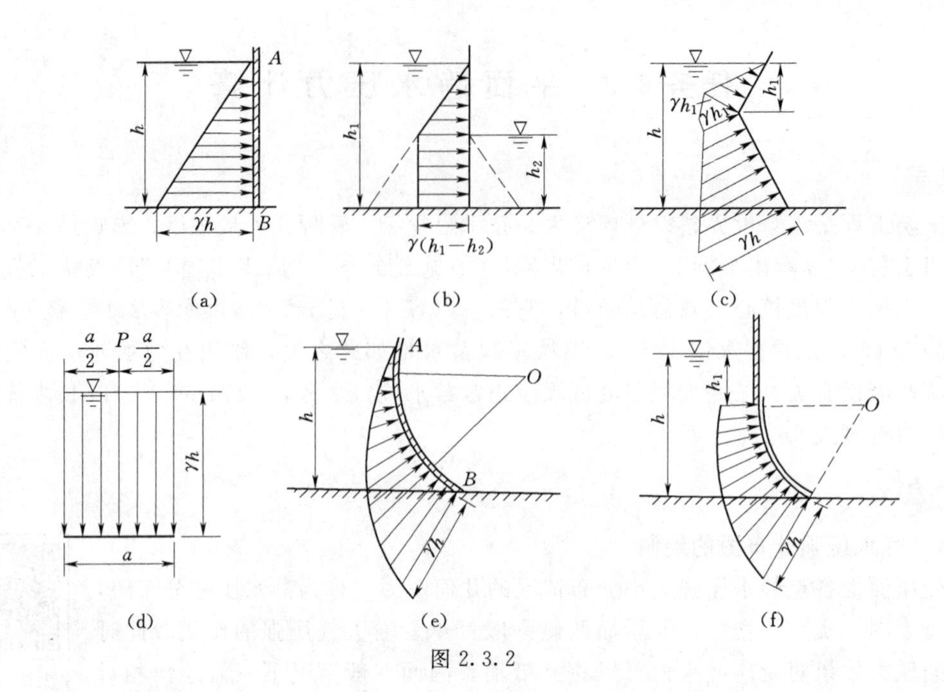

图 2.3.2

总之，绘制平面上的压力图，要记住：各点的压强大小由 γh 来决定，水深多少就画多长，方向总是垂直指向受压面，然后连接各点箭杆的尾部。平面压力图的形状大体有三种，即受压平面露出水面的，压力图为三角形；受压平面淹没在水下的，压力图一般为梯形；在水面下水平放置的平面，其压力图为矩形。当受压面为曲面时，各点压强沿法线方向垂直指向作用面，对于圆形曲面，各点静水压强均通过圆心。

2.3.2 矩形平面静水压力计算

2.6 矩形平面上静水压力计算

水利工程中经常遇到的受压面为矩形平面，由于它的形状规则，可较简便地利用静水压强分布图来求解静水总压力。

静水总压力的计算内容包括：确定静水总压力的大小、方向和作用点。

1. 静水总压力的大小

由于压强分布图反映了受压面单位宽度上压强的分布规律和大小，压强分布图的面积就应等于作用在单位宽度上的静水总压力。因此，矩形受压平面所受的静水总压力的大小就等于压强分布图的面积乘以受压面的宽度，即

$$P=Sb \tag{2.3.1}$$

式中 b——受压面宽度；

S——静水压强分布图的面积。

这样，对于图 2.3.3 所示的梯形压强分布图

$$P=\frac{1}{2}\gamma(h_1+h_2)lb \tag{2.3.2}$$

对于压强分布图为三角形（图 2.3.4）时

$$P=\frac{1}{2}\gamma hlb \tag{2.3.3}$$

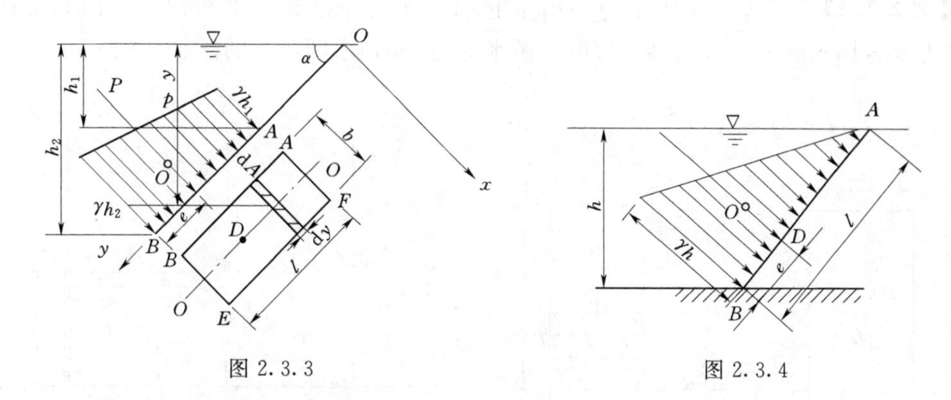

图 2.3.3　　　　图 2.3.4

2. 静水总压力的方向和作用点

根据静水压强的特性，受压面上各点的压强都垂直指向受压面，因而，其合力即静水总压力必然垂直指向受压面。

总压力 P 的作用线与受压面的交点，即总压力的作用点，称压力中心，用 D 表示。D 至受压面底缘的距离 e 表示压力中心的位置。

矩形平面壁上总压力 P 的作用线必通过压力图形心（注意要和受压面形心区别开），并垂直受压面，而且落在受压面的对称轴上。

压力中心 D 的距离 e 可用平行力系求合力作用点的方法计算。

当压强分布图为三角形（图 2.3.4）时　$e=\frac{1}{3}l$

当压强分布图为梯形（图 2.3.3）时　$e=\frac{l}{3}\cdot\frac{2h_1+h_2}{h_1+h_2}$

对于较复杂的压强分布图，可分成三角形、矩形或梯形等简单图形，先求分力、再求合力和合力作用线位置。

综上所述，矩形受压面静水总压力计算的图解步骤为：

（1）绘制静水压强分布图。

（2）计算静水压强分布图的面积 S。

（3）计算静水总压力的大小 $P=Sb$。

（4）确定压力中心 D 的距离 e，并在图上标出 D 和总压力 P 的作用线。

【例 2.3.1】 如图 2.3.5（a）所示，在某一输水渠道中，有一矩形平板闸门，宽度 $b=1.2\text{m}$，闸前水深 $h=1.6\text{m}$。求作用在闸门上的静水总压力。

解： 首先绘制静水压强分布图，如图 2.3.5（b）所示的三角形。作用在闸门上的静水总压力大小 P 按式（2.3.3）计算，即

$$P=\frac{1}{2}\gamma bh^2=\frac{1}{2}\times9.8\times1.2\times1.6^2=15.05(\text{kN})$$

压力中心 D 距闸门底缘的距离为

$$e=\frac{1}{3}h=\frac{1}{3}\times1.6=0.53(\text{m})$$

【例 2.3.2】 图 2.3.6 所示为一引水涵洞，闸门为铅直的平板门，闸门高 2m、宽 3m，上方有挡水胸墙。最大洪水位时上游水深为 5m，求闸门上的静水总压力。

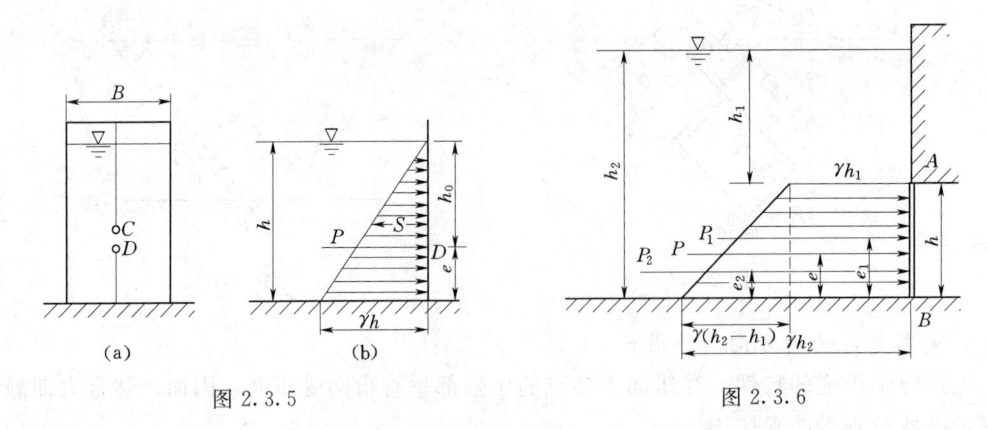

图 2.3.5　　　　　　　　　　图 2.3.6

解法一： 绘制闸门上的静水压强分布图，如图 2.3.6 所示的梯形。总压力大小 P 按式（2.3.2）计算，即

$$P=\frac{1}{2}\gamma(h_1+h_2)lb=\frac{1}{2}\gamma(h_1+h_2)hb=\frac{1}{2}\times9.8\times(3+5)\times2\times3=235.2(\text{kN})$$

压力中心 D 至上游河底的距离为

$$e=\frac{h}{3}\cdot\frac{2h_1+h_2}{h_1+h_2}=\frac{2}{3}\times\frac{2\times3+5}{3+5}=0.92(\text{m})$$

解法二： 在计算静水总压力时，可将梯形压强分布图划分成一个三角形和一个矩形。梯形面积 S 应等于矩形面积 S_1 与三角形面积 S_2 之和，即

$$P=sb=S_1b+S_2b=P_1+P_2$$

式中　P_1——矩形面积产生的压力；

　　　P_2——三角形面积产生的压力。

只要分别计算出这两部分的压力，即可得到总压力 P。

$$P_1=S_1b=\gamma h_1hb=9.8\times3\times2\times3=176.4(\text{kN})$$

$$P_2=S_2b=\frac{1}{2}\gamma h^2b=\frac{1}{2}\times9.8\times2^2\times3=58.8(\text{kN})$$

$$P=P_1+P_2=176.4+58.8=235.2(\text{kN})$$

压力中心可以应用合力矩定理来求解，即合力对某轴的力矩等于各分力对同轴力矩的代数和。

P_1 距门底的力臂　　　$e_1=h/2=2/2=1.0(\text{m})$

P_2 距门底的力臂　　　$e_2=h/3=2/3=0.667(\text{m})$

设总压力 P 距门底的力臂为 e。

则

$$Pe=P_1e_1+P_2e_2$$

即

$$e=\frac{P_1e_1+P_2e_2}{P}=\frac{176.4\times1.0+58.8\times0.667}{235.2}=0.92(\text{m})$$

总压力作用点 D 距水面的深度为

$$h_D=h_2-e=5-0.92=4.08(\text{m})$$

2.3.3　任意平面静水压力计算

1. 静水总压力的大小

对于任意形状的平面壁的静水总压力，图解法已不再适用，可用解析法推求。

图 2.3.7 所示一圆形平板闸门倾斜放置在水面以下。图中圆形平面面积为 A，形心为 C，形心在水面下的深度为 h_C。取坐标平面 xOy 与该受压平面重合，与水平面的交角为 α，x 轴与水面重合。将 xOy 平面绕 y 轴旋转 90°，即把该平面转展在纸面。静水总压力 P 的作用点 D 在水面下的深度为 h_D，沿 Oy 轴的距离为 y_D。

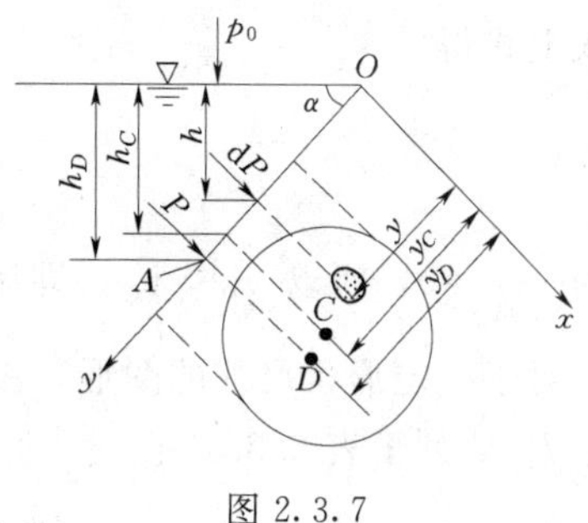

图 2.3.7

在圆形受压平面上任取一微小面积 dA，其中心点的水深为 h，因 dA 极小，可认为 dA 上的压强分布是均匀的，即各点压强都等于 γh，则 dA 上的静水总压力为

$$\mathrm{d}P=p\,\mathrm{d}A=\gamma h\,\mathrm{d}A$$

上式积分可得整个受压平面上的静水总压力 P，即

$$P=\int_A \mathrm{d}P=\int_A \gamma h\,\mathrm{d}A=\int_A \gamma y\sin\alpha\,\mathrm{d}A=\gamma\sin\alpha\int_A y\,\mathrm{d}A$$

由工程力学知，$\int_A y\mathrm{d}A$ 为面积对 Ox 轴的静面矩之和，它等于 y_CA，y_C 为受压面形心点 C 距 Ox 轴的距离，因此

$$P=\gamma\sin\alpha y_CA=\gamma h_CA=p_CA \tag{2.3.4}$$

式中　h_C——受压面形心点 C 的水深，$h_C=y_C\sin\alpha$；

p_C——受压面形心点 C 的静水压强，$p_C=\gamma h_C$；

A——受压面面积。

式（2.3.4）是任意形状平面壁上静水总压力的计算公式。它表明，任意形状平面壁上所受静水总压力的大小，等于受压面面积与其形心处静水压强的乘积。

2. 静水总压力的方向和作用点

根据静水压强的特性，静水总压力的方向，必然垂直并指向受压平面。

通常受压面为纵向对称的平面，压力中心必然位于对称轴上。具体位置一般用 y_D 表示（图 2.3.7），可根据合力矩定理推求，即由各分力（微小面积上静水总压力 dP）对 Ox 轴的力矩关系来推求。

图 2.3.7 所示的受压面，各微小面积上静水总压力 dP 对 Ox 轴的力矩总和为

$$\int_A y\,\mathrm{d}P=\int_A y\gamma h\,\mathrm{d}A=\int_A y\gamma y\sin\alpha\,\mathrm{d}A=\gamma\sin\alpha\int_A y^2\,\mathrm{d}A=\gamma\sin\alpha I_{Ox}$$

式中的 $I_{Ox}=\int_A y^2\mathrm{d}A$ 为受压面对 Ox 轴的惯性矩。

总压力 P 对 Ox 轴的力矩为

$$Py_D=\gamma h_CAy_D=\gamma y_C\sin\alpha Ay_D$$

由合力矩定理可得

$$\gamma \sin\alpha I_{Ox} = \gamma y_C \sin\alpha A y_D$$

即

$$y_D = \frac{I_{Ox}}{y_C A}$$

设 I_C 为面积 A 对通过其形心 C 且与 Ox 平行的轴的惯性矩，由工程力学知

$$I_{Ox} = I_C + y_C^2 A$$

代入上式得

$$y_D = y_C + \frac{I_C}{y_C A} \tag{2.3.5}$$

因为 $\frac{I_C}{y_C A} > 0$，所以 $y_D > y_C$，即压力中心 D 的位置比受压面形心 C 的位置低 $\frac{I_C}{y_C A}$ 值。

对于一定形状尺寸的图形，A、I_C 都是定值。为了便于计算，将几种常见图形的 A、y_C、I_C 值列于表 2.3.1。

表 2.3.1　常见平面图形的 A、y_C 及 I_{Cx} 值

几何图形名称	面积 A	y_C	对通过形心点 Cx 轴的惯性矩 I_{Cx}
矩形	bh	$\frac{h}{2}$	$\frac{bh^3}{12}$
三角形	$\frac{bh}{2}$	$\frac{2h}{3}$	$\frac{bh^3}{36}$
梯形	$\frac{h(a+b)}{2}$	$\frac{h}{3}\left(\frac{a+2b}{a+b}\right)$	$\frac{h^3}{36}\left(\frac{a^2+4ab+b^2}{a+b}\right)$
圆	πr^2	r	$\frac{1}{4}\pi r^4$
半圆	$\frac{1}{2}\pi r^2$	$\frac{4r}{3\pi}=0.4244r$	$\frac{9\pi^2-64}{72\pi}r^4=0.1098r^4$

【例 2.3.3】 图 2.3.7 所示为一圆形平板闸门，半径 $r=0.5\text{m}$，$\alpha=45°$，闸门上边缘距水面深度为 1m，求闸门所受的静水总压力。

解：

$$h_C=1+r\sin\alpha=1+0.5\times\sin45°=1.35(\text{m})$$

$$P=\gamma h_C A=9.8\times1.35\times0.5^2\times3.14=10.39(\text{kN})$$

$$I_C=\frac{\pi r^4}{4}=\frac{1}{4}\times3.14\times0.5^4=0.049(\text{m}^4)$$

$$y_C=\frac{1}{\sin\alpha}+r=\frac{1}{\sin45°}+0.5=1.91(\text{m})$$

$$y_D=y_C+\frac{I_C}{y_C A}=1.91+\frac{0.049}{1.91\times3.14\times0.5^2}=1.94(\text{m})$$

任务解析单

通过前面知识的学习可知，大坝所受的水压力取决于水深和受压面面积，而与蓄水量的多少无关。但是大坝失事引起的后果，蓄水量大的大坝明显更为严重，所以设计者会引入额外的安全系数以防止塌坝。

下面计算三峡大坝非溢流坝段正常蓄水位（水深 $h=171$m）时 1m 长坝体承受的水压力：

首先绘制静水压强分布图，如图 2.3.8 所示的三角形。作用在大坝上的静水总压力大小 P 按式（2.3.3）计算，即

$$P=\frac{1}{2}\gamma bh^2=\frac{1}{2}\times9.8\times1\times171^2$$
$$=143280.9(\text{kN})$$

压力中心 D 距坝基的距离为

$$e=\frac{1}{3}h=\frac{1}{3}\times171=57(\text{m})$$

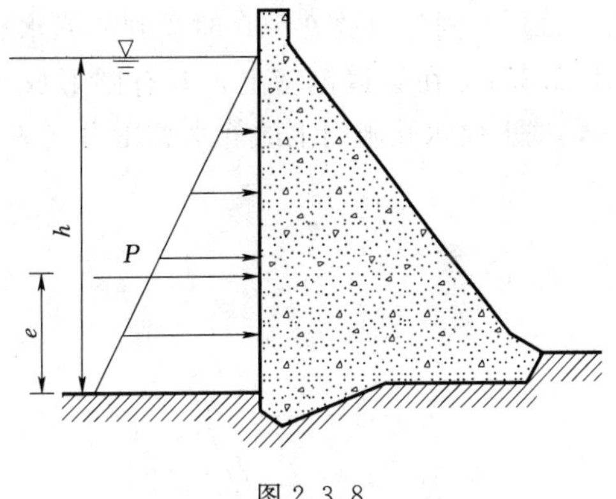

图 2.3.8

工作单

2.3.1 如图 2.3.9 所示的几个不同形状的容器，放置在桌面上，容器内的水深 h 是相等的。容器底面积 A 亦相等。问：（1）容器底面的静水压强是否相等？（2）容器底面所受静水总压力是否相等？（3）桌面上所受的压强与总压力和水对容器底部作用的压强与总压力是否相同？

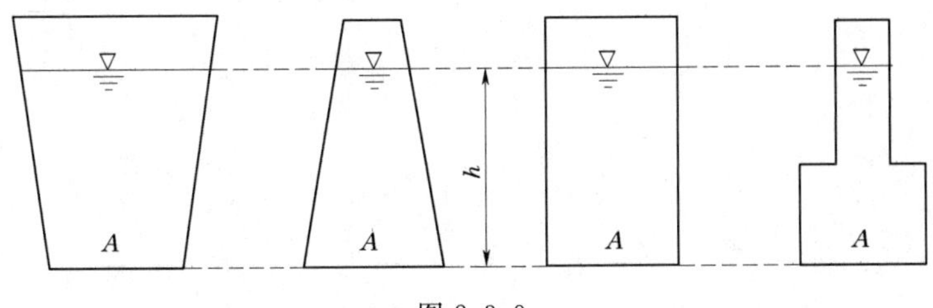

图 2.3.9

2.3.2 试绘制下列各图中挡水面 $ABCD$ 上的压强分布图（图 2.3.10）。

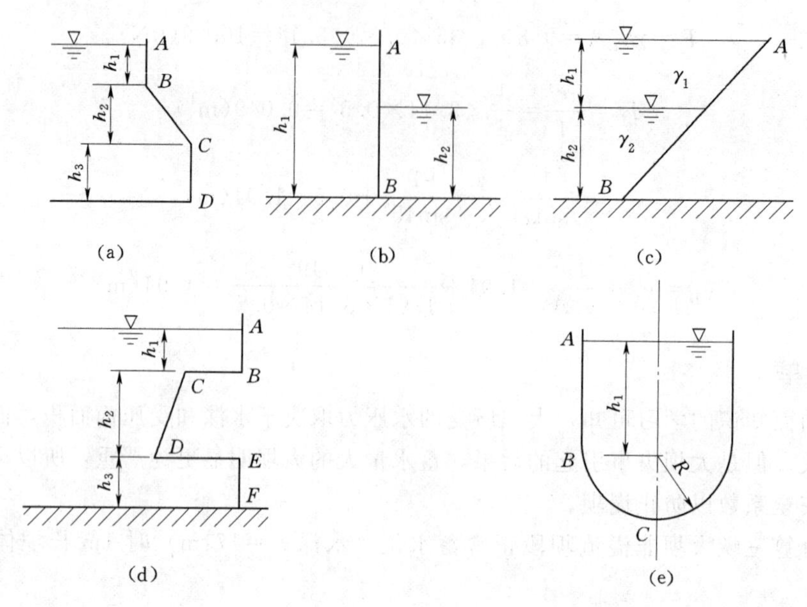

图 2.3.10

2.3.3 渠道上设置一平板闸门（图 2.3.11），宽 $b=4.0$m，水深 $H=2.5$m。求：(1) 当闸门斜放 $\theta=60°$时受到的静水总压力。(2) 当闸门铅直时所受的静水总压力。

2.3.4 在管道侧壁上，开有圆形放水孔，其直径 $d=0.5$m，孔顶至水面深度 $h=2$m，试求放水孔闸门上的静水总压力（图 2.3.12）。

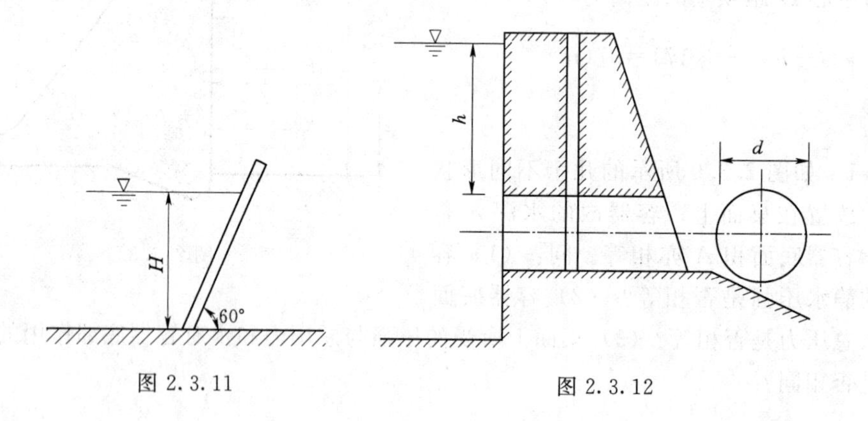

图 2.3.11　　图 2.3.12

任务2.4　曲面静水压力计算

任务单

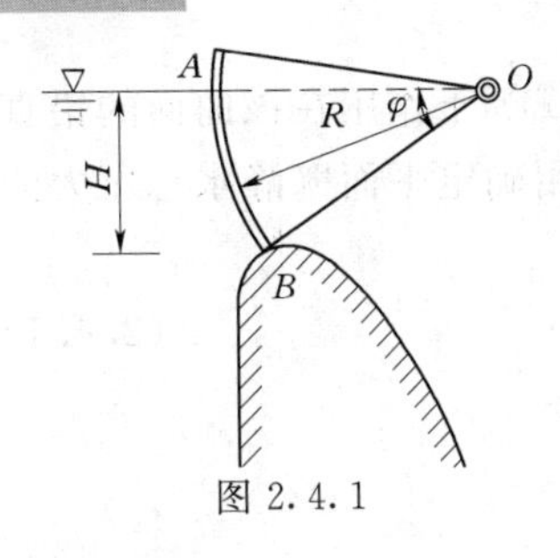

图 2.4.1

受压面除了平面外，也可能是曲面。作用在曲面上的水压力如何求解？某水利工程的溢流坝坝顶采用弧形闸门挡水，门宽 $b=6\text{m}$，弧的半径 $R=4\text{m}$，闸门绕 O 轴旋转，当闸前水位为正常蓄水位时，O 轴和水面在同一高程，此时坝顶水头 $H=2\text{m}$，如图 2.4.1 所示。正常蓄水位时闸门上所受到的静水总压力是多大？

学习单

2.4.1　曲面壁上静水压力分析

水工建筑物中，承受静水压力的面除平面外，还有曲面，如弧形闸门、拱坝坝面、闸墩和边墩等，其水压力计算可归为曲面壁静水总压力的求解。这些曲面多数为二向曲面（圆柱曲面的一部分）或球面。因曲面上各点静水压强的方向垂直指向作用面，即曲面上各点的内法线方向，所以各点的压力互不平行，求平面壁静水总压力的方法不再适用。为了将曲面上的总压力问题也变为平行力系求合力的问题，通常先把静水总压力 P 分解为水平总压力 P_x 和铅直总压力 P_z [图 2.4.2 (a)]，并分别求出 P_x、P_z 再求合力 P 的方法来求解静水总压力。有时，工程中不一定要计算出合力 P，只要分别求出 P_x、P_z，就可以解决实际问题。下面以弧形闸门为例，讨论静水总压力的大小、方向和作用点。

为确定分力 P_x 和 P_z，先选取宽度为 b（即闸门宽度）、截面为 ABC 的水体为脱离体，如图 2.4.2 (b) 所示，研究该水体的平衡。

在图 2.4.2 (b) 中：P'为闸门 AB 对水体的反作用力，与水对闸门的静水总压力 P 大小相等，方向相反；P'_x、P'_z 为 P'的水平分力和铅直分力；P_{AC}、P_{BC} 分别为作用在 AC 面和 BC 面的静水总压力；G 为脱离体水重。

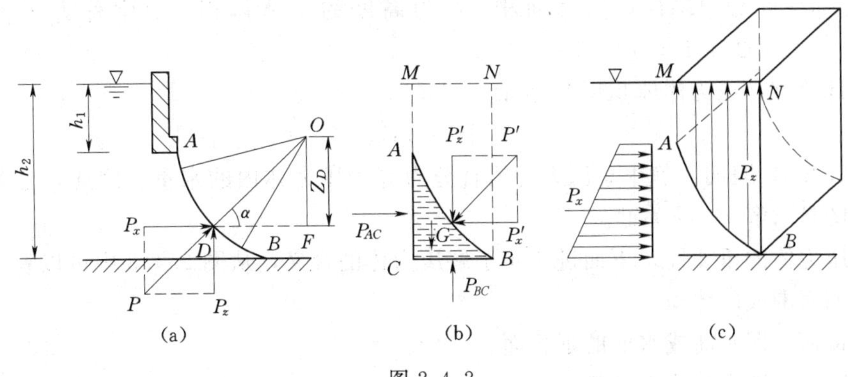

图 2.4.2

2.4.2 水平分力计算

因脱离体在水平方向是静止的，故水平方向的合力为零，即

$$P'_x = P_{AC}$$

根据作用力与反作用力大小相等、方向相反的原理，闸门受到的水平分力为

$$P_x = P_{AC}$$

上式表明：作用于曲面壁上的静水总压力 P 的水平分力 P_x 等于作用在该曲面的铅直投影面积上的静水总压力。其铅直投影面为矩形平面，故可利用确定平面壁静水总压力的方法来求 P_x。如用图解法，可按下式求解，即

$$P_x = Sb \tag{2.4.1}$$

式中 S——AB 曲面的铅直投影面上的静水压强分布图面积；

b——AB 曲面的宽度。

P_x 也可用解析法求解，即

$$P_x = P_C A_{AC} \tag{2.4.2}$$

式中 P_C——AB 曲面的铅直投影面上形心 C 处的压强；

A_{AC}——AB 曲面的铅直投影面的面积。

2.4.3 铅直分力计算

脱离体在铅直方向是静止的，故铅直方向合力为零，即

$$P'_z = P_{BC} - G$$

式中 P_{BC}——BC 平面上受到的静水总压力。

BC 面为一等压面，其面积用 A_{BC} 表示，所处水深为 h_2，故 BC 面上各点的压强都等于 γh_2，则

$$P_{BC} = \gamma h_2 A_{BC} = \gamma V_{MCBN}$$

式中 V_{MCBN}——以 $MCBN$ 为底面积、b 为高度的水体体积。

如以 V_{ACB} 表示以 ACB 为底面积、b 为高度的水体体积，则重力 G 为

$$G = \gamma V_{ACB}$$

故

$$P'_z = P_{BC} - G = \gamma V_{MCBN} - \gamma V_{ACB} = \gamma V_{MABN}$$

由作用力与反作用力大小相等的原理，得

$$P_z = P'_z = \gamma V_{MABN}$$

式中 V_{MABN}——以 $MABN$ 为底面积、b 为高度的水体体积，通常称为压力体［图 2.4.1 (c)］。

通常计算中，压力体体积用 V 表示，于是得

$$P_z = \gamma V \tag{2.4.3}$$

式 (2.4.3) 表明：静水总压力的铅直分力等于压力体内的水重。因此，正确绘制压力体剖面图是求解 P_z 的关键。

由于压力体的重要性，下面进一步了解压力体的含义，从图 2.4.3 中可以看出，压力体是由下列面围成的体积：

(1) 顶面：即水面或水面的延长面。

(2) 底面：即受压曲面本身。

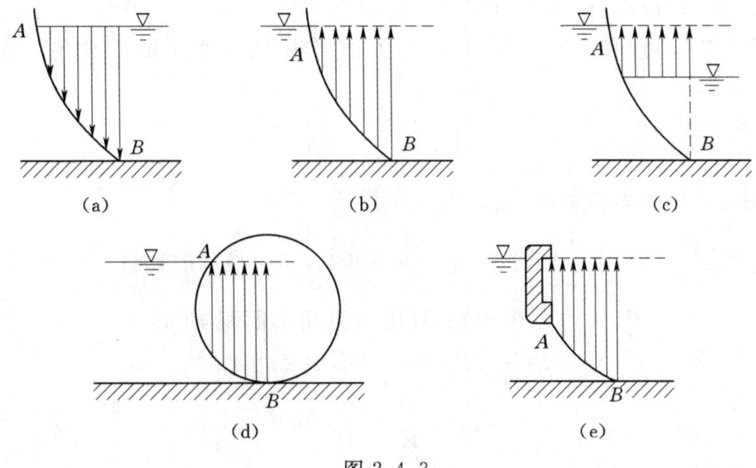

图 2.4.3

(3) 侧面：即通过曲面四周边缘向水面或水面的延长面所作的铅直平面。

关于铅直分力 P_z 的方向，应根据曲面与压力体的关系而定：当水体和压力体位于曲面的同一侧，即压力体内有水［图 2.4.3 (a)］时，P_z 方向竖直向下，这种压力体称为实压力体（即压力体由实际液体构成）；当水体与压力体分别位于受压面两侧时，即压力体内无水［图 2.4.3 (b)］时，P_z 方向竖直向上，这种压力体称为虚压力体（即压力体中无实际液体）。

当曲面为凹凸相间的复杂柱面时，可在曲面与铅直面相切处将曲面分段，分别绘出各部分的压力体，并确定出各部分铅直力 P_z 的方向，然后再合成即可得出总的曲面的压力体［图 2.4.3 (d)］。

2.4.4　静水总压力计算

P_x、P_z 求得后，根据力三角形法得总压力的大小为

$$P=\sqrt{P_x^2+P_z^2} \tag{2.4.4}$$

2.8　曲面壁上静水压力计算

为了确定总压力 P 的方向，可以求出 P 与水平面的夹角 α 值［图 2.4.2 (a)］为

$$\alpha=\arctan\frac{P_z}{P_x} \tag{2.4.5}$$

总压力作用点：总压力作用线和曲面的交点 D 即为总压力的作用点，称为压力中心。D 在铅直方向的位置以受压曲面曲率中心至该点的铅直距离 Z_D 表示。一般弧形闸门的面板为圆柱面的一部分，从图 2.4.2 (a) 的三角形 ODF 可得

$$Z_D=R\sin\alpha \tag{2.4.6}$$

式中　R——圆柱面的半径。

综上所述，曲面壁静水总压力的计算步骤如下：

(1) 绘制压力体剖面图。

(2) 计算静水总压力的水平分力 P_x，计算方法和平面壁上静水总压力的计算方法相同。

(3) 计算静水总压力的铅直分力 P_z，P_z 等于压力体内的水重。

(4) 按式 (2.4.4) 计算其合力 P。

(5) 按式 (2.4.5) 和式 (2.4.6) 计算 P 的作用线与水平面的夹角 α 和压力中心 D 的位置 Z_D。

任务解析单

门宽 $b=6\text{m}$，弧的半径 $R=4\text{m}$，坝顶水头 $H=2\text{m}$。

水平分力 $$P_x=\frac{1}{2}\gamma H^2 b=\frac{1}{2}\times 9.8\times 2^2\times 6=117.6(\text{kN})$$

铅直分力 $$P_z=\gamma(\text{扇形面积 }AOB-\text{三角形面积 }BOC)b$$

已知 $$BC=H=2\text{m},\ OB=R=4\text{m}$$

则 $$\sin\varphi=\frac{H}{R}=\frac{2}{4}=0.5$$

即 $$\varphi=30°$$

扇形面积 $$AOB=\frac{30°}{360°}\pi R^2=\frac{1}{12}\times 3.14\times 4^2=4.18(\text{m}^2)$$

三角形面积 $$BOC=\frac{1}{2}HR\cos\varphi=\frac{1}{2}\times 2\times 4\cos 30°=3.46(\text{m}^2)$$

则 $$P_z=9.8\times(4.18-3.46)\times 6=42.336(\text{kN})$$

总压力 $$P=\sqrt{P_x^2+P_z^2}=\sqrt{117.6^2+42.336^2}=125(\text{kN})$$

总压力作用线与水平面的夹角 $$\alpha=\arctan\frac{P_z}{P_x}=\arctan\frac{42.336}{117.6}=19.8°$$

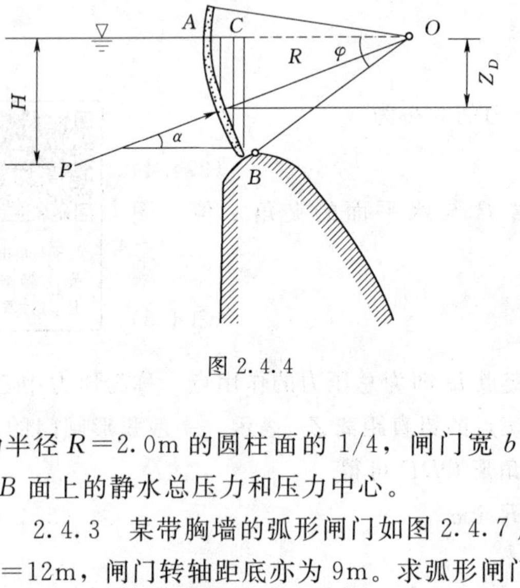

图 2.4.4

总压力的作用点 D 与轴心 O 铅直距离

$$Z_D=R\sin\alpha=R\frac{P_z}{P}=4\times\frac{42.336}{125}=1.355(\text{m})$$

总压力大小、方向、作用点如图 2.4.4 所示。

工作单

2.4.1 试绘制下列各种柱面的压力体剖面图及铅直投影面上的压强分布图（图 2.4.5）。

2.4.2 有一弧形闸门 AB（图 2.4.6），为半径 $R=2.0\text{m}$ 的圆柱面的 1/4，闸门宽 $b=4\text{m}$，圆柱面挡水深 $h=2.0\text{m}$。求作用在 AB 面上的静水总压力和压力中心。

2.4.3 某带胸墙的弧形闸门如图 2.4.7 所示。闸门宽度 $b=10\text{m}$，高 $H=9\text{m}$，半径 $R=12\text{m}$，闸门转轴距底亦为 9m。求弧形闸门上受到的静水总压力和压力中心。

2.4.4 有一扇形闸门（图 2.4.8），已知：$h=3\text{m}$，$\alpha=45°$，闸门宽 $b=1\text{m}$。求作用在扇形闸门上的静水总压力及压力中心。

2.4.5 一圆辊闸门，闸门宽 $b=10\text{m}$，直径 D 和水深 H 相等，且 $H=D=4\text{m}$，求作用在圆辊闸门上的静水总压力及压力中心（图 2.4.9）。

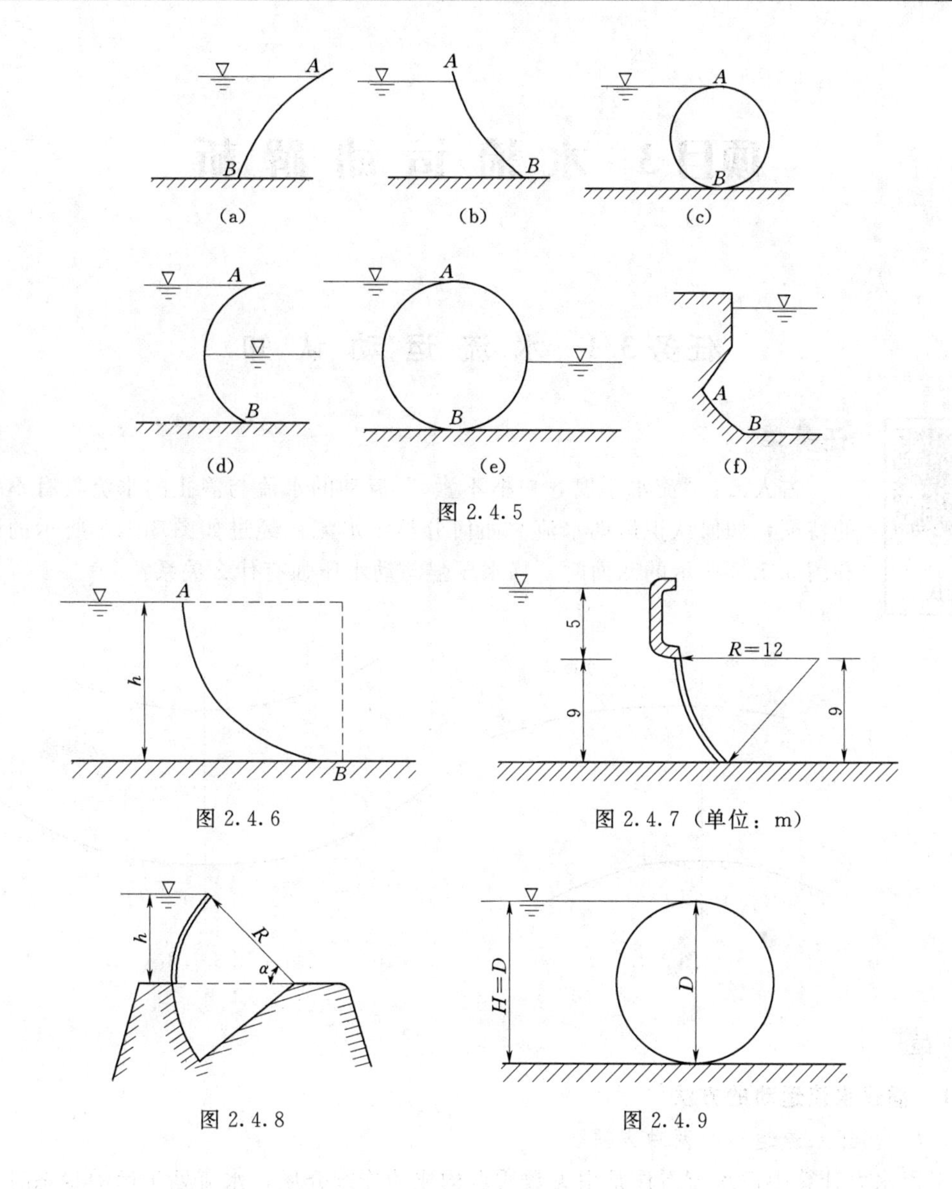

图 2.4.5

图 2.4.6

图 2.4.7（单位：m）

图 2.4.8

图 2.4.9

项目3　水流运动解析

任务3.1　水流运动认知

3.1　水流运动认知

任务单

古人云："流水不腐，户枢不蠹。"流动的水流与静止的水流具有不一样的特征，如何认识运动水流？如何分类？水流在经过如图3.1.1所示的凸面和图3.1.2所示的凹面时，静水压强与动水压强有什么关系？

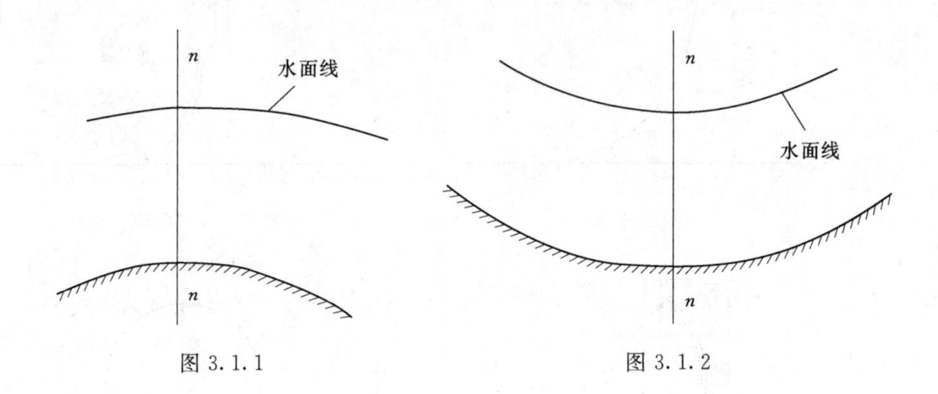

图3.1.1　　　　图3.1.2

学习单

3.1.1　描述水流运动的方法

3.1.1.1　描述水流运动的两种方法

工程水力计算中把水流看作是由无数质点构成的连续介质，水流处于运动状态时，运动要素（流速、压强等）随着时间和空间位置不断发生变化。研究水流运动通常采用的方法有迹线法和流线法。

1. 迹线法

迹线是水流质点运动时所走过的轨迹线。迹线法又叫拉格朗日（Lagrange）法，是以单个质点作为研究对象，通过对每个水流质点运动轨迹的研究来获得整个水流运动的规律性。这种方法实际上就是力学中用于研究质点系的方法，所以还称为质点系法。

2. 流线法

流线是指某一瞬时在流场中绘出的一条空间曲线，在该曲线上任一水流质点的流速向量都与该曲线相切，所以流线表示出了瞬间的流动方向。流线法又叫欧拉（Euler）法，是以通过流场中固定空间点的水流质点为研究对象，研究水流流经各空间点时的流动特征。水流运动时在同一时刻每个质点都占据一个空间点，只要搞清楚每个空间点上运动要素随时间的变化规律，就可以了解整个水流的运动规律了，所以还将流线法称为流场法。

迹线法与流线法的主要区别在于描述水流运动时着眼点不同。迹线法着眼于水流质点本身运动特性，而流线法则着眼于水流运动时所占据的空间点的运动属性，却不考虑该点是哪个水流质点通过。在实际工程中，一般需要了解在某位置上的水流运动情况，没有必要研究每个质点的运动轨迹，所以水力计算中常采用流线法来描述水流运动即后续主要讨论流线。

3. 流线的绘制与特征

流线的绘制方法如图 3.1.3 所示：在某一时刻 t，位于流场 A_1 点水流质点的流速矢量为 u_1，在矢量 u_1 上取微小线段 Δl_1 得到 A_2 点。在同一时刻 t，绘出 A_2 点的流速矢量 u_2。同样，在流速矢量 u_2 上取微小线段 Δl_2 得到 A_3 点，再绘出 A_3 点在同一时刻 t 的流速矢量 u_3，…依次绘制下去，就得到一条折线 $A_1—A_2—A_3—$…若折线上相邻各点的距离趋近于零，则该折线将成为一条曲线，此曲线就是 t 时刻通过流场中 A_1 点的一条流线。同样，可以绘出 t 时刻通过流场中另外一些空间点的流线，这一簇流线形象地描绘出该瞬时整个流场的流动趋势。

根据流线的概念，可知流线有以下特征：

(1) 一个水流质点只能有一个流动方向，所以流线不能相交，不能转折，只能是一条光滑的连续曲线。

(2) 恒定流的流线形状不随时间变化，且流线与迹线重合。这是因为在恒定流中，运动要素不随时间变化，故不同时刻的流线，其位置和形状保持不变。而非恒定流由于运动要素随时间变化，其迹线一般与流线不重合。

图 3.1.4 是水流经过溢流坝时的流线图。由图 3.1.4 可以看出，流线图形具有以下两个特点：

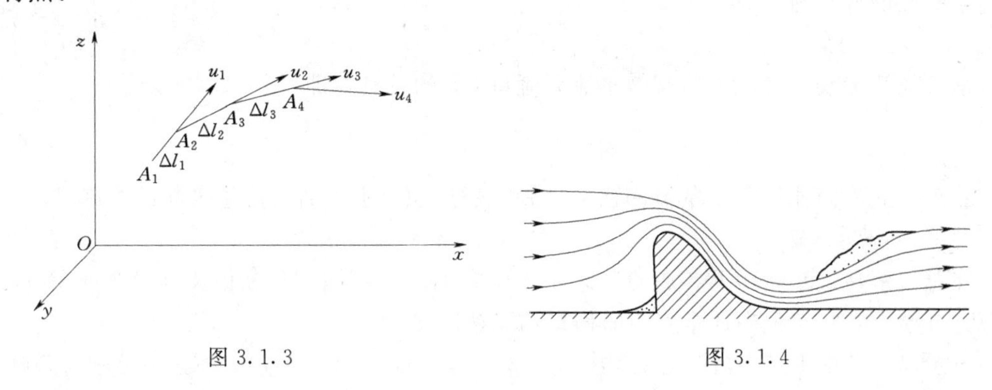

图 3.1.3　　　　图 3.1.4

(1) 流线的疏密程度反映了流速的大小。流线密的地方流速大，流线稀的地方流速小。

(2) 流线的形状与固体边界的形状有关。离边界越近，边界对流线形状的影响越明显，形状也越一致。

3.1.2　水流运动的基本概念

1. 流管

在流场中垂直流动方向取一微小封闭曲线，在同一时刻，通过曲线上的每一点可以绘出一条流线，这许多流线构成的封闭管状曲面，称为流管，如图 3.1.5 所示。因为流线不能相交，所以流管内外的水流不可能穿越管壁流动。

2. 微小流束

充满以流管为边界的一束水流，称为微小流束或元流。微小流束的横断面是一个无限小的面积微元，用 dA 表示（图 3.1.6）。因 dA 很小，可近似认为其上各点的运动要素在同一时刻是相等的。

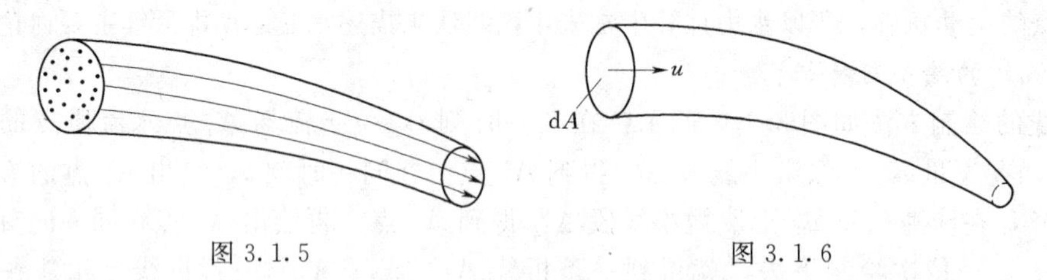

图 3.1.5　　图 3.1.6

3. 总流

由无数个微小流束组成的整个水流称为总流，如明渠水流、管道水流等。

4. 过水断面

与微小流束或总流的流线正交的横断面称为过水断面。过水断面的形状可以是平面，也可以是曲面。当流线互相平行时，过水断面为平面；否则为曲面。

3.1.3 水流的运动要素

1. 流量

单位时间内通过某一过水断面的水流体积，称为流量，用符号 Q 表示，单位为 m^3/s 或 L/s。流量是衡量过水断面输水能力大小的一个物理量。在总流中任取一微小流束，其过水断面面积为 dA，dA 上同一时刻各点的流速相等，都为 u，则单位时间内通过微小流束过水断面的流量为

$$\mathrm{d}Q = u\,\mathrm{d}A \tag{3.1.1}$$

总流的流量 Q，应等于所有微小流束流量 dQ 的总和，即

$$Q = \int_A \mathrm{d}Q = \int_A u\,\mathrm{d}A \tag{3.1.2}$$

若流速 u 在过水断面上的分布已知，则可通过积分求得通过该过水断面的流量。

2. 断面平均流速

在总流中，过水断面上各点的流速 u 一般并不一定相同，且断面流速分布不易确定。为研究方便，实际工程中通常引入断面平均流速的概念。

设想过水断面上各点的流速都均匀分布，且等于 v（图 3.1.7），按这一流速计算所得的流量与按各点的真实流速计算所得的流量相等，则把流速 v 定义为该断面的平均流速，即

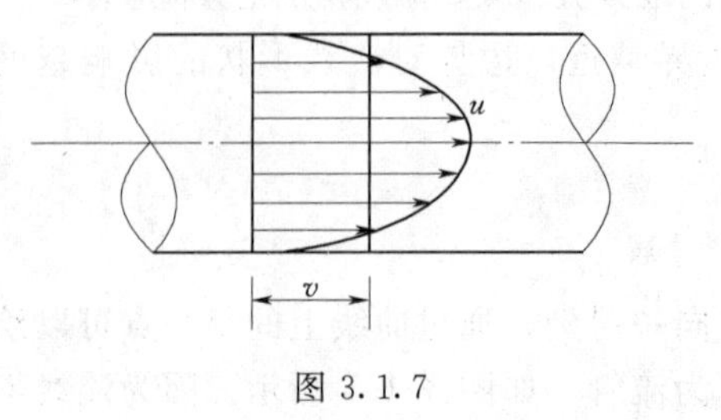

图 3.1.7

$$Q = \int_A u\,\mathrm{d}A = vA \tag{3.1.3}$$

或

$$v = \frac{Q}{A} \tag{3.1.4}$$

可见，总流的流量 Q 等于断面平均流速 v 与过水断面面积 A 的乘积。

3. 动水压强

液体运动时，液体中任意点的压强称为动水压强。

理想液体流动时与实际液体静止时，均不产生内摩阻力，因此，其任意一点各方向的压强与受压面的方位无关。但对于实际液体的运动，由于黏滞力与压应力同时存在，此时，动水压强的大小一般将不再与作用面的方位无关，从各方向作用于一点的动水压强并不相等。但动水在各个方向的变化受黏滞力的影响很小，而且从理论上可以证明，对于实际液体，任意一点取彼此垂直三个方向上动水压强的平均值，是一个不随三个彼此垂直方向选取而变化的常数。通常所说的实际液体某点的动水压强，即指三个方向压强的平均值。

3.1.4 水流运动的类型

1. 恒定流与非恒定流

液体运动时，若任何空间点上有一运动要素随时间发生了变化，这种水流称为非恒定流。例如，在水箱侧壁上开一孔口，当箱内水面保持不变（即 H 为常数）时，孔口泄流的形状、尺寸及运动要素均不随时间改变，这就是恒定流（图 3.1.8）。反之，箱中水位由 H_1 连续下降到 H_2，此时，泄流形状、尺寸、运动要素都随时间而变化，这就是非恒定流（图 3.1.9）。

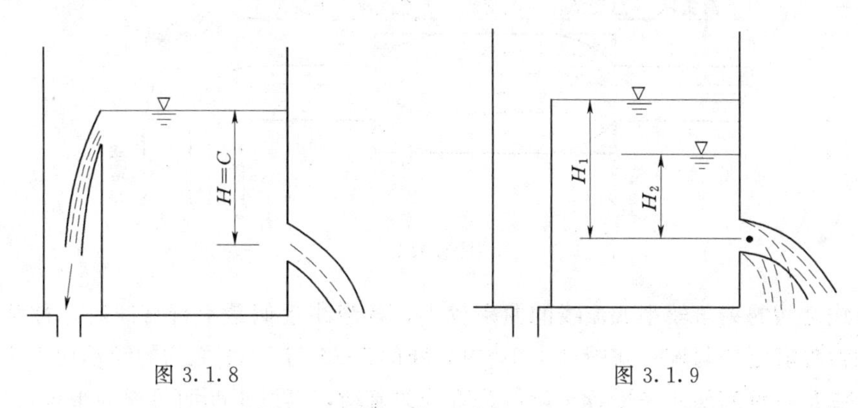

图 3.1.8　　　　图 3.1.9

由于恒定流运动要素不随时间而改变，则流线形状也不随时间而变化，此时，流线与迹线重合，水流运动的分析比较简单，本课程只研究恒定流。

2. 均匀流与非均匀流

在恒定流中，可根据液流的运动要素是否沿程变化，将液流分为均匀流与非均匀流。

若同一流线上液体质点做匀速直线运动，流速的大小和方向均沿程不变，水流的流线为相互平行的直线时，该水流称为均匀流。实际工程中在直径不变的长直管道内，断面形状尺寸不变且水深不变的长直渠道内的流动都为均匀流。图 3.1.10 中，在断面 2—2 与 3—3 之间的流动属于均匀流。基于上述定义和典型例子，均匀流应具有以下特性：

（1）均匀流的过水断面为平面，且过水断面的形状和尺寸沿程不变。

（2）均匀流中，同一流线上不同点的流速应相等，从而各过水断面上的流速分布相同，断面平均流速相等，如图 3.1.11 所示。

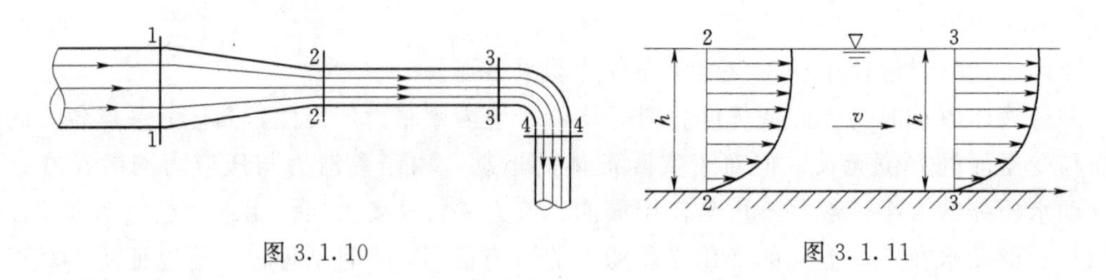

图 3.1.10　　　　图 3.1.11

(3) 均匀流过水断面上的动水压强分布规律与静水压强分布规律相同，也就是在同一过水断面上各点测压管水头为一常数，即 $z+\frac{p}{\gamma}=C$。对于非均匀流来说，同一条流线上各点的流速大小或方向沿程改变，流线不是平行直线。实际工程中，非均匀流多发生在边界沿流程变化的流段内。如图 3.1.10 所示，断面 1—1 与 2—2 之间，断面 3—3 与 4—4 之间的流动都是非均匀流。

3. 渐变流与急变流

在非均匀流中，按照流线是否接近于平行直线，又可分为渐变流和急变流两种（图 3.1.12）。

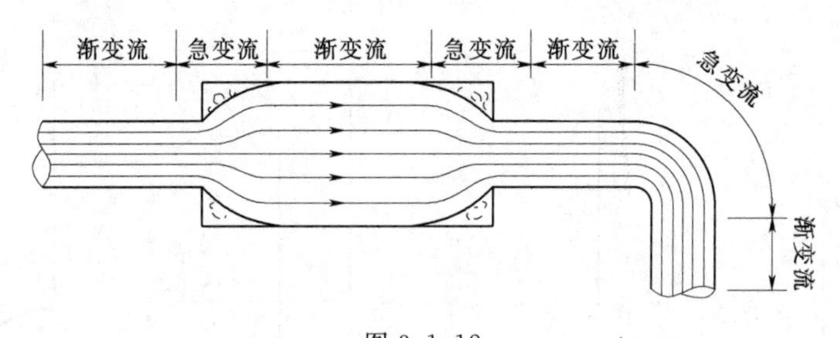

图 3.1.12

当流线之间的夹角较小或流线的曲率较小，各流线近似是平行直线时，称为渐变流，它的极限情况就是均匀流。在图 3.1.10 中，断面 1—1 与 2—2 之间的流动可视为渐变流。由于渐变流是一种流线几乎平行又近似是直线的流动，其过水断面可视为平面，但是过水断面的形状和尺寸以及断面平均流速沿程是逐渐改变的，而同一过水断面上动水压强分布规律近似符合静水压强的分布规律。

反之，流线之间的夹角较大或流线的曲率较大，这种非均匀流称为急变流。在图 3.1.10 中，断面 3—3 与 4—4 之间的流动应视为急变流。当渐变段直径沿流程变化显著时，断面 1—1 与 2—2 之间的流动也是急变流。由于急变流流线已不再是一组平行的直线，因此过水断面为曲面。管道转弯、断面扩大或收缩使水面发生急剧变化处的水流，均为急变流。

在急变流中，因流线的曲率较大，液体质点作曲线运动而产生的离心惯性力的影响已不能忽略。因此，过水断面上动水压强的分布规律将不再服从静水压强分布规律。

4. 有压流、无压流、射流

根据液流在流动过程中有无自由表面，可将其分为有压流与无压流。

液体沿流程整个周界都与固体壁面接触，而无自由表面的流动称为有压流。它主要是依靠压力作用而流动，其过水断面上任意一点的动水压强一般与大气压强不等。例如，自来水管和有压涵管中的水流，均为有压流。

若液体沿流程一部分周界与固体壁面接触，另一部分与空气接触，具有自由表面的流动，称为无压流。它主要是依靠重力作用而流动，因无压流液面与大气相通，故又可称为重力流或明渠流。例如，河渠中的水流和无压涵管中的水流，均为无压流。

水流从管道末端的喷嘴流出，射向某一固体壁面的流动，称为射流。射流四周均与大气相接触。

任务解析单

研究水流运动的方法有迹线法（拉格朗日法）和流线法（欧拉法）。运动水流可分为恒定流与非恒定流，恒定流分为均匀流与非均匀流，非均匀流分为渐变流与急变流。

对于上凸曲面边界的急变流（图3.1.13），因离心力的方向与重力方向相反，因而使过水断面上的动水压强比相同水深的静水压强小。反之，对于下凹曲面边界的急变流（图3.1.14），因离心力的方向与重力方向相同，因而使过水断面上的动水压强比相同水深的静水压强大。图3.1.13与图3.1.14中的虚线部分均表示静水压强分布，实线部分均表示实际的动水压强分布。

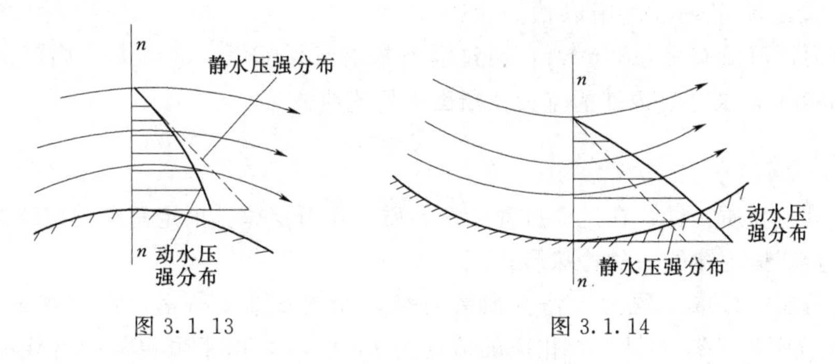

图3.1.13　　图3.1.14

工作单

3.1.1　欧拉法与拉格朗日法都是用来描述液体运动的，二者有何区别？

3.1.2　流线与迹线有何区别？

3.1.3　有人认为均匀流和渐变流一定是恒定流，急变流一定是非恒定流，这种说法对否？说明理由。

任务3.2 连续性方程解析

3.2 连续性方程解析

任务单

两千年前，战国时期秦国蜀郡太守李冰率众修建的都江堰水利工程，位于四川省都江堰市西侧的岷江上。该水利工程利用鱼嘴堤分水、飞沙堰溢洪、宝瓶口引水，科学地解决了江水自动分流、自动排沙、控制进水流量等问题，消除了水患，将逢雨必涝的西蜀平原，化作了“水旱从人、不知饥馑”的天府之国，是全世界至今为止年代最久、唯一留存、以无坝引水为特征的宏大水利工程。

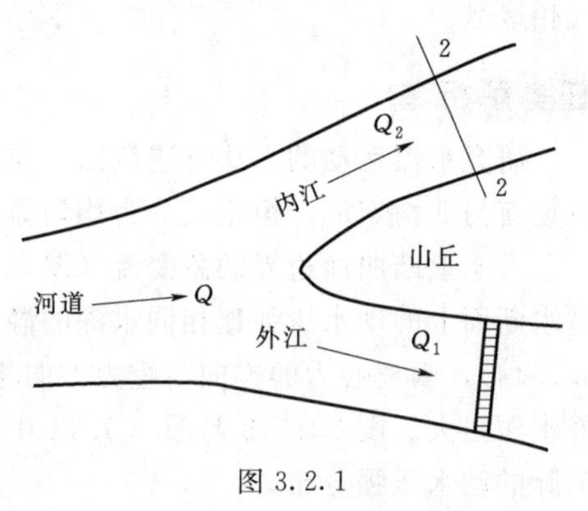

图 3.2.1

都江堰的整体规划是将岷江水流分为内江和外江，如图 3.2.1 所示。内江水流引入成都平原，这样既可以分洪减灾，又可以引水灌田、变害为利。在外江设溢流坝一座，用以抬高上游水位。已测得上游河道流量 $Q=1400\text{m}^3/\text{s}$，通过溢流坝的流量 $Q_1=350\text{m}^3/\text{s}$。内江的过水断面面积 $A_2=380\text{m}^2$，求通过内江的流量及断面平均流速？

学习单

水流同其他物质一样，在运动过程中遵循质量守恒定律。恒定总流的连续性方程，实质上就是质量守恒定律的一种特殊形式。

在恒定总流中任取一段元流作为研究对象，如图 3.2.2 所示。设过水断面 1—1 和 2—2 的面积分别为 $\text{d}A_1$ 和 $\text{d}A_2$，相应的流速为 u_1 和 u_2。由于恒定流中流线的位置和形状不随时间变化，且流管四周都由流线组成，所以不可能有水流穿越流管，水流只能由两端的过水断面流入或流出。根据质量守恒定律，在 $\text{d}t$ 时段内由断面 1—1 流入的水流质量，等于由断面 2—2 流出的水流质量，即

$$\rho u_1 \text{d}A_1 \text{d}t = \rho u_2 \text{d}A_2 \text{d}t$$

对于不可压缩液体，$\rho_1=\rho_2$，上式简化后，有

$$u_1 \text{d}A_1 = u_2 \text{d}A_2$$

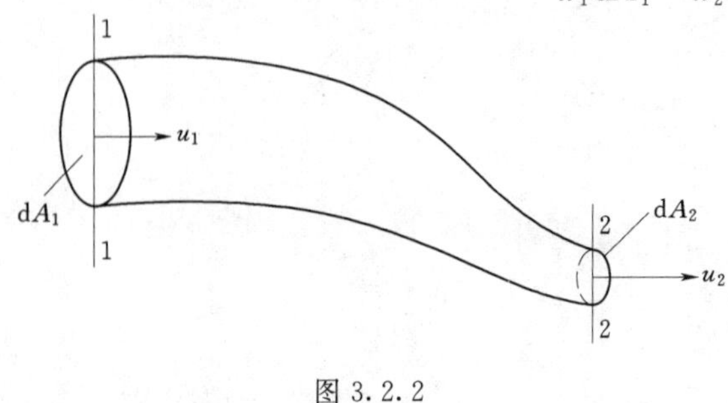

图 3.2.2

或 $$u_1 \text{d}A_1 = u_2 \text{d}A_2 = \text{d}Q \quad (3.2.1)$$

式（3.2.1）称为不可压缩液体恒定微小流束的连续性方程。

由于总流是由无数个微小流束组成的，将微小流束的连续性方程对总流的过水断面面积积分，就可得到恒定总流的连续性方程。设总流过水断面 1—1

和2—2的面积分别为A_1和A_2，相应的断面平均流速为v_1和v_2，有

$$Q=\int_Q \mathrm{d}Q=\int_{A_1} u_1 \mathrm{d}A_1=\int_{A_2} u_2 \mathrm{d}A_2$$

所以

$$Q=v_1 A_1=v_2 A_2 \tag{3.2.2}$$

或

$$\frac{v_1}{v_2}=\frac{A_2}{A_1}$$

式（3.2.2）就是不可压缩液体恒定总流的连续性方程。它表明：对于不可压缩的恒定总流，其断面平均流速与过水断面面积成反比；或者说，流量沿程不变。

连续性方程是水动力学的三大方程之一。它反映了水流的过水断面面积与断面平均流速沿流程的改变规律。

上面总流的连续性方程是在流量沿程不变的条件下建立的，若沿程有流量汇入或分出，则连续性方程在形式上需作相应的变化。当有流量汇入时（图3.2.3），当有流量分出时（图3.2.4），其连续性方程分别为

$$Q_1+Q_3=Q_2$$

$$Q_1=Q_2+Q_3$$

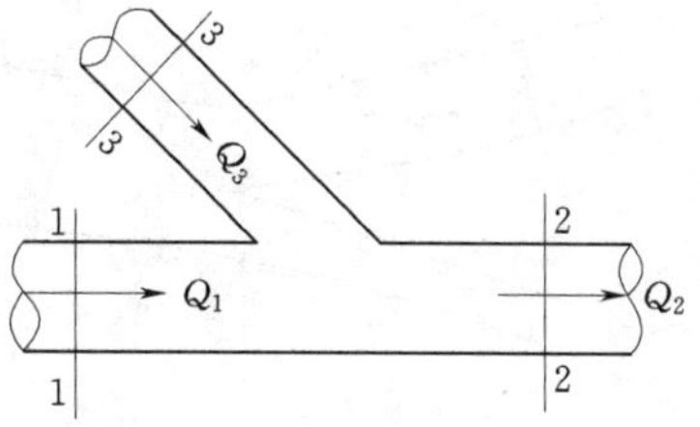

图3.2.3

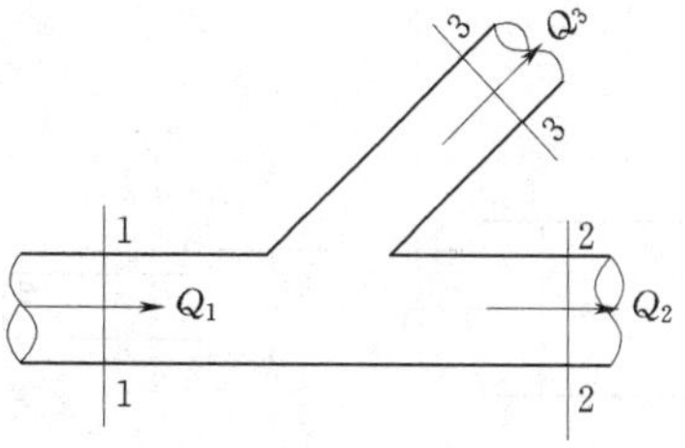

图3.2.4

【例3.2.1】 一串联管路如图3.2.5所示，直径分别为$d_1=100\text{mm}$、$d_2=200\text{mm}$，当$v_1=5\text{m/s}$时，试求：（1）管中的流量Q；（2）第二管断面平均流速v_2；（3）两个管段断面平均流速之比。

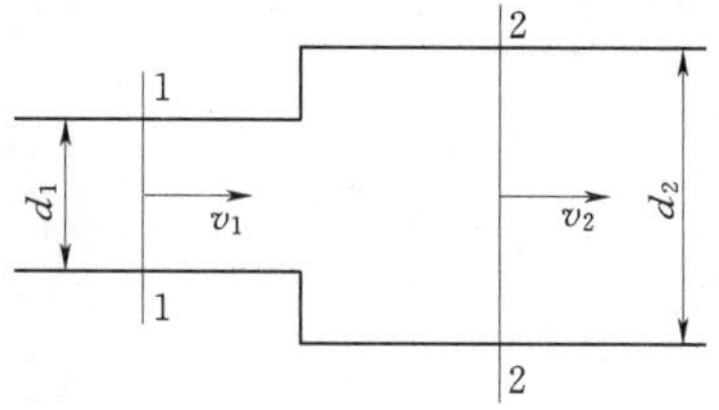

图3.2.5

解：（1）求管中的流量Q。

$$Q=v_1 A_1=5\times\frac{3.14}{4}\times 0.1^2=0.039(\text{m}^3/\text{s})=39(\text{L/s})$$

（2）求流速v_2。

$$v_2=\frac{Q}{A_2}=\frac{0.039}{\frac{3.14}{4}\times 0.2^2}=1.25(\text{m/s})$$

（3）断面平均流速比。

$$\frac{v_1}{v_2}=\frac{5}{1.25}=4$$

结果表明小管流速是大管的4倍。

任务解析单

下面求解都江堰通过内江的流量及断面平均流速。

根据连续性方程，通过内江的流量为

$$Q_2=Q-Q_1=1400-350=1050(\mathrm{m^3/s})$$

则断面 2—2 的平均流速为

$$v_2=\frac{Q_2}{A_2}=\frac{1050}{380}=2.76(\mathrm{m/s})$$

工作单

3.2.1　有一变直径圆管，已知断面 1—1、2—2 的直径分别是 d_1 和 d_2，问两断面平均流速之比为 1∶2 时，其直径成什么比例？

3.2.2　在一压力管中（图 3.2.6），已知 $d_1=200\mathrm{mm}$，$d_2=150\mathrm{mm}$，$d_3=100\mathrm{mm}$，第三段管中的平均流速 $v_3=2\mathrm{m/s}$。试求管中的流量 Q 及第一段、第二段管中的平均流速 v_1 和 v_2。

3.2.3　如图 3.2.7 所示，某主河道的总流量 $Q_1=1890\mathrm{m^3/s}$，上游两个支流的断面平均流速为 $v_2=0.95\mathrm{m/s}$，$v_3=1.30\mathrm{m/s}$。若两个支流过水断面面积之比为 $A_2/A_3=4$，求两个支流的断面面积 A_2 及 A_3。

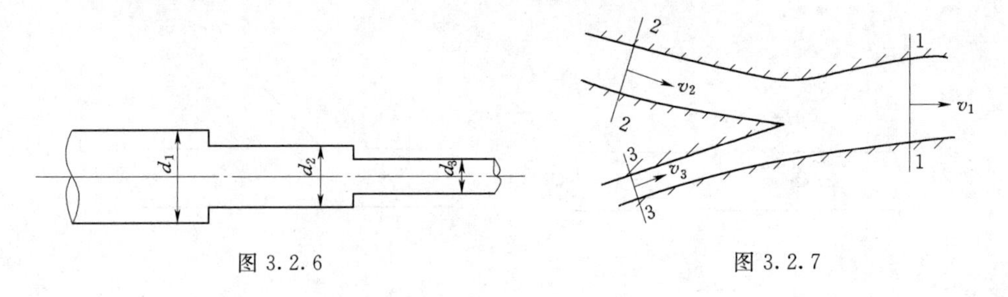

图 3.2.6　　图 3.2.7

任务3.3 能量方程解析

任务单

能量守恒及转换规律是物质运动的一个普遍规律，水流运动形式虽然多种多样，但实质都是一定条件下的能量相互转换。水流在流动过程中能量是如何转换的？

如图3.3.1所示为某溢流坝前后的水流纵断面图。坝的溢流段较长，上下游单宽流量相等。当坝顶水头为1.5m时，上游断面1—1的流速 $v_1=0.8\text{m/s}$，坝址断面2—2处的水深为0.42m，下游断面3—3处的水深为2.2m。

(1) 分别求断面1—1、2—2、3—3处单位重量水体的势能、动能和总机械能。

(2) 求断面1—1至断面2—2的水头损失和断面2—2至断面3—3的水头损失。

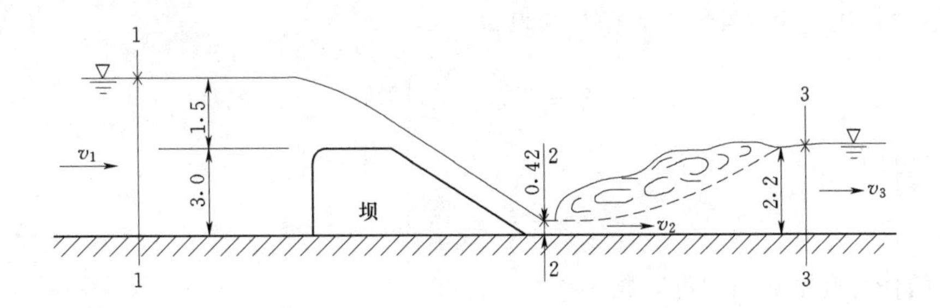

图3.3.1（单位：m）

学习单

3.3.1 微小流束能量方程的建立

3.3 能量方程的建立

恒定流的连续性方程虽然揭示了液流断面平均流速与过水断面面积之间的关系，但工程实际中常涉及的作用力和能量问题却不能解决。为此，还需进一步研究液体运动所遵循的其他规律。恒定流的能量方程就是应用能量转化与守恒原理，分析液体运动时动能、压能和位能三者之间的相互关系，它为解决实际工程的水力计算问题奠定了理论基础。

在理想液体恒定流中任取一个微小流束，并截取断面1—1和2—2之间的 $\mathrm{d}l$ 流段来研究（图3.3.2）。将流段近似看作柱体，它沿着流动方向 l 流动，其过水断面面积为

$$\mathrm{d}A_1=\mathrm{d}A_2=\mathrm{d}A$$

根据牛顿第二定律，作用在 $\mathrm{d}l$ 流段上的外力沿 l 方向的合力，应等于该流段的质量 $\mathrm{d}m$ 与其沿 l 方向的加速度 $\dfrac{\mathrm{d}u}{\mathrm{d}t}$ 的乘积。作用在流段上的外力有：过水断面上的动水压力；流段的自重；因为是理想液体，不考虑黏滞力，所以流段表面的摩阻力忽略不计。

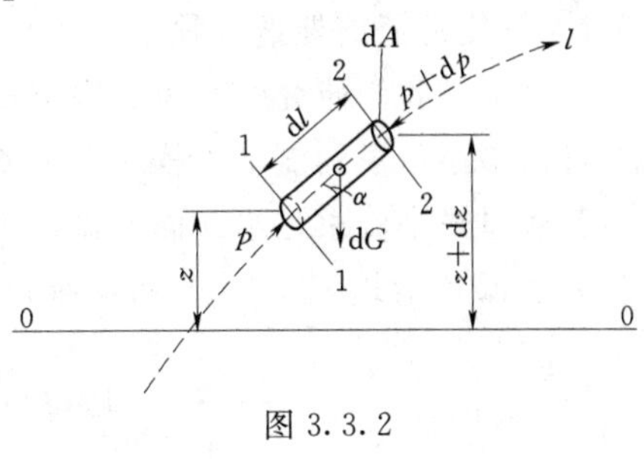

图3.3.2

下面逐个分析作用在流段上的力：

作用在断面 1—1 上的动水压力：$P_1=p\mathrm{d}A$

作用在断面 2—2 上的动水压力：$P_2=(p+\mathrm{d}p)\mathrm{d}A$

自重沿 l 方向的分力：$\mathrm{d}G\cos\alpha=\gamma\mathrm{d}A\,\mathrm{d}l\cos\alpha=\gamma\mathrm{d}A\,\mathrm{d}l\,\dfrac{\mathrm{d}z}{\mathrm{d}l}=\gamma\mathrm{d}A\,\mathrm{d}z$

流段的质量为：$\mathrm{d}m=\dfrac{\gamma}{g}\mathrm{d}A\,\mathrm{d}l$，对微分流段应用牛顿第二定律，有

$$p\mathrm{d}A-(p+\mathrm{d}p)\mathrm{d}A-\gamma\mathrm{d}A\,\mathrm{d}z=\frac{\gamma}{g}\mathrm{d}A\,\mathrm{d}l\,\frac{\mathrm{d}u}{\mathrm{d}t} \tag{3.3.1}$$

对恒定一元流，$u=u(l)$，所以

$$\frac{\mathrm{d}u}{\mathrm{d}t}=\frac{\mathrm{d}u}{\mathrm{d}l}\frac{\mathrm{d}l}{\mathrm{d}t}=u\,\frac{\mathrm{d}u}{\mathrm{d}l}=\frac{\mathrm{d}}{\mathrm{d}l}\left(\frac{u^2}{2}\right) \tag{3.3.2}$$

将式（3.3.2）代入式（3.3.1），整理后可得

$$\mathrm{d}\left(z+\frac{p}{\gamma}+\frac{u^2}{2g}\right)=0$$

将上式积分，有

$$z+\frac{p}{\gamma}+\frac{u^2}{2g}=c$$

对于元流的任意两个断面，可写成

$$z_1+\frac{p_1}{\gamma}+\frac{u_1^2}{2g}=z_2+\frac{p_2}{\gamma}+\frac{u_2^2}{2g} \tag{3.3.3}$$

式（3.3.3）就是不可压缩理想液体微小流束的能量方程，是由瑞士科学家伯努利（Bernoulli）在 1738 年最先提出的，又称为理想液体微小流束的伯努利方程。由于微小流束的过水断面面积很小，所以微小流束的能量方程对流线同样适用。因为实际液体具有黏滞性，并在运动过程中以摩擦力形式表现出来，要克服摩擦力必然要损失机械能，因此，液体在运动过程中机械能会沿程减小。假设单位重量液体从断面 1—1 运动到断面 2—2 的能量损失为 h'_w，则式（3.3.3）变为

$$z_1+\frac{p_1}{\gamma}+\frac{u_1^2}{2g}=z_2+\frac{p_2}{\gamma}+\frac{u_2^2}{2g}+h'_w \tag{3.3.4}$$

式（3.3.4）就是不可压缩实际液体微小流束的能量方程（伯努利方程）。

3.3.2 恒定总流的能量方程

实际上，我们研究的水流一般都是总流而不是微小流束。总流是无数个微小流束的总和，可将微小流束的能量方程对总流的过水断面积分，从而推广为总流的能量方程。

若通过微小流束过水断面的流量为 $\mathrm{d}Q$，则单位时间内通过微小流束过水断面的液体重量为 $\gamma\mathrm{d}Q$。给式（3.3.4）各项乘以 $\gamma\mathrm{d}Q$，并分别积分，有

$$\int_Q\left(z_1+\frac{p_1}{\gamma}+\frac{u_1^2}{2g}\right)\gamma\mathrm{d}Q=\int_Q\left(z_2+\frac{p_2}{\gamma}+\frac{u_2^2}{2g}\right)\gamma\mathrm{d}Q+\int_Q h'_w\gamma\mathrm{d}Q$$

设总流过水断面1—1和2—2的面积分别为A_1和A_2，上式可改写为

$$\gamma\int_Q\left(z_1+\frac{p_1}{\gamma}\right)\mathrm{d}Q+\gamma\int_{A_1}\frac{u_1^2}{2g}u_1\mathrm{d}A_1=\gamma\int_Q\left(z_2+\frac{p_2}{\gamma}\right)\mathrm{d}Q+\gamma\int_{A_2}\frac{u_2^2}{2g}u_2\mathrm{d}A_2+\int_Q h'_w\gamma\mathrm{d}Q \tag{3.3.5}$$

上式有三种形式的积分，下面分别进行讨论。

1. 第一类积分 $\gamma\int_Q\left(z+\frac{p}{\gamma}\right)\mathrm{d}Q$

这一类积分与各点的单位势能在过水断面上的分布有关。如果总流的过水断面为渐变流，则断面上各点的单位势能$z+\frac{p}{\gamma}$=常数，所以

$$\gamma\int_Q\left(z+\frac{p}{\gamma}\right)\mathrm{d}Q=\gamma\left(z+\frac{p}{\gamma}\right)\int_Q\mathrm{d}Q=\gamma\left(z+\frac{p}{\gamma}\right)Q \tag{3.3.6}$$

2. 第二类积分 $\gamma\int_A\frac{u^3}{2g}\mathrm{d}A$

这一类积分与流速在过水断面上的分布有关。实际水流中，流速在过水断面上的分布是不均匀的，且分布规律不易确定。若采用断面平均流速v来代替u，由于u的立方和大于v的立方和，即$\int_A u^3\mathrm{d}A>\int_A v^3\mathrm{d}A$，故不能直接把积分号内$u$换成$v$。若引入修正系数$\alpha$，且令$\alpha=\frac{\int_A u^3\mathrm{d}A}{v^3A}$，于是有

$$\gamma\int_A\frac{u^3}{2g}\mathrm{d}A=\gamma\frac{\alpha v^2}{2g}Q \tag{3.3.7}$$

式中α称为动能修正系数。流速分布越均匀，α越接近1。当水流为渐变流时，一般取$\alpha=1.05\sim1.1$。为计算方便，通常取$\alpha=1.0$。

3. 第三类积分 $\gamma\int_Q h'_w\mathrm{d}Q$

这一类积分代表单位时间内总流过水断面1—1和2—2之间的总机械能损失。由于各单位重量水体沿流程的能量损失不同，所以它的直接积分很难得到。若令h_w为单位重量水体由断面1—1至断面2—2之间能量损失的平均值，则

$$\gamma\int_Q h'_w\mathrm{d}Q=\gamma h_wQ \tag{3.3.8}$$

式中 h_w——总流单位重量液体的能量损失或水头损失。

影响h_w的因素比较复杂，将在后面讨论。

将式（3.3.6）、式（3.3.7）及式（3.3.8）代入式（3.3.5）中的对应项，有

$$\gamma\left(z_1+\frac{p_1}{\gamma}\right)Q+\gamma\frac{\alpha_1v_1^2}{2g}Q=\gamma\left(z_2+\frac{p_2}{\gamma}\right)Q+\gamma\frac{\alpha_2v_2^2}{2g}Q+\gamma h_wQ$$

将上式各项除以γQ，得

$$z_1+\frac{p_1}{\gamma}+\frac{\alpha_1v_1^2}{2g}=z_2+\frac{p_2}{\gamma}+\frac{\alpha_2v_2^2}{2g}+h_w \tag{3.3.9}$$

式（3.3.9）就是实际液体恒定总流的能量方程（伯努利方程）。它反映了总流中不同过水断面上动能与势能之间的转化规律，是水力计算中三大基本方程之一。实际液体恒定总流能量方程与微小流束能量方程相比，形式上很类似，但二者又存在差别。总流能量方程中用断面平均流速 v 代替了微小流束过水断面上的点流速 u，相应地引入了动能修正系数 α 来加以修正。同时，又以两流段间平均水头损失 h_w 代替了微小流束的水头损失 h'_w。

3.3.3 能量方程的意义

1. 能量方程的物理意义、几何意义

总流能量方程式中各项的意义如下：

Z——总流过水断面上单位重量液体所具有的位能，简称为单位位能，几何上称为位置高度或位置水头；

$\frac{p}{\gamma}$——总流过水断面上单位重量液体所具有的压能，简称为单位压能，几何上称为测压管高度或压强水头；

$z+\frac{p}{\gamma}$——总流过水断面上单位重量液体所具有的平均势能，几何上称为测压管水头，通常又称 $z+\frac{p}{\gamma}=H_p$；

$\frac{\alpha v^2}{2g}$——总流过水断面上单位重量液体所具有的平均动能，几何上称为流速水头；

$H=z+\frac{p}{\gamma}+\frac{\alpha v^2}{2g}$——总流过水断面上单位重量液体的总能量，即总机械能，几何上称为总水头；

h_w——总流单位重量液体在始末两断面间沿流程的平均能量损失，即机械能损失，几何上称为水头损失。

以上各项水头的单位都是长度单位，一般用 m 来表示。式（3.3.9）揭示了水流在运动过程中各种能量之间的相互转化关系，其物理意义是：总流各过水断面上单位重量液体所具有的总机械能沿程减小，水流在运动过程中部分机械能转化为热能而损失；其几何意义是，对不可压缩恒定流，在不同的过水断面上，位置水头、压强水头和流速水头之间可以互相转化，在转化的过程中有损失。

设 H_1 和 H_2 分别表示总流中任意两过水断面上水流所具有的总水头，根据能量方程式：

$$H_1=H_2+h_w$$

即

$$H_1-H_2=h_w$$

可见，因为水流在流动过程中要产生能量损失，所以水流只能从总机械能大的地方流向总机械能小的地方。

对于理想液体 $h_w=0$，则 $H_1=H_2$，即总流中任何过水断面上总水头保持不变。

2. 能量方程的几何图示——水头线

总流能量方程中的各项都具有长度的量纲，因此可以用几何线段来表示各项的值。为了更直观地反映总流沿流程各种能量的变化规律及相互规律，可以把能量方程沿流程变化规律用几何线段来表示。

图3.3.3为一段总流能量方程的图示。在实际液体恒定总流中取一个流段，以0—0为基准面，以水头为纵坐标，按一定比例尺沿流程将各过水断面的位置水头Z、压强水头$\frac{p}{\gamma}$及流速水头$\frac{\alpha v^2}{2g}$分别绘于图上，而且每个过水断面的Z、$\frac{p}{\gamma}$及$\frac{\alpha v^2}{2g}$是由基准面开始沿铅直线向上依次连接的。

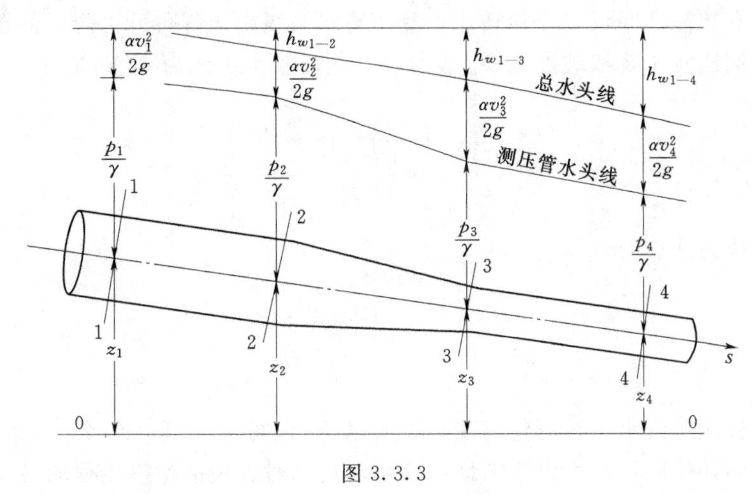

图3.3.3

由于过水断面上各点的位置水头Z的值不等，对于管流，一般选取断面形心点的Z值来作为过水断面的z值来描绘。所以，总流各断面中心点距基准面的高度就是位置水头Z，管流的轴线就表示了位置水头沿流程的变化，也称为位置水头线。

各过水断面的压强水头$\frac{p}{\gamma}$亦选用形心点的动水压强来描绘。从断面形心点沿铅直线向上量取高度等于$\frac{p}{\gamma}$的线段，得到测压管水头$z+\frac{p}{\gamma}$，它就是测压管液面距基准面的高度。连接各断面的测压管水头$z+\frac{p}{\gamma}$得到的线，就是测压管水头线，它反映了水流中势能的沿流程变化规律。测压管水头线在位置水头线以上，压强为正；反之为负。

从过水断面的测压管水头沿铅直线再向上量取高度等于$\frac{\alpha v^2}{2g}$的线段，就得到该断面的总水头$H=z+\frac{p}{\gamma}+\frac{\alpha v^2}{2g}$。连接各断面的总水头得到的线，就是总水头线，它反映了水流总机械能沿流程的变化规律。总水头线与测压管水头线之间的铅直距离反映了各断面流速水头的沿流程变化。

对于实际液体，随着流程的增加，水头损失不断增加，所以实际液体的总水头线一定是沿流程下降的。任意两个过水断面之间总水头线的降低值h_w，就是这两个断面之间的水头损失值。总水头线的坡度称为水力坡度，用J表示。当总水头线为直线时，水力坡度可用下式计算：

$$J=\frac{H_1-H_2}{l}=\frac{h_w}{l} \tag{3.3.10}$$

当总水头线为曲线时，水力坡度可用下式计算：

$$J=\frac{\mathrm{d}h_w}{\mathrm{d}l}=-\frac{\mathrm{d}H}{\mathrm{d}l} \tag{3.3.11}$$

因为总水头的增量 $\mathrm{d}H$ 沿流程始终为负值，为使 J 为正值，故在式（3.3.11）中加负号。

由于动能和势能之间可以互相转化，测压管水头线沿流程可升可降，甚至可能是一条水平线。如果测压管水头线坡度用 J_p 表示，当测压管水头线为直线时

$$J_p=\frac{\left(z_1+\frac{p_1}{\gamma}\right)-\left(z_2+\frac{p_2}{\gamma}\right)}{l} \tag{3.3.12}$$

当测压管水头线为曲线时

$$J_p=-\frac{\mathrm{d}\left(z+\frac{p}{\gamma}\right)}{\mathrm{d}l} \tag{3.3.13}$$

因为沿流程测压管水头线可任意变化，所以 J_p 值可正、可负或者为零。

能量方程的几何图示，可以清晰地反映水流运动时各项能量沿流程的转化情况，在长距离有压输水管道的设计中，常用这种方法来分析压强水头的沿程变化情况。

3.4 能量方程应用

3.3.4 能量方程的应用条件及注意事项

1. 能量方程的应用条件

总流能量方程应用广泛，能够解决很多工程实际问题，但在推导过程中引入了一些限制条件，故能量方程在应用时需满足以下条件：

（1）水流必须是恒定流，并且是均质不可压缩的。

（2）建立能量方程时，两个计算过水断面应满足均匀流或渐变流的条件（只受重力这一质量力作用，无惯性力存在），但两个过水断面之间的水流也可为急变流。

（3）两个过水断面间，无流量的分出与加入。

（4）两过水断面间，水流没有能量的输出与输入。

但因总流能量方程中各项均指单位重量液体的能量，所以在水流有分支或汇合的情况下，仍可分别对每一支水流建立能量方程式。对于汇流情况（图 3.3.4）可建立断面 1—1 与 3—3 和断面 2—2 与 3—3 的能量方程如下：

$$z_1+\frac{p_1}{\gamma}+\frac{\alpha_1 v_1^2}{2g}=z_3+\frac{p_3}{\gamma}+\frac{\alpha_3 v_3^2}{2g}+h_{w1-3}$$

$$z_2+\frac{p_2}{\gamma}+\frac{\alpha_2 v_2^2}{2g}=z_3+\frac{p_3}{\gamma}+\frac{\alpha_3 v_3^2}{2g}+h_{w2-3}$$

对于分流情况（图 3.3.5）可建立断面 1—1 与 2—2 和断面 1—1 与 3—3 的能量方程如下：

$$z_1+\frac{p_1}{\gamma}+\frac{\alpha_1 v_1^2}{2g}=z_2+\frac{p_2}{\gamma}+\frac{\alpha_2 v_2^2}{2g}+h_{w1-2}$$

$$z_1+\frac{p_1}{\gamma}+\frac{\alpha_1 v_1^2}{2g}=z_3+\frac{p_3}{\gamma}+\frac{\alpha_3 v_3^2}{2g}+h_{w1-3}$$

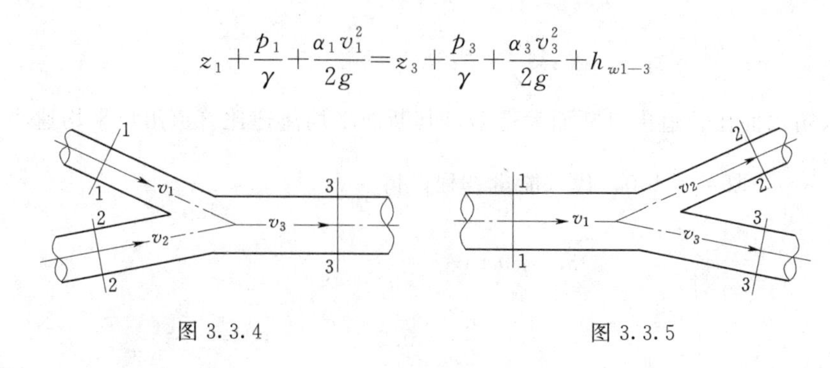

图 3.3.4　　　　图 3.3.5

2. 能量方程应用注意事项

为了更好地应用能量方程进行有关水力计算，还应注意以下几点：

(1) 计算断面的选取。计算断面必须满足均匀流或渐变流条件，还应注意要把计算断面选在已知条件较多、含有待求未知量的断面上。

(2) 基准面的选取。基准面原则上可任意选取，但必须为水平面，同时考虑到计算方便。另外，对于两个不同的过水断面，必须选取同一基准面。

(3) 计算点的选取。由于计算断面选在了均匀流或渐变流断面上，此时断面上各点的 $z+\frac{p}{\gamma}=C$，而且动能$\frac{\alpha v^2}{2g}$为断面上的平均值。所以，计算点原则上也可任意选取，但考虑到计算方便，一般情况下，管流取管轴中心为代表点，明渠则取自由表面上的点为代表点。

(4) 压强计算标准的选取。方程中的动水压强 p_1 和 p_2 可采用绝对压强作为计算标准，也可采用相对压强作为计算标准，但同一能量方程的两个断面必须采用同一计算标准。考虑到计算方便，一般多采用相对压强。

(5) 动能修正系数值的选取。严格地讲，方程两边的 α_1 与 α_2 通常并不相等，也不等于1.0。但因它们的数值相差不大，对均匀流或渐变流，大多数情况下取 $\alpha_1=\alpha_2=1.0$。

应用能量方程时还应具体问题具体分析，若方程中同时出现较多的未知量，应考虑与其他方程联立求解。

【例 3.3.1】 一水位不变的敞口水箱，通过下部一条直径 $d=200$mm 的管道向外供水（图 3.3.6），已知水箱水位与管道出口断面中心的高差为 3.5m，管道水头损失为 3m。试求管道出口的流速和流量。

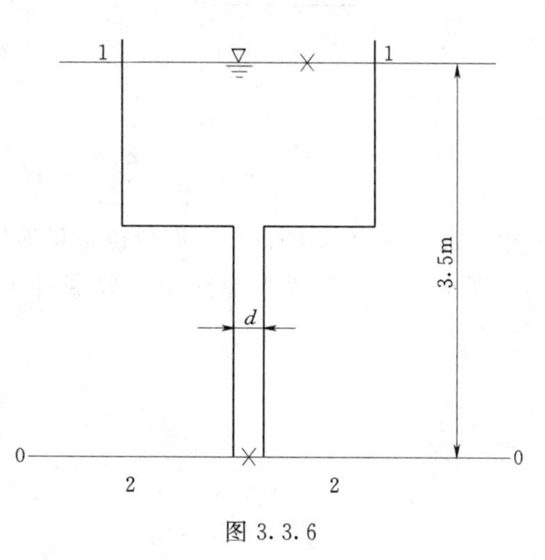

图 3.3.6

解： 以通过出口断面中心的水平面 0—0 为基准面，选取水箱自由表面断面 1—1 和管道出口断面 2—2 作为计算断面，计算点分别选在断面 1—1 的水面上和断面 2—2 的轴线上，列断面 1—1 和 2—2 的能量方程：

$$z_1+\frac{p_1}{\gamma}+\frac{\alpha_1 v_1^2}{2g}=z_2+\frac{p_2}{\gamma}+\frac{\alpha_2 v_2^2}{2g}+h_{w1-2}$$

式中：$z_1=3.5\text{m}$；$\frac{p_1}{\gamma}=0$；$z_2=0$；$\frac{p_2}{\gamma}=0$；$h_w=3\text{m}$。

由于水箱水面比管道出口断面大得多，其断面平均流速比管道出口平均速小得多，故可认为$\frac{\alpha_1 v_1^2}{2g}\approx 0$，取$\alpha_2=1.0$，代入能量方程，得

$$3.5+0+0=0+0+\frac{v_2^2}{2g}+3$$

整理后
$$\frac{v_2^2}{2g}=0.5$$

管道出口流速为
$$v_2=\sqrt{2g\times 0.5}=\sqrt{2\times 9.8\times 0.5}=3.13(\text{m/s})$$

管中流量
$$Q=v_2A_2=v_2\times\frac{\pi}{4}d^2=3.13\times\frac{3.14}{4}\times 0.2^2=0.0983(\text{m}^3/\text{s})$$

3.3.5 有能量输入或输出的能量方程

在实际工程中，有时会遇到沿程两个断面间有能量输入或输出的情况，此时能量方程的形式应进行修改。

1. 有能量输入时的能量方程

若在管道系统中有一水泵（图3.3.7）。水泵工作时，通过水泵叶片转动对水流做功，使水流能量增加。设单位重量水体通过水泵后所获得的外加能量为H_t，则总流的能量方程式（3.3.9）修改为

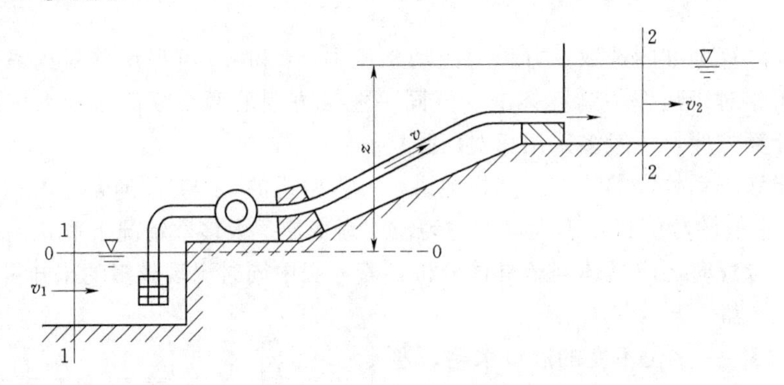

图3.3.7

$$z_1+\frac{p_1}{\gamma}+\frac{\alpha_1 v_1^2}{2g}+H_t=z_2+\frac{p_2}{\gamma}+\frac{\alpha_2 v_2^2}{2g}+h_{w1-2} \tag{3.3.14}$$

式中 H_t——水泵的扬程，即单位重量液体从水泵获得的能量。

当不计上、下游水池流速，以断面0—0为基准面，列断面1—1和2—2能量方程，有

$$z_1+\frac{p_1}{\gamma}=0$$

$$z_2+\frac{p_2}{\gamma}=z$$

$$\frac{\alpha_1 v_1^2}{2g} \approx \frac{\alpha_2 v_2^2}{2g} \approx 0$$

则
$$H_t = z + h_{w1-2} \tag{3.3.15}$$

式中 z——提水高度，即上下游水面高差；

h_{w1-2}——断面1—1和2—2之间全部管道的水头损失，但不包括水泵内部水流的能量损失。

2. 有能量输出时的能量方程

若在管道系统中有一水轮机（图3.3.8）。由于水流驱使水轮机转动，对水力机械做功，使水流能量减少。设单位重量水体给予水轮机的能量为 H_t，则总流的能量方程式（3.3.9）可修改为

$$z_1 + \frac{p_1}{\gamma} + \frac{\alpha_1 v_1^2}{2g} - H_t = z_2 + \frac{p_2}{\gamma} + \frac{\alpha_2 v_2^2}{2g} + h_{w1-2} \tag{3.3.16}$$

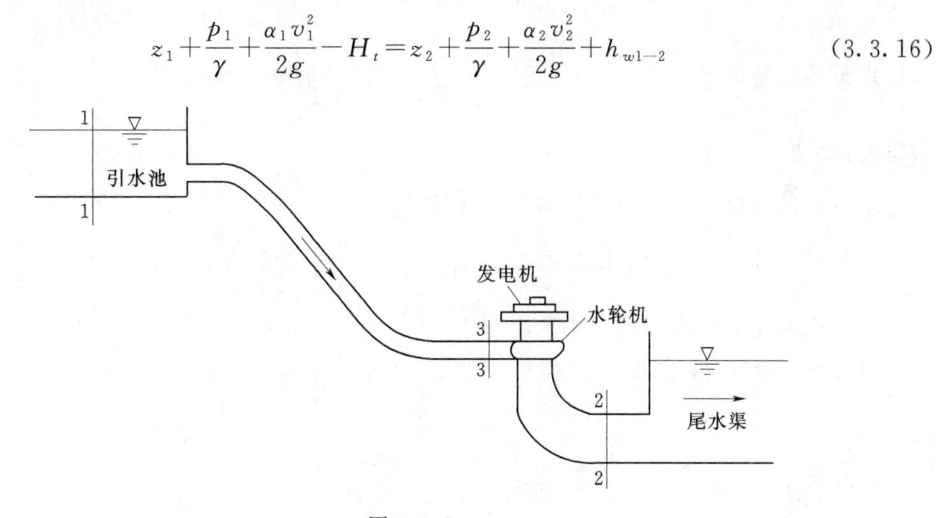

图3.3.8

当不计上、下游水池流速，则有

$$H_t = z - h_{w1-2} \tag{3.3.17}$$

式中 H_t——水轮机的作用水头；

h_{w1-2}——断面1—1和2—2之间全部管道的水头损失，但不包括水轮机系统内的损失。

【例3.3.2】 一水泵（图3.3.9）的抽水量 $Q=30\text{L/s}$，吸水管的直径 $d=150\text{mm}$，水泵进口允许真空值 $p_v=6.8\text{m}$，吸水管内的水头损失 $h_w=1.0\text{m}$，试求此水泵在水面以上的安装高度 h_s。

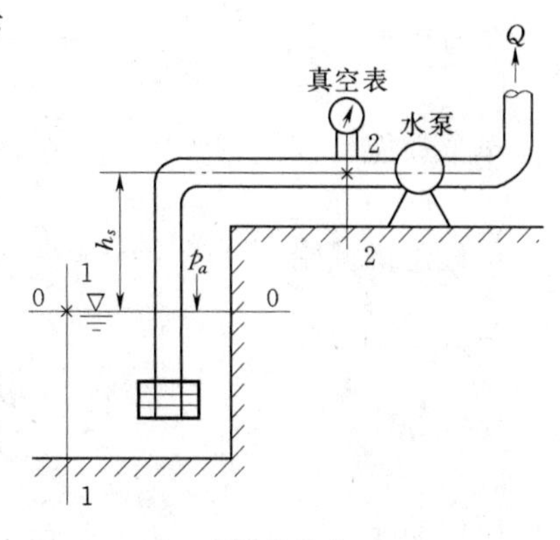

图3.3.9

解： 取水池断面0—0为基准面，以断面1—1和水泵进口处断面2—2作为计算断面，计算点分别选在水池水面和断面2—2的中心点上，列出其能量方程：

$$z_1+\frac{p_1}{\gamma}+\frac{\alpha_1 v_1^2}{2g}=z_2+\frac{p_2}{\gamma}+\frac{\alpha_2 v_2^2}{2g}+h_{w1-2}$$

式中：$z_1=0$；$\frac{\alpha_1 v_1^2}{2g}\approx 0$；$z_2=h_s$；取 $\alpha_2=1.0$。

按相对压强计算$\frac{p_1}{\gamma}=0$；$\frac{p_2}{\gamma}=-6.8\text{m}$。

将以上条件代入能量方程

$$0+0+0=h_s-6.8+\frac{v_2^2}{2g}+h_{w1-2}$$

$$v_2=\frac{Q}{A_2}=\frac{Q}{\frac{\pi}{4}d^2}=\frac{0.03}{\frac{3.14}{4}\times 0.15^2}=1.699(\text{m/s})$$

所以水泵的安装高度　$h_s=6.8-\frac{1.699^2}{2\times 9.8}-1.0=5.653(\text{m})$

任务解析单

水流在流动过程中能量转换遵循能量方程：

$$z_1+\frac{p_1}{\gamma}+\frac{\alpha_1 v_1^2}{2g}-H_t=z_2+\frac{p_2}{\gamma}+\frac{\alpha_2 v_2^2}{2g}+h_{w1-2}$$

下面求解任务单提出的工程问题：

(1) 列断面1—1和2—2连续性方程：$v_1A_1=v_2A_2$。

$$v_2=\frac{A_1}{A_2}v_1=\frac{bh_1}{bh_2}v_1=\frac{4.5}{0.42}\times 0.8=8.57(\text{m/s})$$

列断面1—1和3—3连续性方程：$v_1A_1=v_3A_3$。

$$v_3=\frac{A_1}{A_3}v_1=\frac{bh_1}{bh_3}v_1=\frac{4.5}{2.2}\times 0.8=1.64(\text{m/s})$$

以河床底部为基准面，计算点选在自由表面上，取 $\alpha_1=\alpha_2=\alpha_3=1.0$，计算各断面能量。

断面1—1：

单位势能　$z_1+\frac{p_1}{\gamma}=4.5+0=4.5(\text{m})$

单位动能　$\frac{v_1^2}{2g}=\frac{0.8^2}{2\times 9.8}=0.0326(\text{m})$

单位总机械能　$H_1=z_1+\frac{p_1}{\gamma}+\frac{v_1^2}{2g}=4.5+0.0326=4.53(\text{m})$

断面2—2：

单位势能　$z_2+\frac{p_2}{\gamma}=0.42+0=0.42(\text{m})$

单位动能　$\frac{v_2^2}{2g}=\frac{8.57^2}{2\times 9.8}=3.75(\text{m})$

单位总机械能 $H_2=z_2+\frac{p_2}{\gamma}+\frac{v_2^2}{2g}=0.42+3.75=4.17(\text{m})$

断面3—3：

单位势能 $z_3+\frac{p_3}{\gamma}=2.2+0=2.2(\text{m})$

单位动能 $\frac{v_3^2}{2g}=\frac{1.64^2}{2\times9.8}=0.137(\text{m})$

单位总机械能 $H_3=z_3+\frac{p_3}{\gamma}+\frac{v_3^2}{2g}=2.2+0.137=2.34(\text{m})$

（2）计算水头损失。

$$h_{w1-2}=H_1-H_2=4.53-4.17=0.36(\text{m})$$

$$h_{w2-3}=H_2-H_3=4.17-2.34=1.83(\text{m})$$

计算结果显示，水跃的消能效果非常明显。

工作单

3.3.1 能量方程的几何意义与物理意义分别是什么？

3.3.2 什么是测压管水头线和总水头线？

3.3.3 一变直径的管段 AB（图3.3.10），$d_A=0.2\text{m}$，$d_B=0.4\text{m}$，高差 $\Delta z=1.5\text{m}$，今测得 $p_A=30\text{kN/m}^2$，$p_B=40\text{kN/m}^2$，B 点处断面平均流速 $v_B=1.5\text{m/s}$，求 A、B 两断面的总水头差及管中水流流动方向。

3.3.4 某水管（图3.3.11），已知管径 $d=100\text{mm}$，当阀门全关时，压力计读数为0.5个大气压，而当阀门开启后，保持恒定流，压力计读数降至0.2个大气压，若压力计前段的总水头损失为 $2\frac{v^2}{2g}$，试求管中的流速和流量。

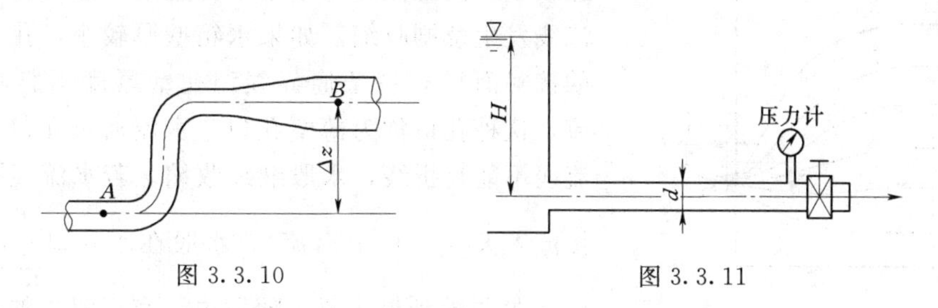

图3.3.10　　图3.3.11

3.5 能量方程应用示例

任务3.4 能量方程应用示例

任务单

水能资源最显著的特点是可再生、无污染，人类利用水能的历史悠久。早在古代，我国劳动人民就发明了“水磨”“水碾”，现代广泛应用的水力发电是人类对水能利用的进一步升华。开发水能对江河的综合治理和综合利用具有积极作用，对促进国民经济发展，改善能源消费结构，缓解由于消耗煤炭、石油资源所带来的环境污染有重要意义，因此世界各国都把开发水能放在能源发展战略的优先地位。

水流在运动过程中是不是总是符合能量转化与守恒规律？孔口出流和管嘴出流有何区别？毕托管如何测速？文德里流量计如何测流？

学习单

3.4.1 孔口和管嘴出流

1. 孔口出流

在盛有液体的容器上开孔后，液体会通过孔口流出容器，这种流动现象称为孔口出流。例如，水利工程中水库多级卧管的放水孔，船闸闸室的充水或放水孔，给水排水工程中的各类取水、泄水孔口中的水流等。当容器中的液面保持恒定不变时（有液体补充），通过孔口的流动是恒定流。在工程上，通常需要确定孔口的过水能力，即孔口出流的流量。应用恒定总流的能量方程即可确定孔口恒定出流的流量。

如图 3.4.1 所示，在水箱侧壁开一个直径为 d 的孔口，在水头 H 的作用下，水流从孔口流出。当水箱的容积很大时，远离孔口的地方流速较小，而且流线近似于平行直线，水流流向孔口时流线发生急剧收缩。如果水箱壁厚较小，孔壁与水股的接触面只有一条周界线，孔壁厚度不影响孔口出流，这种孔口称为薄壁孔口。水流通过孔口时，由于流线不能是折线，水股继续收缩。若水流经孔口后直接流入大气（自由出流），水股在距孔口 $\frac{1}{2}d$ 的断面 $c—c$ 处收缩到最小值。随后由于空气阻力的影响，流速减小，水股断面又开始扩散。断面 $c—c$ 称为收缩断面，该断面上流线是近似平行直线，可视为渐变流断面。当水箱水位保持不变时，属孔口恒定出流，以通过孔口中心的水平面为基准面 0—0，选渐变流过水断面 1—1 及 $c—c$，写出能量方程，有

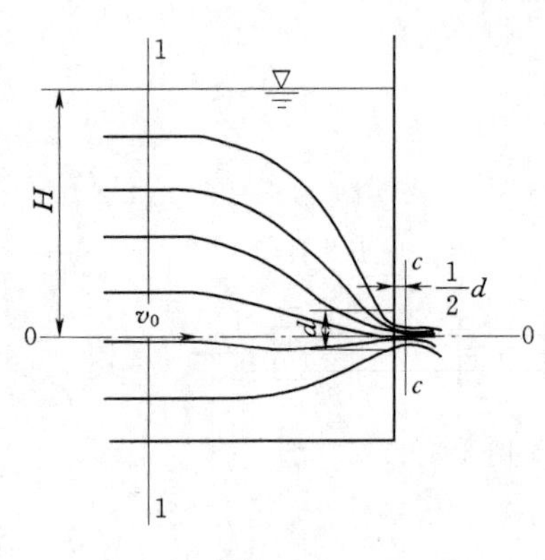

图 3.4.1

$$z_1+\frac{p_1}{\gamma}+\frac{\alpha_1 v_1^2}{2g}=z_c+\frac{p_c}{\gamma}+\frac{\alpha_c v_c^2}{2g}+h_{w1-c}$$

对断面 1—1，取自由面上一点计算，$z_1=H$，$\frac{p_1}{\gamma}=0$。断面 $c—c$ 取中心点计算，$z_c=0$，

对于小孔口$\left(\frac{d}{H}\leqslant 0.1\right)$，断面 $c—c$ 上各点压强近似等于大气压强，也就是$\frac{p_c}{\gamma}=0$，上式可写为

$$H+\frac{\alpha_1 v_1^2}{2g}=\frac{\alpha_c v_c^2}{2g}+h_{w1-c} \tag{3.4.1}$$

h_{w1-c} 为孔口出流的水头损失，一般可用一个系数与流速水头的乘积来表示，即

$$h_{w1-c}=\zeta_c \frac{v_c^2}{2g} \tag{3.4.2}$$

ζ_c 称为孔口出流的水头损失系数

令

$$H+\frac{\alpha_1 v_1^2}{2g}=H_0 \tag{3.4.3}$$

H_0 又称为孔口总水头。将式（3.4.2）、式（3.4.3）代入式（3.4.1），得

$$H_0=(\alpha_c+\zeta_c)\frac{v_c^2}{2g}$$

或

$$v_c=\frac{1}{\sqrt{\alpha_c+\zeta_c}}\sqrt{2gH_0}=\varphi\sqrt{2gH_0} \tag{3.4.4}$$

其中，$\varphi=\frac{1}{\sqrt{\alpha_c+\zeta_c}}\approx\frac{1}{\sqrt{1+\zeta_c}}$称为流速系数，表示无能量损失时断面 $c—c$ 的流速值 $\sqrt{2gH_0}$ 与实际流速 v_c 之比。设 A 为孔口面积，A_c 为收缩断面 $c—c$ 的面积，两者之比 $\frac{A_c}{A}=\varepsilon<1.0$，称 ε 为孔口收缩系数。因此，孔口出流的流量为

$$Q=A_c v_c=\varepsilon A\varphi\sqrt{2gH_0}=\mu A\sqrt{2gH_0} \tag{3.4.5}$$

式中，$\mu=\varepsilon\varphi$ 称为孔口出流的流量系数。对于小孔口的自由出流，通过实验测得 $\varepsilon=0.63\sim0.64$，$\varphi=0.97\sim0.98$，$\mu=0.61\sim0.63$。一般可取流量系数 $\mu=0.62$。不同边界形式孔口出流的 ε、φ 及 μ 值可通过实验确定或参考有关手册选取。

2. 管嘴出流

在容器孔口处接上断面与孔口形状相同，长度为（3～4）d 的短管（d 为短管内径），这样的短管称为管嘴。液体流经管嘴并且在出口断面满管流出的流动现象称为管嘴出流。在与孔口直径相同的情况下，管嘴的过水能力比孔口要大。所以，在实际工程中，常用管嘴来增加泄流量。如坝内的泄水孔，渠道侧壁上的放水孔及水力机械喷枪中的流动等。若容器内液面保持不变，则为管嘴恒定出流。

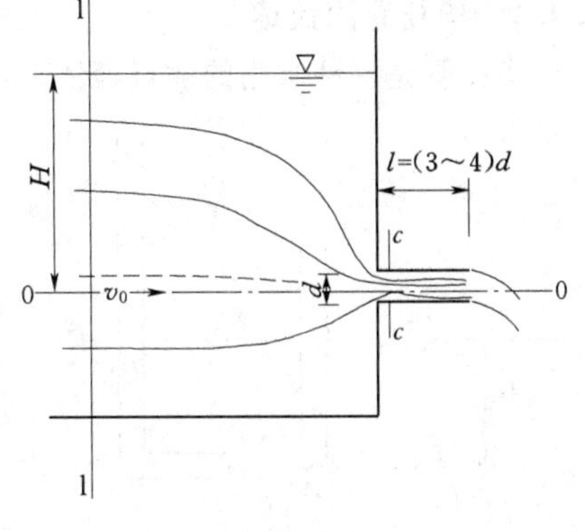

图 3.4.2

在图 3.4.1 中接一个直径为 d 的圆柱形外管嘴，如图 3.4.2 所示。与孔口出流类似，水流进入管嘴后流线继续收缩，在断面 $c—c$ 处形成收缩断面，然后流股再逐渐扩散到全断面，从管嘴出口满管流出。在断面 $c—c$ 处，流股与管壁脱离形成环状真空区，

动水压强 p_c 小于大气压强 p_a。现采用孔口出流的分析方法，以过管嘴中心的水平面为基准面 0—0 写出断面 1—1 及 c—c 的能量方程

$$H+\frac{p_a}{\gamma}+\frac{\alpha_1 v_1^2}{2g}=0+\frac{p_c}{\gamma}+\frac{\alpha_c v_c^2}{2g}+\zeta_c\frac{v_c^2}{2g}$$

同样令 $H+\frac{\alpha_1 v_1^2}{2g}=H_0$，$\frac{1}{\sqrt{\alpha_c+\zeta_c}}=\varphi$，$\frac{A_c}{A}=\varepsilon$，$\varepsilon\varphi=\mu$，则从上式解出

$$v_c=\varphi\sqrt{2g\left(H_0+\frac{p_a-p_c}{\gamma}\right)} \tag{3.4.6}$$

通过管嘴的流量为

$$Q=A_c v_c=\varepsilon A\varphi\sqrt{2g\left(H_0+\frac{p_a-p_c}{\gamma}\right)}=\mu A\sqrt{2g\left(H_0+\frac{p_a-p_c}{\gamma}\right)} \tag{3.4.7}$$

将管嘴出流的式（3.4.7）与孔口出流的式（3.4.5）进行比较。在水头 H 一定，孔口的形状、面积相同的情况下，其收缩系数 ε、流速系数 φ 及流量系数 μ 基本相同，而管嘴的有效水头增大了 $\frac{p_a-p_c}{\gamma}$，故管嘴出流的流量比孔口出流要大。因 $\frac{p_a-p_c}{\gamma}$ 是断面 c—c 上的真空度，可见管嘴流量增大的原因，是由于管内真空区的存在，对水箱来流产生抽吸作用的结果。为了保证收缩断面处有真空存在，管嘴必须有一定长度。但如果管嘴过长，由于管段的阻力加大，管嘴增大流量的作用会减弱。为了保持管嘴正常出流，管嘴长度应取（3～4）d。

对于圆柱形外管嘴，理论分析及实验研究结果表明 $\frac{p_a-p_c}{\gamma}=0.75H_0$。可见，收缩断面的真空度随作用水头 H_0 的增大而增加。当 $\frac{p_a-p_c}{\gamma}$ 小于饱和蒸汽压的真空值一定数值时，水流便开始出现真空化。此外，当收缩断面压强较低时，将会从管嘴出口处吸入空气，从而使收缩断面处的真空值遭到破坏，管嘴内的流动变为孔口自由出流，出流能力降低。根据实验研究，管嘴正常工作时收缩断面的最大真空度 $\frac{p_a-p_c}{\gamma}\leqslant 7\text{m}$。因此，作用水头应该满足的条件为 $H_0\leqslant 9.33\text{m}$。

3.4.2 毕托管测流速

毕托管是一种常用的测量液体点流速的仪器。它是亨利·毕托（Henri Pitot）在 1730 年首创的，其测量流速的原理就是液体的能量转化与守恒原理。

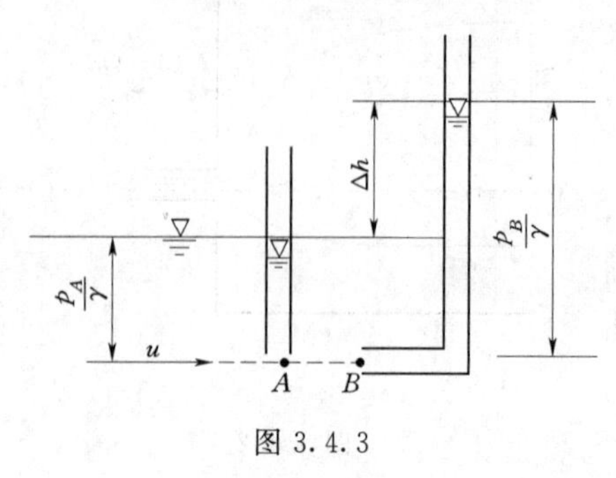

图 3.4.3

当欲测明渠水流中某一点 A 的流速时，可在 A 点装一测压管（图 3.4.3），测出 A 点的测压管高度为 $\frac{p_A}{\gamma}$；在过 A 点的同一水平面的下游，取一与 A 点非常接近的 B 点，在 B 点安装一弯成直角的测压管，将它的前端对准来流，且置于 B 点

处，另一端垂直向上。这时，B 点处的水流质点沿细管进入，受弯管的阻挡流速变为零，动能全部转化为压能，使得测压管中水面上升至高度$\frac{p_B}{\gamma}$。若以通过 B 点的水平面为基准面，$\frac{p_B}{\gamma}$代表了 B 点处水流的总能量。由于 A、B 两点很近，忽略两者间能量损失，根据理想液体微小流束的能量方程，有

$$\frac{p_A}{\gamma}+\frac{u^2}{2g}=\frac{p_B}{\gamma}$$

即
$$\frac{p_B}{\gamma}-\frac{p_A}{\gamma}=\frac{u^2}{2g}=\Delta h$$

所以
$$u=\sqrt{2g\Delta h} \tag{3.4.8}$$

式中 Δh——两根测压管的液面差。

实际测量时，是把两根测压管并入同一弯管中，如图 3.4.4 所示。考虑液体具有黏滞性，能量转化时有损失；另外，毕托管顶端小孔与侧壁小孔的位置不同，因而测得的不是同一点上的能量；再加上考虑毕托管放入水中时产生的扰动影响，使得测压管液面差 Δh 可能与实际值有误差，所以要对式（3.4.8）加以修正，修正的办法是乘以修正系数 c，即

$$u=c\sqrt{2h\Delta h} \tag{3.4.9}$$

式中 c——毕托管校正系数，需通过对毕托管进行专门的率定来确定，一般约为 0.98～1.0。

3.4.3 文德里流量计

文德里流量计（又称文丘里流量计）是用于测量管道中流量大小的一种装置，包括收缩段、喉管和扩散段三部分，安装在需要测定流量的管道当中。在收缩段进口前断面 1—1 和喉管断面 2—2 上分别装测压管，如图 3.4.5 所示。通过测量断面 1—1 和 2—2 测压管水头差 Δh 值，就能计算出管道通过的流量 Q，其基本原理就是恒定总流的能量方程。

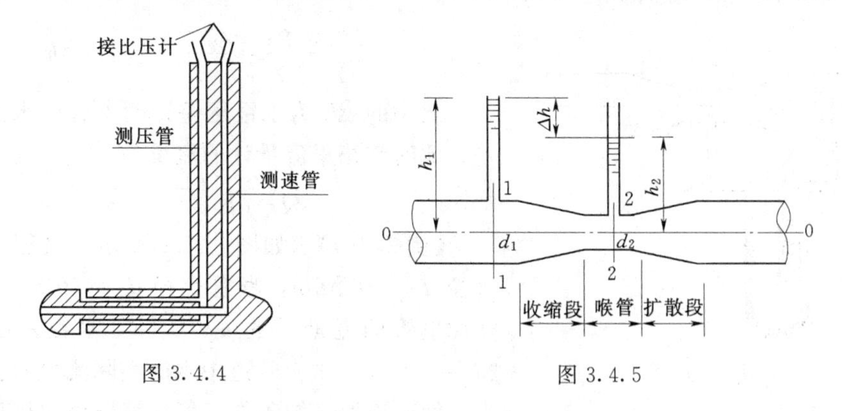

图 3.4.4　　　　图 3.4.5

因为管轴线是水平的，取管轴线所在的水平面 0—0 为基准面，对渐变流断面 1—1 和 2—2 写能量方程（取 $\alpha_1=\alpha_2=1.0$，暂不考虑水头损失），有

$$z_1+\frac{p_1}{\gamma}+\frac{u_1^2}{2g}=z_2+\frac{p_2}{\gamma}+\frac{u_2^2}{2g}+0$$

上式中 $z_1=z_2=0$，$\frac{p_1}{\gamma}=h_1$，$\frac{p_2}{\gamma}=h_2$，$h_1-h_2=\Delta h$，则

$$\frac{p_1}{\gamma}-\frac{p_2}{\gamma}=\frac{v_2^2}{2g}-\frac{v_1^2}{2g}=\Delta h$$

根据连续性方程，有

$$v_2=\frac{A_1 v_1}{A_2}=\left(\frac{d_1}{d_2}\right)^2 v_1$$

将式 v_1 与 v_2 的关系代入前式，得

$$\Delta h=\frac{v_1^2}{2g}\left[\left(\frac{d_1}{d_2}\right)^4-1\right]$$

或

$$v_1=\frac{1}{\sqrt{\left(\frac{d_1}{d_2}\right)^4-1}}\sqrt{2g\Delta h}=\frac{d_2^2}{\sqrt{d_1^4-d_2^4}}\sqrt{2g\Delta h}$$

因此，通过文德里流量计的流量为

$$Q=A_1 v_1=\frac{\pi d_1^2 d_2^2}{4\sqrt{d_1^4-d_2^4}}\sqrt{2g\Delta h}$$

令

$$K=\frac{\pi d_1^2 d_2^2}{4\sqrt{d_1^4-d_2^4}}\sqrt{2g}$$

则

$$Q=K\sqrt{\Delta h} \tag{3.4.10}$$

实际上，液体存在水头损失，通过文德里流量计的实际流量要比式（3.4.10）计算出的流量要小。通常给式（3.4.10）乘以一个小于1的系数 μ 来修正，则实际流量为

$$Q=\mu K\sqrt{\Delta h} \tag{3.4.11}$$

式中 μ——文德里流量计的流量系数，一般为0.95～0.98。

如果断面1—1和2—2的动水压强很大，这时可在文德里管上直接安装水银压差计，如图3.4.6所示。由压差计原理可知

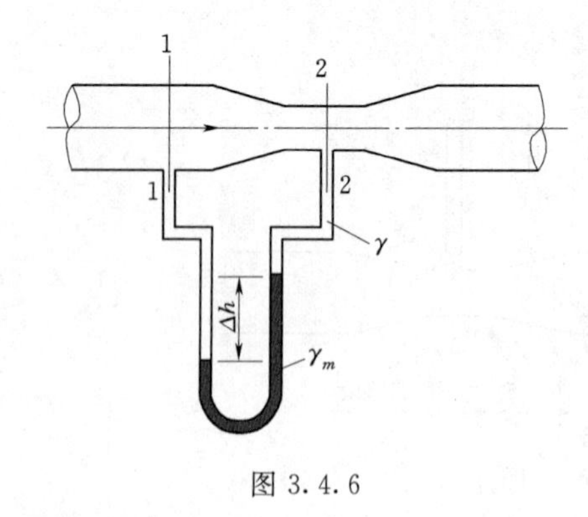

图 3.4.6

$$\frac{p_1}{\gamma}-\frac{p_2}{\gamma}=\frac{\gamma_m-\gamma}{\gamma}=12.6\Delta h$$

式中的 Δh 为水银压差计两支管中水银面的高差，此时文德里流量计的流量为

$$Q=\mu K\sqrt{12.6\Delta h} \tag{3.4.12}$$

【例3.4.1】 如图3.4.6所示，文德里管进口直径 $d_1=100$mm，喉管直径 $d_2=50$mm，若已知文德里管的流量系数 $\mu=0.98$，水银差压计读数 $\Delta h=4.5$cm。试求管道中水的实际流量 Q。

解： 根据已知条件，可计算出该文德里管的常数为

$$K=\frac{\pi d_1^2 d_2^2}{4\sqrt{d_1^4-d_2^4}}\sqrt{2g}=\frac{3.14\times0.1^2\times0.05^2}{4\times\sqrt{0.1^4-0.05^4}}\times\sqrt{2\times9.8}=0.00897$$

$$Q=\mu K\sqrt{12.6\Delta h}=0.98\times0.00897\times\sqrt{12.6\times0.045}=0.00662(\mathrm{m^3/s})=6.62(\mathrm{L/s})$$

3.4.4 文德里量水槽

文德里量水槽用来量测渠道和河道中的流量，它的形状与文德里管相似，由上游做成喇叭口的收缩段、中间束窄的喉管以及下游放宽到原有渠宽的扩散段三部分组成（图3.4.7）。两者的区别在于：在文德里管中，喉管部分的压能转化为动能，通过量测由此而产生的压力差来确定流量；而在文德里量水槽中，是位能转化为动能，通过量测由此而产生的水位差来确定流量。

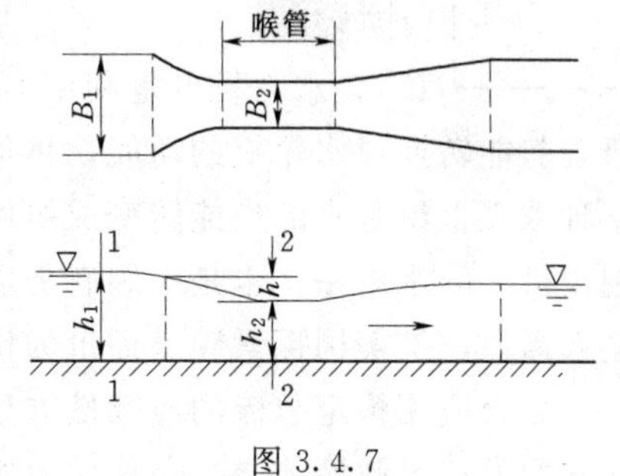

图3.4.7

任务解析单

尽管实际水流复杂多样，水流在运动过程中总是符合能量转化与守恒规律的。以上通过孔口出流、管嘴出流、毕托管测速、文德里流量计几个应用实例说明了如何利用能量方程分析和解决具体水力计算问题。

工作单

3.4.1　矩形断面平底渠道，其宽度 $b=27\mathrm{m}$，河床在某断面处抬高 $\Delta=0.15\mathrm{m}$，抬高前的水深 $h_1=1.8\mathrm{m}$，抬高后水面降低 $\Delta h=0.12\mathrm{m}$（图3.4.8）。若水头损失 h_w 为尾渠流速水头的一半，问流量 Q 等于多少？

3.4.2　有一铅直输水管（图3.4.9），上游为一水池，出口接一管嘴，已知管径 $D=25\mathrm{cm}$，出口管径 $d=5\mathrm{cm}$，流入大气，其他尺寸如图3.4.9所示。若不计水头损失，求管中 A、B、C 三点的压强。

3.4.3　有一文德里流量计（图3.4.10），$d_1=15\mathrm{cm}$，喉管直径 $d_2=10\mathrm{cm}$，水银压差计高差 $\Delta h=20\mathrm{cm}$，实测管中流量 $Q=60\mathrm{L/s}$，试求文德里流量计的流量系数 μ。

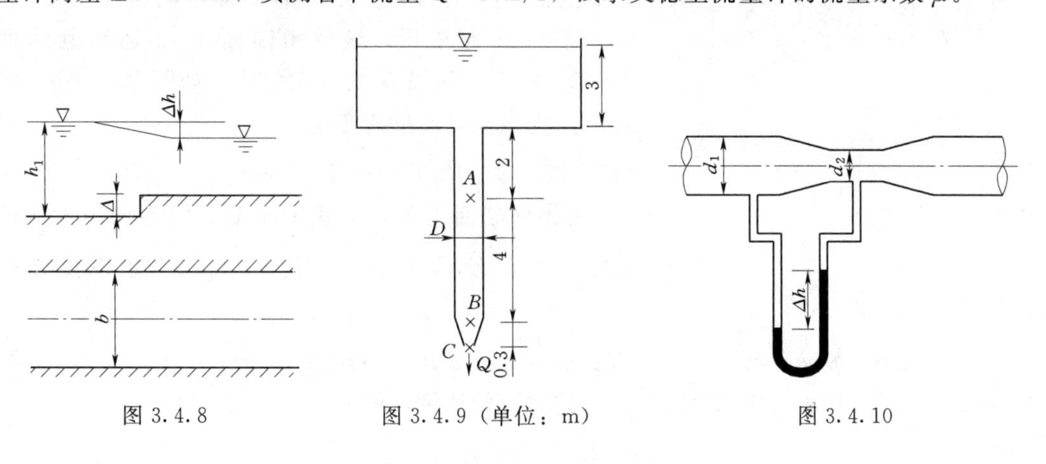

图3.4.8　　图3.4.9（单位：m）　　图3.4.10

3.6 动量方程解析

任务3.5 动量方程解析

任务单

水力发电是利用河流、湖泊等位于高处具有势能的水流至低处，将其中所含势能转换成水轮机的动能，再借水轮机为原动力，推动发电机产生电能。水力发电在某种意义上讲是水的位能转变成机械能，再转变成电能的过程。我国三峡水电站是世界上规模最大的水电站，也是中国有史以来建设最大型的工程项目，三峡发电量可以满足1.4亿人需要，被美国探索频道评价为世界工厂奇迹。

联合应用恒定总流的连续性方程和能量方程，可以解决许多水力计算问题。但是，由于它们没有反映液体与边界作用力之间的关系，不能求解水流对边界的作用力问题。运动的水流具有强大的冲击力，如何求解这个冲击力？

学习单

3.5.1 动量方程的建立

由物理学可知，动量定律可表述为：运动物体单位时间内动量的变化等于物体所受所有外力的合力。若以 m 表示物体的质量，以 v 表示物体运动的速度，以 $\sum\vec{F}$ 表示作用于物体上所有外力的合力，动量定律可写为

$$\sum\vec{F}=\frac{m\vec{v}_2-m\vec{v}_1}{\Delta t}=\frac{\Delta\vec{K}}{\Delta t} \tag{3.5.1}$$

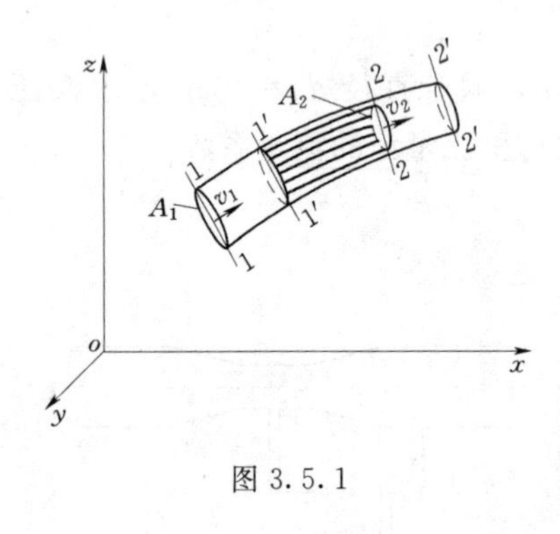

图 3.5.1

下面依据动量定理推导恒定总流的动量方程。在恒定总流中，任取一渐变流流段1—2。设断面1—1及2—2的面积分别为 A_1 及 A_2，断面平均流速为 v_1 和 v_2。经过 Δt 时段后，液体由断面1—2运动到断面 $1'$—$2'$，两断面间没有汇流或分流，如图3.5.1所示。Δt 时段内该流段动量的变化为

$$\Delta\vec{K}=(\vec{K}_{1'-2}+\vec{K}_{2-2'})-(\vec{K}_{1-1'}+\vec{K}_{1'-2})=\vec{K}_{2-2'}-\vec{K}_{1-1'}$$

考虑到断面上各点流速大小分布的不均匀性，计算两个动量 $\vec{K}_{2-2'}$ 和 $\vec{K}_{1-1'}$ 时，需乘以修正系数 β 所以有

$$\Delta\vec{K}=\beta_2 m\vec{v}_2-\beta_1 m\vec{v}_1=\rho Q\Delta t\beta_2\vec{v}_2-\rho Q\Delta t\beta_1\vec{v}_1=\rho Q\Delta t(\beta_2\vec{v}_2-\beta_1\vec{v}_1) \tag{3.5.2}$$

将式（3.5.2）代入式（3.5.1），得到总流的动量方程

$$\sum\vec{F}=\frac{\Delta\vec{K}}{\Delta t}=\rho Q(\beta_2\vec{v}_2-\beta_1\vec{v}_1) \tag{3.5.3}$$

这就是不可压缩液体恒定总流的动量方程。它表示两个控制断面之间的恒定总流，在单位时间内流出该段的动量与流入该段的动量之差，等于作用在所取控制体上各外力的合力。

式中，β_1、β_2 为动量修正系数。对于渐变流或均匀流断面，一般取 $\beta=1.02\sim1.05$，近似计算时取 $\beta=1.0$。$\sum\vec{F}$ 为作用在所取流段上的所有外力的总和（矢量和）。总流的动量方程式（3.5.3）是一个矢量式，为了计算方便，在直角坐标中常采用分量形式，即

$$\left.\begin{aligned}\sum\vec{F}_x&=\rho Q(\beta_2 v_{2x}-\beta_1 v_{1x})\\\sum\vec{F}_y&=\rho Q(\beta_2 v_{2y}-\beta_1 v_{1y})\\\sum\vec{F}_z&=\rho Q(\beta_2 v_{2z}-\beta_1 v_{1z})\end{aligned}\right\}\tag{3.5.4}$$

式中　ρ——液体的密度；

v_{1x}、v_{1y}、v_{1z} 和 v_{2x}、v_{2y}、v_{2z}——$\vec{v}_1$、$\vec{v}_2$ 在 x、y、z 轴方向的分量；

$\sum\vec{F}_x$、$\sum\vec{F}_y$、$\sum\vec{F}_z$——作用在控制体上所有外力分别在 x、y、z 轴投影的代数和，不考虑 β 在 x、y、z 轴方向的变化。

从恒定总流动量方程的推导过程可知，该方程的应用条件为：

（1）不可压缩液体，恒定流。

（2）两端的控制断面必须选在均匀流或渐变流区域，但两个断面之间可以有急变流存在。

（3）在所取的控制体中，有动量流进流出的过水断面各自只有一个，否则，动量方程式（3.5.4）不能直接应用。

图 3.5.2 所示为一个分叉管道，取控制体如图 3.5.2 中虚线所示，可见，有动量流出的断面是两个，即断面 2—2 及 3—3，有动量流入的是断面 1—1，在这种情况下，动量方程可以修改成：

$$(\rho\beta_2\vec{v}_2 Q_2+\rho\beta_3\vec{v}_3 Q_3)-\rho\beta_1\vec{v}_1 Q_1=\sum\vec{F}\tag{3.5.5}$$

上式也可写成坐标轴上的投影形式。

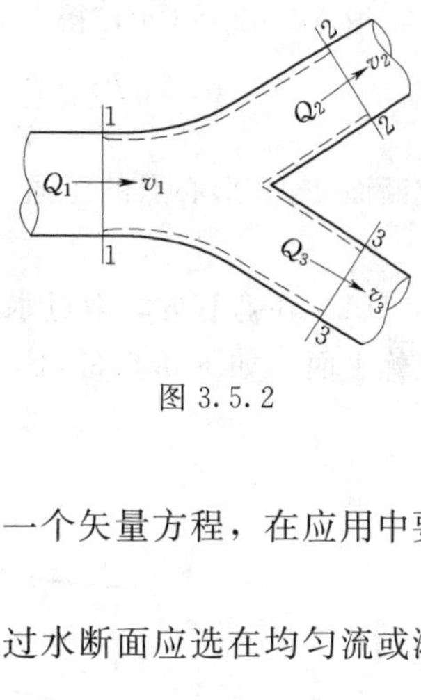

图 3.5.2

3.5.2 动量方程应用示例

动量方程是水力计算中最主要的基本方程之一。由于它是一个矢量方程，在应用中要注意以下几点：

（1）首先要选取控制体。一般是取总流的一段来研究，其过水断面应选在均匀流或渐变流区域，动水压强一般用相对压强计算。

（2）全面分析控制体的受力情况。既要做到所有的外力一个不漏，又要考虑哪些外力可以忽略不计。对于待求的未知力，可以预先假定一个方向，若计算结果得该力的数值为正，表明原假设方向正确；当所求得的数值为负时，表明实际方向与原假设方向相反。为了便于计算，应在控制体上标出全部作用力的方向。

（3）实际计算中，一般采用动量方程在坐标轴的投影形式。所以写动量方程时，必须先确定坐标轴，然后要弄清流速和作用力投影的正负号。凡是与坐标轴的正向一致者取正号，反之取负号。坐标轴是可以任意选择的，以计算简便为宜。

（4）方程式中的动量差，必须是流出的动量减去流入的动量，两者切不可颠倒。

（5）动量方程只能求解一个未知数。当有两个以上未知数时，应借助连续方程及能量

方程联合求解。在计算中，一般可取 $\beta_1=\beta_2=1.0$。

下面举例说明动量方程的应用。

1. 确定水流对弯管的作用力

【例 3.5.1】 某有压管道中有一段渐缩弯管，如图 3.5.3 (a) 所示。弯管的轴线位于水平面内，已知断面 1—1 形心点的压强 $p_1=98\text{kN/m}^2$，管径 $d_1=200\text{mm}$，管径 $d_2=150\text{mm}$，转角 $\theta=60°$，管中流量 $Q=100\text{L/s}$。若不计弯管的水头损失，求水流对弯管的作用力。

解：由连续方程 $v_1A_1=v_2A_2=Q$，得

$$v_1=\frac{Q}{A_1}=\frac{100\times10^{-3}}{\frac{3.14}{4}\times0.2^2}=3.18(\text{m/s})$$

$$v_2=\frac{Q}{A_2}=\frac{100\times10^{-3}}{\frac{3.14}{4}\times0.15^2}=5.66(\text{m/s})$$

取过水断面 1—1 和 2—2，以过管轴线的水平面为基准面，写出能量方程为

$$0+\frac{p_1}{\gamma}+\frac{\alpha_1v_1^2}{2g}=0+\frac{p_2}{\gamma}+\frac{\alpha_2v_2^2}{2g}+0$$

取 $\alpha_1=\alpha_2=1.0$，得

$$\frac{p_2}{\gamma}=\frac{p_1}{\gamma}+\frac{v_1^2-v_2^2}{2g}=\frac{98}{9.8}+\frac{3.18^2-5.66^2}{2\times9.8}=8.88(\text{m})$$

故断面 2—2 形心点的压强

$$p_2=8.88\times9800=87.02(\text{kN/m}^2)$$

(1) 在弯管内，取过水断面 1—1 与 2—2 之间的水体为控制体，且选取水平面为 xoy 坐标平面，如图 3.5.3 (b) 所示。

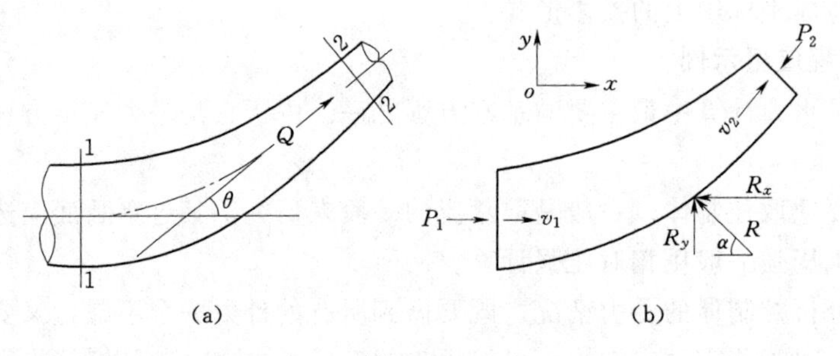

图 3.5.3

(2) 分析控制体所受的全部外力，并且在控制体上标出各力的作用方向。

因控制体的重力 G 沿铅直方向，故在 xoy 平面上的投影为零。两端过水断面上的动水压力 P_1 及 P_2 为

$$P_1=p_1A_1=98\times\frac{\pi}{4}\times0.2^2=3.077(\text{kN})$$

$$P_2=p_2A_2=87.02\times\frac{\pi}{4}\times0.15^2=1.537(\text{kN})$$

管壁对控制体的作用力 R，这是待求力的反作用力，以相互垂直的分量 R_x、R_y 表示，假定其方向如图 3.5.3 所示。

(3) 用动量方程计算管壁对控制体的作用力 R。

写 x 方向的动量方程，有

$$\rho Q(\beta_2 v_2\cos\theta-\beta_1 v_1)=P_1-P_2\cos\theta-R_x$$

取 $\beta_1=\beta_2=1.0$，得

$$\begin{aligned}R_x&=P_1-P_2\cos\theta-\rho Q(v_2\cos\theta-v_1)\\&=3.077-1.537\cos60°-1\times0.1\times(5.66\cos60°-3.18)=1.575(\text{kN})\end{aligned}$$

写 y 方向的动量方程，有

$$\rho Q(\beta_2 v_2\sin\theta-0)=-P_2\sin\theta+R_y$$

取 $\beta_2=1.0$，得

$$\begin{aligned}R_y&=\rho Q v_2\sin\theta+P_2\sin\theta\\&=1\times0.1\times5.66\sin60°+1.537\sin60°=1.821(\text{kN})\end{aligned}$$

R_x、R_y 的计算结果均为正值，说明管壁对控制体作用力的实际方向与假定方向相同。合力的大小

$$R=\sqrt{R_x^2+R_y^2}=\sqrt{1.575^2+1.821^2}=2.407(\text{N})$$

合力与 x 轴的夹角

$$\alpha=\arctan\frac{R_y}{R_x}=\arctan\frac{1.821}{1.575}=49.1°$$

(4) 计算水流对弯管的作用力 R'。

R'与 R 大小相等，方向相反，而且作用线相同。作用力 R'直接作用在弯管上，对管道有冲击破坏作用。为此应在弯管段设置混凝土支座来抵抗这种冲击力。

2. 确定水流对平板闸门的作用力

【例 3.5.2】 在某平底矩形断面渠道中修建水闸，闸门与渠道同宽，采用矩形平板闸门且垂直启闭，如图 3.5.4 (a) 所示。已知闸门宽度 $b=6\text{m}$，闸前水深 $H=5\text{m}$，当闸门开启高度 $e=1\text{m}$ 时，闸后收缩断面水深 $h_c=0.6\text{m}$，水闸泄流量 $Q=33.47\text{m}^3/\text{s}$。若不计水头损失，求过闸水流对平板闸门的推力。

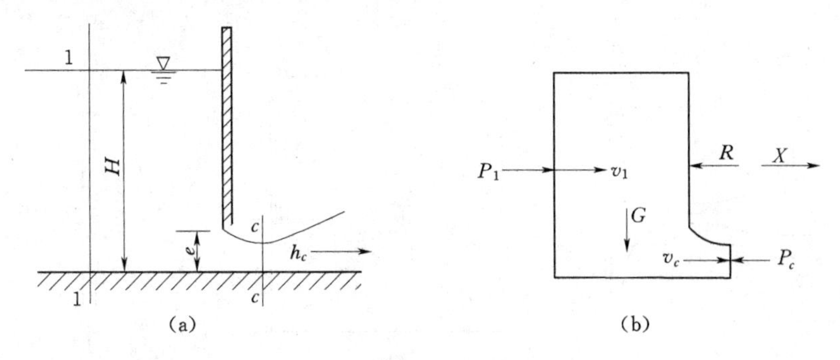

图 3.5.4

解： 取渐变流过水断面 1—1 及 c—c，根据连续方程 $v_1A_1=v_cA_c=Q$，可得

$$v_1=\frac{Q}{bH}=\frac{33.47}{6\times5}=1.12(\mathrm{m/s})$$

$$v_c=\frac{Q}{bh_c}=\frac{33.47}{6\times0.6}=9.3(\mathrm{m/s})$$

(1) 取过水断面1—1、c—c之间的全部水流为控制体，沿水平方向选取坐标x轴，如图3.5.4 (b) 所示。

(2) 分析控制体的受力，并标出全部作用力的方向。

重力G沿垂直方向，故在x轴上无投影。

断面1—1动水压力

$$P_1=\frac{1}{2}\gamma H^2b=\frac{1}{2}\times9.8\times5^2\times6=735(\mathrm{kN})$$

$$P_c=\frac{1}{2}\gamma h_c^2b=\frac{1}{2}\times9.8\times0.6^2\times6=10.584(\mathrm{kN})$$

设闸门对水流的反作用力为R，方向水平向左。

(3) 利用动量方程计算反作用力R。

写x方向的动量方程，有

$$\rho Q(\beta_2v_c-\beta_1v_1)=P_1-P_c-R$$

取$\beta_1=\beta_2=1.0$，得

$$R=P_1-P_c-\rho Q(v_c-v_1)=735-10.584-1\times33.47\times(9.3-1.12)=450.63(\mathrm{kN})$$

因为求得的R为正值，说明假定的方向即为实际方向。

(4) 确定水流对平板闸门的推力R'。

R'与R大小相等，方向相反，即$R'=450.63\mathrm{kN}$，方向水平向右。

3. 确定射流冲击固定表面的作用力

【例3.5.3】 如图3.5.5 (a) 所示，水流从管道末端的喷嘴水平射出，以速度v冲击某铅直固定平板，水流随即在平板上转90°后向四周均匀散开。若射流量为Q，不计空气阻力及能量损失，求射流冲击固定平板的作用力。

解： 射流转向以前取过水断面1—1，射流完全转向以后取过水断面2—2 [是一个圆筒面，见图3.5.5 (b)]，取断面1—1与2—2之间的全部水体为控制体。沿水平方向取x轴，如图3.5.5 (c) 所示。

写x方向的动量方程，有

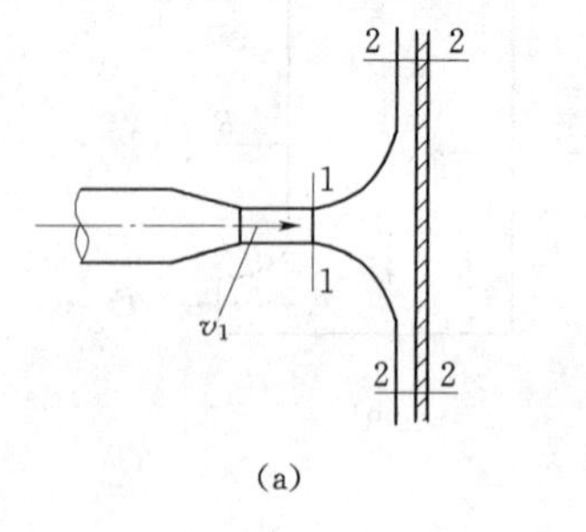

(a)

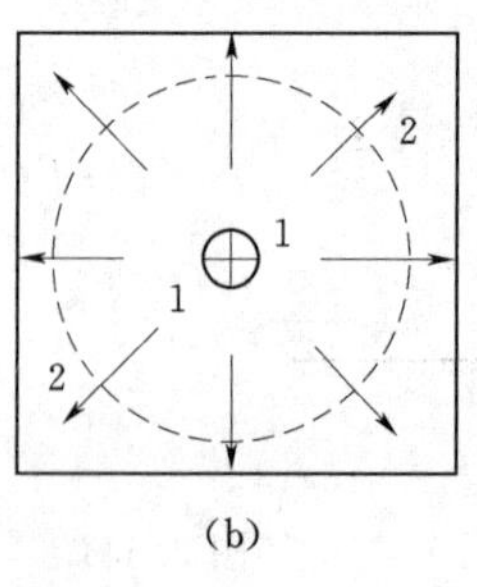

(b)

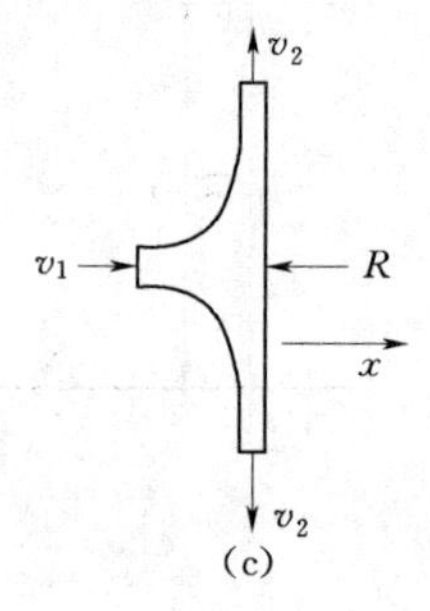

(c)

图3.5.5

$$\rho Q(\beta_2 v_{2x}-\beta_1 v_{1x})=\sum F_x$$

因不计能量损失，由能量方程可得 $v_1=v_2=v$，流速在 x 轴上的投影 $v_{1x}=v$，$v_{2x}=0$。

分析控制体的受力，由于射流的周界及转向后的水流表面都处在大气中，可认为断面1—1与2—2的动水压强等于大气压强，故动水压力 $P_1=P_2=0$。不计水流与空气、水流与平板的摩擦阻力。重力 G 与 x 轴垂直，设平板作用于水流的反力为 R，方向水平向左，取 $\beta_1=\beta_2=1.0$。因此可得

$$\rho Q(0-v)=-R$$

即

$$R=\rho Qv$$

因计算结果 R 为正值，说明原假定方向即为实际方向。射流作用在固定平板上的冲击力 R' 与 R 大小相等，方向相反，即 R' 水平向右且与射流速度 v 的方向一致。

任务解析单

恒定总流的动量方程可以计算水流对弯管的作用力、水流对平板闸门的推力、射流对固定表面的冲击力以及明渠中水跃的计算等问题，连续性方程、能量方程及动量方程又统称为水力计算三大基本方程。

工作单

3.5.1 一引水管的渐缩弯管（图3.5.6）已知入口直径 $d_1=250$mm，出口直径 $d_2=200$mm，流量 $Q=150$L/s，断面1—1的相对压强 $p_1=196$kN/m^2。管子中心位于水平面内，转角 $\alpha=90°$。若不计水头损失，试求固定此弯管所需的力。

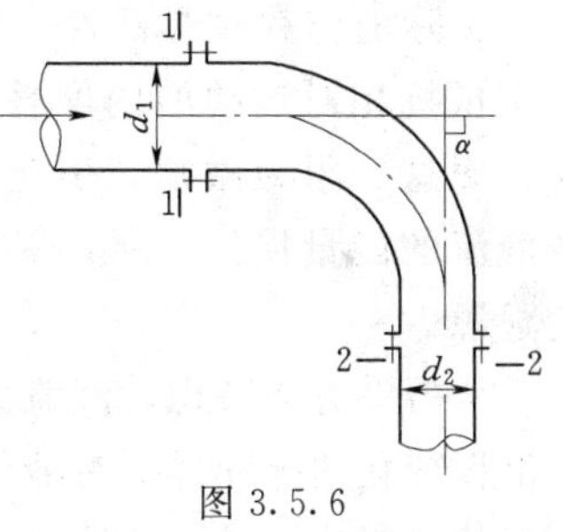

图3.5.6

3.5.2 矩形断面的平底渠槽上，装置一平板闸门（图3.5.7），已知闸门宽度 $b=2$m，闸前水头 $H=4$m，闸门开度 $e=0.8$m，闸孔后收缩断面水深 $h_c=0.62e$。当泄流量 $Q=8$m^3/s时，若不计摩擦力，试求作用于平板闸门上的动水总压力。

3.5.3 有一管道出口处的针形阀门全开时为射流（图3.5.8），已知出口直径 $d_2=15$cm，流速 $v_2=30$m/s，管径 $d_1=35$cm。若不计水头损失，当测得针阀的拉杆受拉力 $F=4900$N时，试求：连接管道出口段的螺栓所受的水平总力为多少？

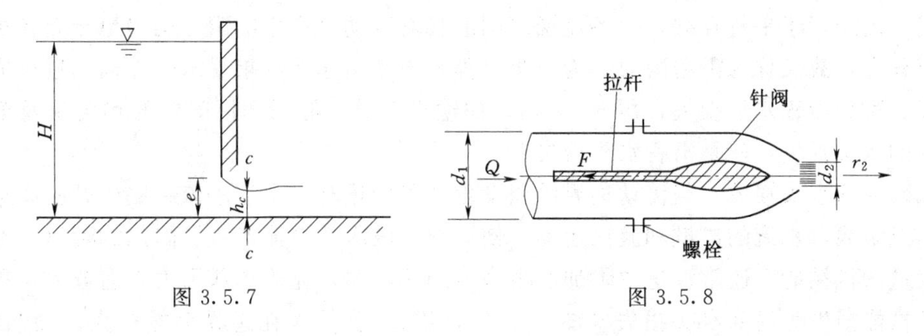

图3.5.7　　图3.5.8

项目4 水头损失计算

任务4.1 水头损失认知

4.1 水头损失认知

任务单

“逆水行舟，不进则退。”水在流动的过程中会产生能量损失（水头损失）。解决了水头损失问题，自来水可以由一楼送到顶楼，水库的水可以经过各级渠道送到农田，南水北调工程实现“一江清水送北京”。

水流产生水头损失的原因是什么？影响水头损失的因素有哪些？如何对水头损失进行计算？

学习单

4.1.1 水头损失产生的原因

实际液体存在黏滞性。因此，运动过程中液体内部各液团或相邻各液层之间必然会产生抵抗相对运动的内摩擦力，这种内摩擦力称为水流阻力。液流在运动过程中必须要克服这一阻力做功，引起运动液体的部分机械能转化为热能，逸散于空气之中，造成液流的能量损失。所以黏滞性的存在是液流水头损失产生的内因，是产生水头损失的根源。

从另一方面考虑，液流总是在一定的固体边界条件下流动，固体边界的形状、尺寸以及沿程变化情况同样要对液流运动过程中水头损失的大小产生影响，这种影响称为外界几何形状的影响，是影响液流运动状态，产生水头损失的外因。

4.1.2 水头损失的分类

水头损失分成沿程水头损失和局部水头损失两类。

（1）沿程水头损失。在均匀流或渐变流中，由于固体边界的形状和尺寸沿流程方向基本不变，流线近于平行直线，由各流层之间的相对运动而产生的阻力均匀地分布在水流的整个流程上，故又称为沿程阻力。为克服沿程阻力而引起单位重量水体在运动过程中的能量损失，称为沿程水头损失，用 h_f 表示，如输水管道、隧洞和河渠中的均匀流及渐变流流段内的水头损失，就是沿程水头损失。

（2）局部水头损失。当流动边界沿程发生急剧变化时，由于水流在突变处脱离边界流动或形成漩涡，水流的扩散和漩涡运动，使局部流段内的水流产生了附加的阻力，额外消耗了大量的机械能，通常称这种附加的阻力为局部阻力，克服局部阻力而造成单位重量水体的机械能损失为局部水头损失（图 4.1.1），用 h_j 表示。在边界突然扩大、突然缩小、转弯、阀门等处，局部水头损失是在边界发生改变处的一段流程内产生并完成的，为了计算方便，常将局部水头损失看成是集中在边界突然改变的某一个概化断面上产生的水头损失。

(3) 水头损失的叠加原理。实际水流中，整个流程既存在着各种局部水头损失，又有各流段的沿程水头损失，某一流段沿程水头损失与局部水头损失的总和称为该流段的总水头损失，如其相邻两局部水头损失互不影响，则全流程（图4.1.2）总水头损失h_w就等于流段内各种局部水头损失和各流段的沿程水头损失之和，即

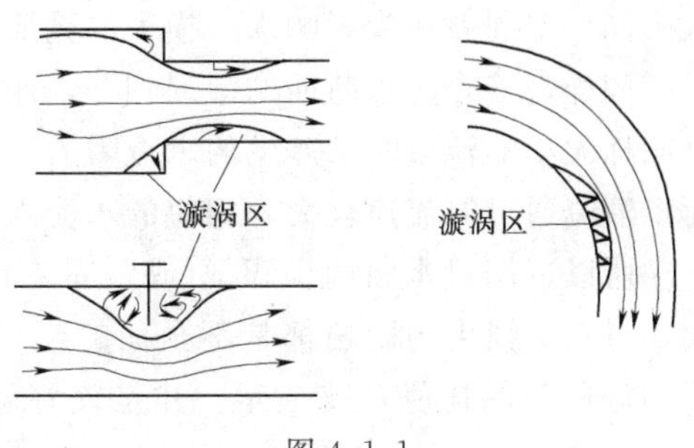

图4.1.1

$$h_w=\sum h_f+\sum h_j \tag{4.1.1}$$

式中 $\sum h_f$——整个流程中各均匀流段或渐变流段的沿程水头损失之和；

$\sum h_j$——整个流程中各种局部水头损失之和。

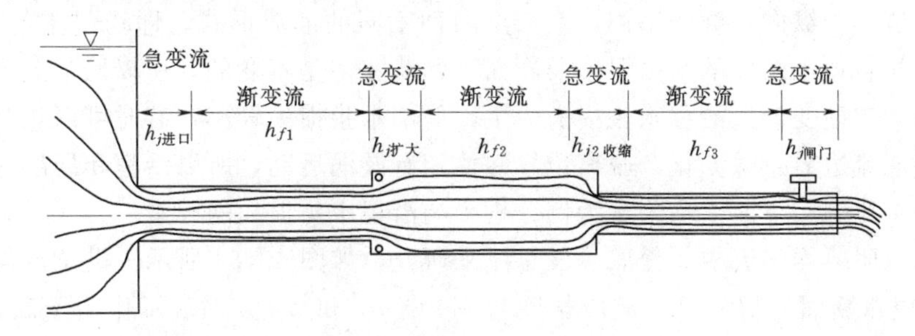

图4.1.2

4.1.3 水头损失的影响因素

既然产生水头损失的原因与液流外部的边界几何条件有关，下面就分析固体边界纵、横向的几何条件（即边界轮廓的形状和尺寸）对水头损失的影响。

1. *液流边界横向轮廓的形状和尺寸对水头损失的影响*

液流边界横向轮廓的形状和尺寸对水流的影响，可用过水断面的水力要素来表示，如过水断面的面积A、湿周χ及水力半径R。液流过水断面与固体边界接触的周界叫做湿周，常用χ表示。例如三个不同形状的断面，分别为矩形和半圆形，如图4.1.3 (a)、(b)、(c) 所示，其过水断面面积相等，水流条件也相同，但矩形渠槽中的湿周要长些，所受到的阻力就要大些，水头损失也要大些。因此液流过水断面面积相同时，由于形

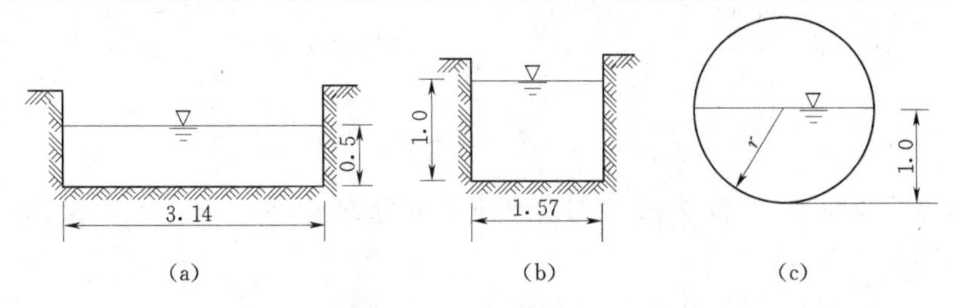

图4.1.3（单位：m）

(a) 矩形断面Ⅰ；(b) 矩形断面Ⅱ；(c) 半圆形断面

状不同，湿周就成为影响水头损失的重要水力要素之一。

同样，三个过水断面的湿周相等，而形状不同，过水断面面积一般是不相等的。当通过同样大小的流量时，产生的水流阻力和水头损失也不相等。这是因为面积较小的过水断面，液流通过时流速较大，相应的水流阻力及水头损失也较大。

所以，用过水断面面积 A 或湿周 χ 任何一个水力要素单独来表示过水断面的水力特征，对水头损失的影响都是不全面的，只有把两者相互结合起来，即用过水断面的面积 A 与湿周 χ 的比值 R 来表示，才是较为全面的，这里 R 称为水力半径，即

$$R=\frac{A}{\chi} \tag{4.1.2}$$

水力半径是过水断面的一个非常重要的水力要素，单位为米（m）或厘米（cm）。例如，直径为 d 的圆管，当充满液流时 $A=\frac{\pi d^2}{4}$，$\chi=\pi d$，故水力半径 $R=\frac{A}{\chi}=\frac{d}{4}$。

2. 液流边界纵向轮廓对水头损失的影响

根据液流边界纵向轮廓的不同，会产生两种不同的液流形式，即均匀流与非均匀流。均匀流中沿程各过水断面的水力要素及断面平均流速都是不变的，所以均匀流只有沿程水头损失。非均匀渐变流以沿程水头损失为主，局部水头损失较小，有时可以忽略不计；非均匀急变流液流边界急骤变化，脱离边界并伴随有漩涡运动，所以沿程和局部两种水头损失都占有一定比例。下面以均匀流为例分析影响沿程水头损失的因素。

在管道或明渠均匀流中，任取一段总流来研究，如图 4.1.4 所示。设总流与水平面成一角度 α，过水断面面积为 A，流段长度为 l。设 p_1 和 p_2 分别表示作用于断面 1—1 和 2—2 形心的动水压强，Z_1、Z_2 分别表示两断面形心距基准面的高度。作用在该总流流段上有下列各力：

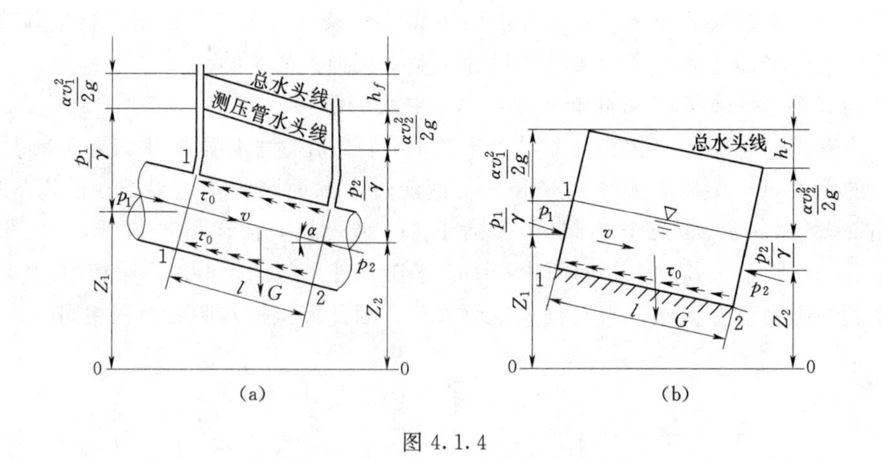

图 4.1.4

（1）作用在断面 1—1 和 2—2 上的动水压力分别为 $P_1=p_1A$，$P_2=p_2A$，其方向均垂直指向作用面。

（2）重力 $G=\gamma Al$，其方向垂直向下。

（3）摩擦阻力。因作用在各个流束之间的内摩擦力是成对且彼此相等而方向相反，所

以可不考虑。这里仅考虑不能抵消的总流与黏着在壁面上的液体质点之间的内摩擦力。设τ_0为总流边界上的平均切应力，则整个流段的总摩擦力$T=\tau_0 l\chi$（χ为湿周），其方向与水流的方向相反。

因为是恒定均匀流，流段无加速度，所以各外力沿流向必须符合力的平衡条件，写出各力沿流动方向的平衡方程式为

$$P_1-P_2+G\sin\alpha-T=0$$

即

$$p_1A-p_2A+\gamma Al\sin\alpha-\tau_0 l\chi=0$$

由图4.1.4可知$\sin\alpha=\frac{z_1-z_2}{l}$，代入上式，并给各项除以$\gamma A$，整理可得

$$\left(Z_1+\frac{p_1}{\gamma}\right)-\left(Z_2+\frac{p_2}{\gamma}\right)=\frac{l_\chi}{A}\frac{\tau_0}{\gamma} \tag{4.1.3}$$

再以0—0为基准面，对断面1—1和2—2列能量方程，得

$$Z_1+\frac{p_1}{\gamma}+\frac{\alpha v_1^2}{2g}=Z_2+\frac{p_2}{\gamma}+\frac{\alpha v_2^2}{2g}+h_f$$

对均匀流而言有$v_1=v_2$，上式化简为

$$\left(Z_1+\frac{p_1}{\gamma}\right)-\left(Z_2+\frac{p_2}{\gamma}\right)=h_f \tag{4.1.4}$$

将式（4.1.4）及$R=\frac{A}{\chi}$代入式（4.1.3）整理得

$$h_f=\frac{l}{R}\frac{\tau_0}{\gamma} \tag{4.1.5}$$

又因$\frac{h_f}{l}=J$，于是上式改写为

$$\tau_0=\gamma RJ \tag{4.1.6}$$

式中水力坡度J在均匀流里是一个常数。

式（4.1.5）和式（4.1.6）表明了均匀流中水流阻力与沿程水头损失之间的关系，但尚不能用以计算沿程水头损失h_f，因式中的切应力尚不知道。为了能计算均匀流中的沿程水头损失，还必须先研究水流的两种形态——层流和紊流。

4.1.4 水流运动的两种形态

1. 雷诺试验

4.2 水流运动形态划分

早在19世纪初期，人们在长期的工程实践中，发现管道的沿程阻力与管道水流流速之间的对应关系有特殊性：当流速较小时，沿程水头损失与流速一次方成正比；当流速较大时，沿程水头损失与流速平方成正比，这一现象，促使英国物理学家雷诺（Reynolds）于1883年进行了试验，并揭示了实际液体运动存在着两种不同流动流态，即层流和紊流。

图4.1.5为雷诺试验装置的示意图。试验过程中，使水箱内的静置水位维持一定的高度保持不变，在长直的玻璃圆管中保证试验时试验管段内的水流为恒定均匀流。

试验开始时，先将试验管末端的阀门K_1慢慢开启，使试验段管中水流的流动速度较小，然后打开装有颜色液体的细管上的阀门K_2，此时，在试验段的玻璃管内出现一条细

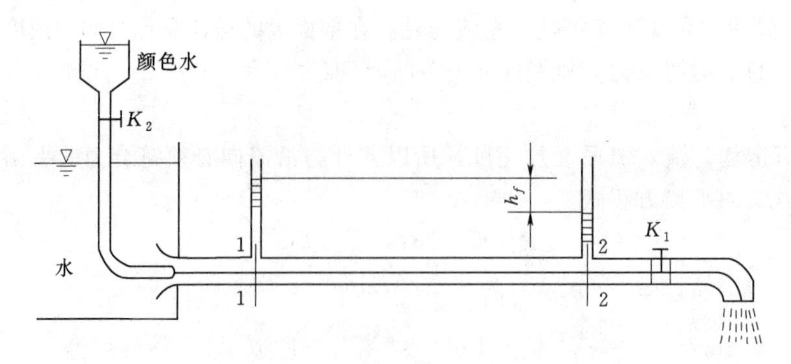

图 4.1.5

而直的鲜明的着色流束，此着色流束并不与管内不着色的水流相混杂，如图 4.1.6（a）所示，水流分层次流动，这种流动称为层流。

将阀门 K_1 逐渐开大，试验管段中水流的流速也相应地逐渐增大，此时可以看到，玻璃管中的着色流束开始颤动，并弯曲成波形，如图 4.1.6（b）所示。随着阀门 K_1 的继续开大。着色的波状流束先在个别地方出现间歇状断裂，如果用灯光照亮液体，可以看见水流中开始出现小涡体沿水流方向运动，使水流失去了着色流束的清晰形状。最后在流速达到某一定值时，水流出现了许多小涡体，液体质点的运动轨迹极不规则，不仅有沿轴线方向的位移，而且还有垂直于管轴方向的位移，各点的瞬时速度随时间无规律地变化，其方向和大小具有明显的随机性。后来，着色流束便完全破裂，并很快地扩散到整个试验管子，而使管中水流全部着色，如图 4.1.6（c）所示，这种水流称为紊流。

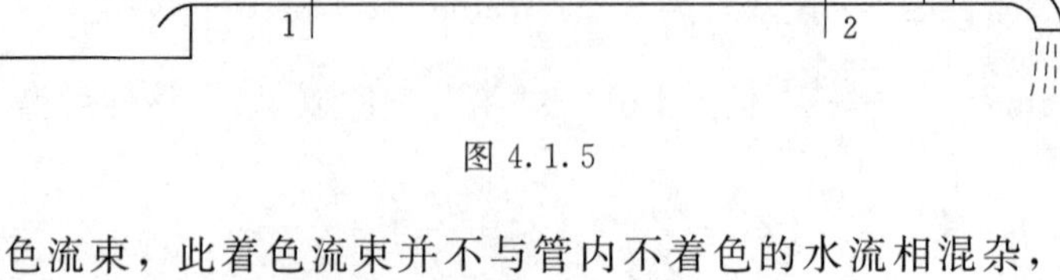

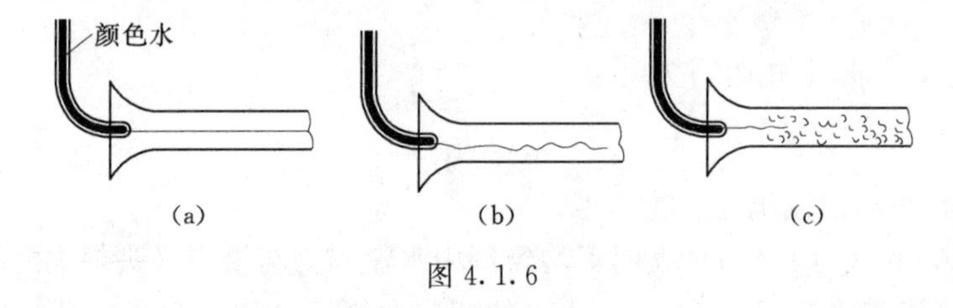

图 4.1.6

上述试验表明，在管中流动的水流，当其流速不同时，水流具有两种不同的流动形态：当流速较小时，各流层的水流质点有条不紊、互不混掺地作层流运动；当水流中的流速较大时，各流层中的水流质点已形成漩涡，在流动中互相混掺，称作紊流运动。

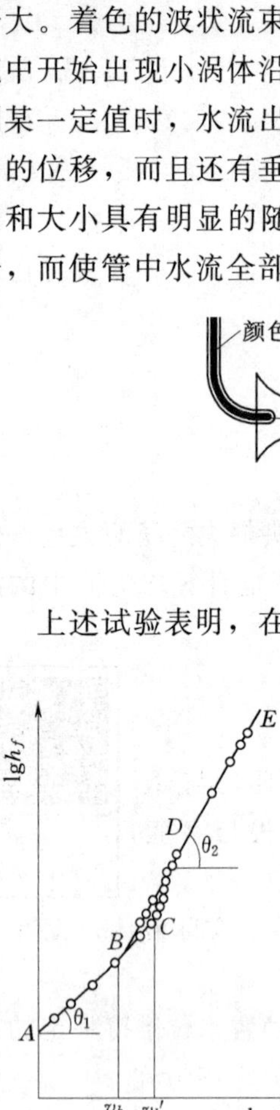

图 4.1.7

在雷诺试验中，每次改变阀门开度，都将改变管道中的流速，相应地可以观察到断面 1—1 与 2—2 测压管水头的变化。由均匀流条件不难判断，断面 1—1 与 2—2 的沿程水头损失即为测压管水头差。试验按层流转变为紊流和紊流转变为层流两种程序进行，改变管中流速，多次重复试验，将试验所得结果（不同流速时的沿程水头损失值）绘在双对数坐标纸上，纵坐标表示 $\lg h_f$，横坐标表示 $\lg v$，如图 4.1.7 所示图中的关系线，此关系线说明：

(1) 层流时，沿程水头损失 h_f 与流速 v 按 AB 直线变化，因为直线 AB 的倾角 $\theta_1=45°$，所以沿程水头损失与流速的一次方成正比。

(2) 紊流时，沿程水头损失与流速的关系按 DE 直线变化，直线 DE 的倾角 $\theta_2>45°$，成 60°左右，随着 v 的增大，DE 的斜率从 1.75 增至 2.0，这说明沿程水头损失与流速的 1.75～2.0 次方成正比。上述沿程水头损失与流速的关系，可用统一的指数形式的公式表示，即 $h_f=kv^m$。

当水流为层流时，指数 $m=1$；当水流为紊流时，指数 $m=1.75\sim2.0$。

(3) 当水流处于流态转变的 BD 段时，从层流的 AB 沿 BCD 曲线在 C 点转变成紊流，C 点所对应的流速是层流转变成紊流的上临界流速 v'_k，若紊流向层流转变时，沿 DB 曲线，在 B 点转变为层流，B 点所对应流速是紊流向层流转变的下临界流速 v_k，试验结果表明：下临界流速 v_k 小于上临界流速 v'_k。

2. 流态的判别

(1) 雷诺数。对不同液体，在不同温度下，流经不同管径的管道进行试验，结果表明，液体流动型态的转变，取决于液体流速 v 和管径 d 的乘积与液体运动黏滞系数的比值。因此称 $\frac{vd}{\nu}$ 为雷诺数，用 Re 表示，即

$$Re=\frac{vd}{\nu} \tag{4.1.7}$$

(2) 临界雷诺数。雷诺试验又发现，同一形状的边界中流动的各种液体，雷诺数随流速 v、管径 d 和运动黏滞系数 ν 的变化而变化，是一个无量纲的变量。尽管流速 v、管径 d 和运动黏滞系数 ν 变化，但流动型态转变时的雷诺数是一个无量纲常数，称为临界雷诺数。所以常用临界雷诺数作为流态的判别数。

上临界雷诺数 $Re'_k=\frac{v'_k d}{\nu}$ 　　下临界雷诺数 $Re_k=\frac{v_k d}{\nu}$

紊流变层流时下临界流速所对应的雷诺数称为下临界雷诺数，层流变紊流时上临界流速所对应的雷诺数称为上临界雷诺数。试验表明，下临界雷诺数比较稳定，而上临界雷诺数的数值极不稳定，随着流动的起始条件和实验条件不同，外界干扰程度不同，其值差异很大。实践中，只根据下临界雷诺数判别流态，把下临界雷诺数称为临界雷诺数，以 Re_k 表示。实际判别液体流态时，当液流的雷诺数 $Re<Re_k$ 时，为层流；当液流的雷诺数 $Re>Re_k$ 时，则为紊流。

雷诺数之所以能够作为流态判别数，是其表达式分子中的流速反映了水流惯性力的大小，分母中的运动黏滞系数反映了黏滞力的大小，雷诺数本身是反映惯性力与黏滞力之比的特征参数，不同边界形状下流动的临界雷诺数大小不同。

实验测得圆管中临界雷诺数 $Re_k=2000\sim3000$，常取 2320 为判别值。

在明槽流动中，雷诺数常用水力半径 R 作为特征长度来替代直径 d，$Re=\frac{vR}{\nu}$。明槽流动的临界雷诺数为 300～600，常取 580 为判别值。

水利工程中所遇到的流动绝大多数属于紊流，就是流速和管径皆较小的生活供水管中

的水流，通常也是紊流，层流是很少发生的，只有在地下水流动及水库坝前、沉砂池中和高含沙的浑水中，才可能遇到层流。

【例 4.1.1】 试判别下述液流的流动型态。(1) 输水管管径 $d=0.1\text{m}$，通过流量 $Q=5\text{L/s}$，水温 20℃；(2) 输油管管径 $d=0.1\text{m}$，通过流量 $Q=3\text{L/s}$，已知油的运动黏滞系数 $\nu=4\times10^{-5}\text{m}^2/\text{s}$。

解：(1) 输水管 $d=0.1\text{m}$

$$A=\frac{\pi}{4}d^2=\frac{3.14}{4}\times0.1^2=7.85\times10^{-3}(\text{m}^2)$$

$$v=\frac{Q}{A}=\frac{5\times10^{-3}}{7.85\times10^{-3}}=0.637(\text{m/s})$$

由表 1.0.1 查得当水温为 20℃时，$\nu=1.003\times10^{-6}\text{m}^2/\text{s}$

则
$$Re=\frac{vd}{\nu}=\frac{0.637\times0.1}{1.003\times10^{-6}}=63509>Re_k=2320$$

因此，输水管内水流为紊流。

(2) 输油管 $d=0.1\text{m}$，$A=7.85\times10^{-3}\text{m}^2$

$$v=\frac{Q}{A}=\frac{3\times10^{-3}}{7.85\times10^{-3}}=0.382(\text{m/s})$$

$$Re=\frac{vd}{\nu}=\frac{0.382\times0.1}{4\times10^{-5}}=955<Re_k=2320$$

因此，输油管内液流为层流。

【例 4.1.2】 某试验室的矩形试验明槽，底宽为 $b=0.2\text{m}$，水深 $h=0.1\text{m}$，今测得其断面平均流速 $v=0.15\text{m/s}$，室内的水温为 20℃，试判别槽内水流的流态。

解：(1) 计算明槽过水断面的水力要素。

$$A=bh=0.2\times0.1=0.02(\text{m}^2)$$

$$\chi=b+2h=0.2+2\times0.1=0.4(\text{m})$$

$$R=\frac{A}{\chi}=\frac{0.02}{0.4}=0.05(\text{m})$$

(2) 判别水流的流态。

由水温为 20℃，查表 1.0.1 得，$\nu=1.003\times10^{-6}\text{m}^2/\text{s}$，则

$$Re=\frac{vR}{\nu}=\frac{0.15\times0.05}{1.003\times10^{-6}}=7478>Re_k=580$$

明槽中的水流为紊流。

任务解析单

水流具有黏滞性是产生水头损失的内因，边界条件改变是产生水头损失的外因。水头损失可分为沿程水头损失和局部水头损失。沿程水头损失的大小在横向边界与水力半径（也即形状尺寸）有关，水力半径越大，水头损失越小；在纵向边界上与流动距离有关，距离越长，水头损失越大；沿程水头损失还与流量、水流形态、液体种类及壁面粗糙有关。

工作单

4.1.1 当输水管的流量一定时，随管径的加大，雷诺数是加大还是减少？

4.1.2 水管直径为100mm，管中流速为1.0m/s，水温为10℃，试判断流态？并求流态改变时的流速。

4.1.3 某矩形水槽，底宽为0.2m，水深为0.15m，流速为0.5m/s，水温为20℃，试判别流态。

任务4.2　沿程水头损失计算

4.3　沿程水头损失计算

任务单

某城市供水管道，是直径 $d=200\text{mm}$、长度 $l=1000\text{m}$ 的铸铁管，求流量 $Q=50\text{L/s}$ 时的水头损失是多少？并分析管道的沿程水头损失与哪些因素有关。

学习单

4.2.1　沿程水头损失的半经验半理论公式——达西公式

1. 边壁粗糙对紊流的影响

在紊流中，紧靠固体边界附近的地方，因液体质点受固体边界的限制，液体质点沿壁面法线方向的运动受到壁面的约束，紊动受到抑制，没有混掺现象，因此在边界附近有一很薄的流层处于层流状态，通常称该流层为黏性底层，如图4.2.1（a）所示。黏性底层的厚度以 δ_0 表示，Re 越大，δ_0 越小（其数量级以mm计）。Re 不论多么大，黏性底层始终存在。在黏性底层外还有一层很薄的过渡层，过渡层以外的大部分水流才是紊流核心区，因此黏性底层、过渡层和紊流核心区，称为紊流的结构。今后，在研究黏性底层的影响时，有时过渡层不单独划分，只分为黏性底层和紊流核心区，而黏性底层虽然很薄，但对紊流运动的影响可谓“举足轻重”，因此必须加以研究。

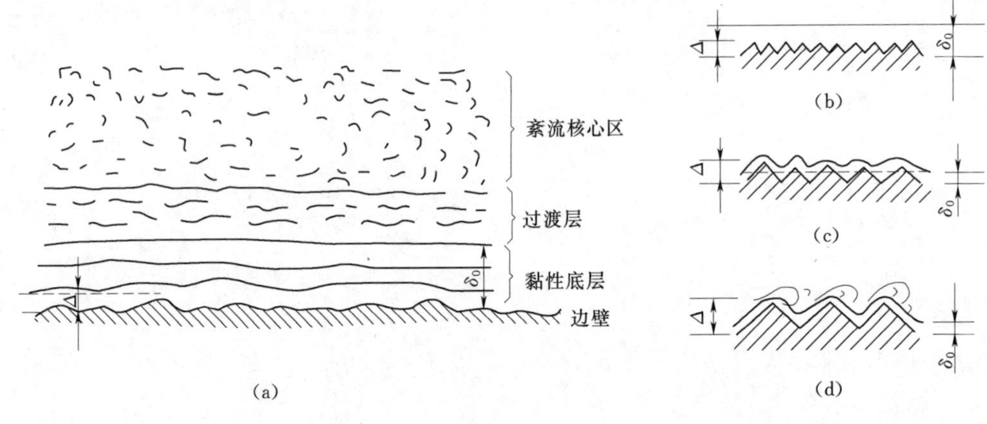

图4.2.1

固体边界的表面尽管加工得较平整，但实际上仍是凸凹不平的，将固体表面凸出的高度叫做绝对粗糙度，常用 Δ 表示，如图4.2.1所示。为减少研究问题的难度，认为沿固体表面的 Δ 值是相同且均匀分布的。边壁粗糙度对紊流核心区的干扰程度直接受黏性底层厚度的影响，因而和一定的水流条件有关。对绝对粗糙度一定的壁面，根据不同的紊动程度，也即黏性底层厚度 δ_0 和绝对粗糙度 Δ 的相对大小，可将固体表面分为以下三类：

（1）当 Re 较小时，δ_0 比 Δ 大得多。绝对粗糙度完全被黏性底层所掩盖，紊流好像在完全光滑的壁面上流动一样，此时沿程水头损失不受绝对粗糙度的影响，如图4.2.1（b）所示，这种壁面称为水力光滑面，如果是管道，则称为水力光滑管。

（2）当 Re 较大时，δ_0 比 Δ 小得多时，绝对粗糙度完全暴露在黏性底层之外，伸入至紊流核心区，对紊流时的沿程水头损失将产生显著影响。如图4.2.1（d）所示。这种壁面称为水力粗糙面，这样的管道称为粗糙管。

（3）当 Re 和 Δ 相差不多，Re 值介于以上两者之间时，黏性底层的厚度已不足以完全掩盖住绝对粗糙度，绝对粗糙度对紊流时的沿程水头损失没有起决定性作用，黏性底层的影响也不能忽略，如图4.2.1（c）所示。这种壁面称为过渡粗糙面，这样的管道称为过渡粗糙管。

需注意的是，所谓光滑面或粗糙面并非完全取决于固体壁面本身是光滑的还是粗糙的，而应该根据绝对粗糙度 Δ 和黏性底层厚度 δ_0 两者的大小关系来确定。对于某种壁面来说，绝对粗糙度 Δ 值是不变的，而黏性底层的厚度 δ_0 却随雷诺数变化，因此同一个粗糙度的壁面，根据雷诺数的大小，可能是水力光滑面、过渡粗糙面或粗糙面。

2. 达西公式

前面式（4.1.5）已建立了均匀流沿程水头损失与边界切应力的关系式为

$$h_f=\frac{l}{R}\cdot\frac{\tau_0}{\gamma}$$

若应用该式求沿程水头损失 h_f，必须先知道 τ_0，因此问题就归结到水流阻力规律的探讨了。

由于水流运动情况的复杂性，目前还不能完全从理论上推得沿程水头损失的计算公式，主要通过试验来解决。根据水流阻力的理论分析和许多水力学家试验研究表明，边界切应力为

$$\tau_0=\varphi\rho v^2 \tag{4.2.1}$$

$$\varphi=f\left(Re\cdot\frac{\Delta}{R}\right) \tag{4.2.2}$$

式中 φ——比例系数。

将式（4.2.2）代入式 $h_f=\frac{l}{R}\cdot\frac{\tau_0}{\gamma}$，进行变换后可得

$$h_f=\lambda\cdot\frac{l}{4R}\cdot\frac{v^2}{2g} \tag{4.2.3}$$

上式为均匀流沿程水头损失计算的基本公式，式中 $\lambda=8\varphi$，因该式最早是由达西和魏斯巴哈根据试验结果提出的，所以常称达西-魏斯巴哈公式。

对于圆管，水力半径 $R=\frac{d}{4}$，即 $d=4R$ 故式（4.2.3）也可写成

$$h_f=\lambda\cdot\frac{l}{d}\cdot\frac{v^2}{2g} \tag{4.2.4}$$

式（4.2.3）和式（4.2.4）是计算沿程水头损失的通用公式，既适用于层流，也适用于紊流，只是流态不同，沿程阻力系数 λ 不同。对于紊流，λ 无法由理论分析得到，其规律主要由试验确定，但可在理论上给以某些阐述。对 λ 的试验研究，主要是在圆管中进行

的，其成果可供应用。而对非圆管的试验研究较少，且不系统，故无多少成果可供应用。

1933 年尼库拉兹采用人工均匀粗糙管通过试验来确定 λ 随 Re 及相对粗糙度 $\frac{\Delta}{d}$ 的变化规律。后来蔡格士达对人工矩形渠槽也做了类似的试验。1944 年，摩迪对实际工业管道进行了试验研究，并绘制了系数 λ 与 Re、$\frac{\Delta}{d}$ 的关系曲线，简称摩迪图，如图 4.2.2 所示。这一成果反映出实用管道与人工粗糙管具有相似的规律。因实用管道的绝对粗糙度无法直接量测，通常的办法是通过管子的沿程水头损失试验，将试验结果与人工砂粒加糙结果比较，把具有同一沿程阻力系数 λ 值的砂粒粗糙度作为实际管子的当量粗糙度。表 4.2.1 是常见管道及明渠的当量粗糙度，可供估算时参考。

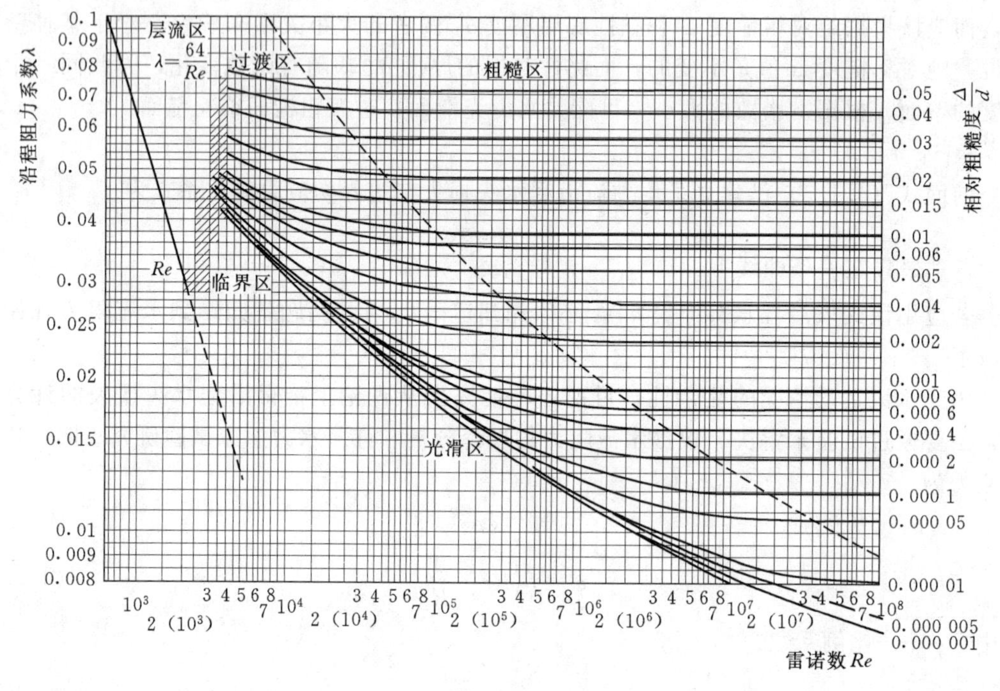

图 4.2.2

表 4.2.1 　　　　**当 量 粗 糙 度 Δ**

壁面种类	Δ/mm	壁面种类	Δ/mm	壁面种类	Δ/mm
新的无缝钢管	0.04～0.17	旧的生锈钢管	0.60～0.67	土渠	4.0～11.0
旧钢管	0.12～0.21	纯水泥的表面	0.25～1.25	水泥勾缝的普通块石砌体	6.0～17.0
普通新铸铁管	0.25～0.42	混凝土槽	0.8～9.0	石砌渠道（干砌，中等质量）	25～45

摩迪图的纵坐标为 λ，横坐标为 Re，相对粗糙度 $\frac{\Delta}{d}$ 为参变量，d 为管道直径。试验结果表明：在管道（或明渠）中流动的液体随着雷诺数 Re 和相对粗糙度 $\frac{\Delta}{d}\left(或\frac{\Delta}{R}\right)$ 的不同，出现层流区、紊流水力光滑区、紊流过渡区和紊流粗糙区四个不同的流区。在不同的

流区中，系数 λ 遵循着不同的规律。现以圆管为例，结合摩迪图（图 4.2.2）加以说明。

（1）层流区（$Re<2320$）。在 $Re<2320$ 时，各种相对粗糙度的试验点都集中在同一条直线 $\lambda=\frac{64}{Re}$上，整个断面水流都是层流，壁面绝对粗糙度 Δ 完全淹没在层流中。这说明层流时 λ 只与 Re 有关，而与$\frac{\Delta}{d}$无关，即 $\lambda=f(Re)$。

因为 $Re=\frac{vd}{\nu}$，所以

$$h_f=\lambda\frac{l}{d}\cdot\frac{v^2}{2g}\propto v^{1.0}$$

这说明，在层流中沿程水头损失与断面平均流速的一次方成正比，这与雷诺试验结果完全一致。

层流进入紊流的过渡区，称为临界区。此区试验点较乱，因它的范围很窄，实用意义不大。

（2）紊流水力光滑区$\left(\frac{\Delta}{\delta_0}<0.4\right)$。这时的水流形态是紊流，相对粗糙度$\frac{\Delta}{d}$较小的一些试验点都聚集在一条曲线上，这说明$\frac{\Delta}{d}$对 λ 仍没有影响，即 $\lambda=f(Re)$，因此 Δ 对沿程阻力系数 λ 不起作用，这时的紊流是光滑面上的紊流，发生这种流态的区域称为紊流光滑区。

试验曲线可以看出，相对粗糙度较大的管道不出现此流区，相对粗糙度较小的管道，在 Re 较高时才离开此区。这时，

$$h_f=\lambda\frac{l}{d}\cdot\frac{v^2}{2g}\propto v^{1.75}$$

即在紊流水力光滑区，水头损失与断面平均流速的 1.75 次方成正比。

（3）紊流过渡粗糙区$\left(0.4<\frac{\Delta}{\delta_0}<6\right)$。左边以光滑区为界，右边以虚线为界的一系列曲线。由图 4.2.2 可见，不同相对粗糙度的试验点分属各自的曲线。这说明 λ 随 Re 及$\frac{\Delta}{d}$而变化，即 $\lambda=f\left(Re,\ \frac{\Delta}{d}\right)$。发生这种流态的区域称为紊流过渡粗糙区，这时

$$h_f=\lambda\frac{l}{d}\cdot\frac{v^2}{2g}\propto v^{1.75\sim2.0}$$

即水头损失与断面平均流速的 1.75～2.0 次方成正比。

（4）紊流粗糙区$\left(\frac{\Delta}{\delta_0}>6\right)$。在虚线的右方，是一组接近水平的直线，不同相对粗糙度的试验点分别位于不同的水平直线上。这说明 λ 与 Re 无关，只与$\frac{\Delta}{d}$有关，即 $\lambda=f\left(\frac{\Delta}{d}\right)$。当 Re 足够大时，δ_0 远小于 Δ，以致 Δ 伸入到紊流的核心区，Δ 对沿程阻力系数 λ 起决定性作用，发生这种流态的区域称为紊流粗糙区。因 λ 与 Re 无关，所以

$$h_f=\lambda\frac{l}{d}\cdot\frac{v^2}{2g}\propto v^2$$

由于沿程水头损失与断面平均流速的平方成正比，因此，水力粗糙区又称为阻力平方区。

许多学者对实用管道（钢管、铁管、混凝土管、木管、玻璃管等）进行了大量的试验研究，建立了一些计算沿程阻力系数λ的经验公式。但是应用公式计算λ，需先确定水流属于什么区，才能选用相应的公式，在应用上很不方便。掌握摩迪图的用法非常重要，只要知道水流的雷诺数和管道的相对粗糙度，查摩迪图就可以求出λ，并且同时可知水流属于什么区。

【例 4.2.1】 某水电站引水管采用新铸铁管，管长$l=100$m，管径$d=250$mm，水温为20℃。试计算当管道引水流量$Q=50$L/s时的沿程水头损失h_f与水力坡度J。

解： 当$Q=50\times10^{-3}\text{m}^3/\text{s}$，流速$v=\dfrac{Q}{\frac{1}{4}\pi d^2}=\dfrac{50\times10^{-3}}{\frac{3.14}{4}\times0.25^2}=1.02(\text{m/s})$

当水温为20℃的运动黏滞系数$\nu=1.003\times10^{-6}\text{m}^2/\text{s}$，则

$$Re=\frac{vd}{\nu}=\frac{1.02\times0.25}{1.003\times10^{-6}}=2.54\times10^5$$

因$Re>2320$，为紊流。

一般钢管的当量粗糙度为0.25～0.4mm，近似取$\Delta=0.3$mm，由$\dfrac{\Delta}{d}=\dfrac{0.3}{250}=0.0012$及$Re=2.52\times10^5$，查摩迪图4.2.2得$\lambda=0.021$。

求出λ值后，可得沿程水头损失为

$$h_f=\lambda\frac{l}{d}\cdot\frac{v^2}{2g}=0.021\times\frac{100}{0.25}\times\frac{1.02^2}{2\times9.8}=0.446(\text{m})$$

水力坡度 $$J=\frac{h_f}{l}=\frac{0.446}{100}=0.00446$$

4.2.2 沿程水头损失的经验公式——谢才公式

为了解决工程设计中明渠水流的计算问题，早在1768年法国土木工程师谢才(Chezy)总结了均匀流情况下沿程水头损失与断面平均流速之间的关系式，即谢才公式，其形式为

$$v=C\sqrt{RJ} \tag{4.2.5}$$

式中 v——断面平均流速，m/s；

R——水力半径，m；

J——水力坡度，$J=\dfrac{h_w}{l}=\dfrac{h_f}{l}$；

C——谢才系数，$\text{m}^{1/2}/\text{s}$。

谢才公式虽然是一个经验公式，但沿用至今，应用范围非常广泛。该公式不仅是明渠水流计算的主要公式之一，在管流计算中也得到了大量应用。

将 $J=\frac{h_f}{l}$ 代入式（4.2.5）得沿程水头损失的计算式为

$$h_f=\frac{v^2}{C^2R}\cdot l \tag{4.2.6}$$

谢才公式与达西公式其实是一致的，只要令

$$\lambda=\frac{8g}{C^2}$$

或

$$C=\sqrt{\frac{8g}{\lambda}} \tag{4.2.7}$$

谢才公式就与达西公式相同，而谢才系数也与沿程阻力系数 λ 相似，是一个阻力系数。

式（4.2.7）虽然建立了谢才系数 C 与沿程阻力系数 λ 的关系，但是 C 值一般并不由该关系式推求。因为人们对 C 如何选定进行了大量的试验研究，根据这些研究资料，建立了计算 C 的经验公式。

最常用的谢才系数的计算公式就是曼宁公式，其形式为

$$C=\frac{1}{n}R^{1/6} \tag{4.2.8}$$

式中的 n 称为粗糙系数，简称糙率，它是衡量边壁阻力影响的一个综合系数，实际应用中，糙率被认为是无量纲的系数。目前，对 n 值已积累了较多的资料，并普遍为工程界所采用。不同输水渠道边壁的 n 值列于表 4.2.2 中，以供查用。

表 4.2.2　　粗糙系数 n 值

壁面种类及状况	n	$\frac{1}{n}$
特别光滑的黄铜管、玻璃管，涂有珐琅质或其他釉料的表面	0.009	111
精致水泥浆抹面，安装及连接良好的新制的清洁铸铁管及钢管，精刨木板	0.011	90.9
很好地安装的未刨木板，正常情况下无显著水锈的给水管，非常清洁的排水管，最光滑的混凝土面	0.012	83.3
良好的砖砌体，正常情况的排水管，略有积污的给水管	0.013	76.9
积污的给水管和排水管，中等情况下渠道的混凝土砌面	0.014	71.4
良好的块石圬工，旧的砖砌体，比较粗制的混凝土砌面，特别光滑、仔细开挖的岩石面	0.017	58.8
坚实黏土的渠道，不密实淤泥层（有的地方是中断的）覆盖的黄土、砾石及泥土的渠道，良好养护情况下的大渠道	0.0225	44.4
良好的干砌圬工，中等养护情况的土渠，情况良好的天然河流（河床清洁、顺直、水流通畅、无塌岸及深潭）	0.025	40.0
养护情况在中等标准以下的土渠	0.0275	36.4
情况比较不良的土渠（如部分渠底有水草、卵石或砾石、部分边岸崩塌等），水流条件良好的天然河流	0.030	33.3

水力计算中，n 值选择的正确与否，对计算成果影响较大，如果 n 值选取错误，则可能造成工程设计失误或工程量的巨大差别，故必须慎重选取。

曼宁公式形式简单，计算方便，在管道及较小河渠中应用较广。

需要注意的是：曼宁公式与雷诺数无关，只反映了边界形状的不规则性和边壁粗糙的影响，因此只能使用于紊流的粗糙区。在进行河渠水力计算时一般可以直接利用公式计算，但在进行管道计算时，根据经验，如果管道的流速 $v<1.2\text{m/s}$，由曼宁公式求出的水头损失需要修正，修正方法是将曼宁公式计算出的水头损失乘以 $1/v^{0.2}$。

任务解析单

管道沿程水头损失不仅取决于管长、流速与管径，而且还取决于水流的紊动程度与管壁粗糙度。

(1) 管长越长，沿程水头损失越大。

(2) 流速对沿程水头损失有很大影响，当流速增加，沿程水头损失也增加，通常在实际中供水系统的流速不宜过大，这样可以避免过多的能量损失。

(3) 管径对能量损失有显著影响，管径减小，则能量损失增大。

直径 $d=200\text{mm}=0.2\text{m}$，流量 $Q=50\text{L/s}=0.050\text{m}^3/\text{s}$，计算水头损失。

水力要素：

$$A=\frac{\pi}{4}d^2=0.785\times0.2^2=0.0314(\text{m}^2)$$

$$v=\frac{Q}{A}=\frac{0.050}{0.0314}=1.592(\text{m/s})$$

$$R=\frac{d}{4}=\frac{0.2}{4}=0.05(\text{m})$$

根据中等粗糙程度的铸铁管，查资料得 $n=0.011$，所以

$$C=\frac{1}{n}R^{1/6}=\frac{1}{0.011}\times0.05^{1/6}=55.178(\text{m}^{1/2}/\text{s})$$

$$\lambda=\frac{8g}{C^2}=\frac{8\times9.8}{55.178^2}=0.02575$$

$$h_f=\lambda\frac{l}{d}\frac{v^2}{2g}=0.02575\times\frac{1000}{0.2}\times\frac{1.592^2}{19.6}=16.65(\text{m})$$

若不求 λ 值，在求得 C 值后，根据式 (4.2.6)，则

$$h_f=\frac{v^2}{C^2R}l=\frac{1.592^2}{55.178^2\times0.05}\times1000=16.65(\text{m})$$

工作单

4.2.1 工地生活用水，用直径 $d=15\text{cm}$ 的铸铁圆管引水，长 $l=500\text{m}$，当水温为20℃时，通过流量 $Q=35\text{L/s}$，试计算该管的沿程水头损失。

4.2.2 混凝土衬砌的压力隧洞，直径 $d=5\text{m}$，通过流量 $Q=200\text{m}^3/\text{s}$，长度 $l=500\text{m}$，试计算其沿程水头损失。

4.2.3 某混凝土护面的矩形渠道，糙率 $n=0.014$，底宽 $b=6\text{m}$，水深 $h=3.2\text{m}$，水力坡降 $J=1/4000$，试计算该渠道的流速和流量。

任务4.3 局部水头损失计算

任务单

4.4 局部水头损失计算

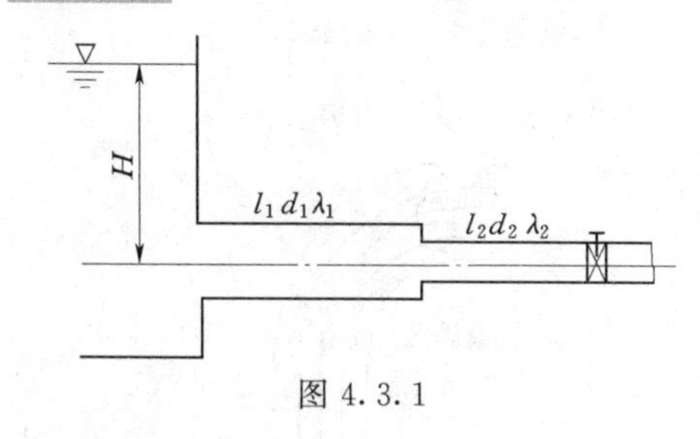

图 4.3.1

从水箱接出一管路，布置如图 4.3.1 所示。若已知：$d_1=150\text{mm}$，$l_1=25\text{m}$，$\lambda_1=0.037$，$d_2=125\text{mm}$，$l_2=10\text{m}$，$\lambda_2=0.039$。闸阀开度 $a/d_2=0.5$，需要输送流量 $Q=25\text{L/s}$，要求设计水箱的高度，即计算水箱水面与管道出口的高差 H 为多少？

学习单

4.3.1 局部水头损失分析

前面已经介绍，由于水流边界突然变化，水流随着发生剧烈变化而引起的水头损失，称为局部水头损失。边界突然变化的形式是多种多样的，但在水流结构上具有以下两个特点：

(1) 水流边界突变处，水流因受惯性作用，主流脱离边界，在主流与边界之间产生漩涡。漩涡的分裂和互相摩擦要损失大量的机械能，因此，漩涡区的大小和漩涡的强度直接影响局部水头损失的大小。

(2) 流速分布的急剧改变。由于主流脱壁形成漩涡区，主流受到压缩，随着主流沿程不断扩散，流速分布急剧改变。如图 4.3.2 (a) 所示为一突然扩大的圆管，断面 1—1 的流速分布图，经过不断改变，约经距离 $(5\sim8)d_2$ 以后在断面 2—2 处才接近于下游正常水流的流速分布图。在流速改变的过程中，液体质点间的位置不断相互调整，由此造成水流内部相对运动的加强，液体碰撞、摩擦作用加剧，从而造成较大的能量损失。

4.3.2 局部水头损失计算

局部水头损失的计算用理论来解决是有很大难度的，因为在急变流情况下，作用在边界上的动水压强不易计算。目前还只能用试验方法来解决。通常的方法是用一个系数和流速水头的乘积来计算局部水头损失，即

$$h_j=\zeta\frac{v^2}{2g} \tag{4.3.1}$$

式中 ζ——局部水头损失系数值，由试验测定；

v——发生局部水头损失以后（或以前）的断面平均流速。

通常某种局部水头损失系数并不是常数，而是与水流的流动形态有关，但因为层流在实践中遇到的机会很少，而一般水流的雷诺数值都大到使局部水头损失系数 ζ 值不再随雷诺数而变的程度，就好像沿程水头损失中紊流的阻力平方区一样，这时的 ζ 值就为一常数，其大小只与管路局部变化的断面形状有关，而与雷诺数无关。水力计算中给出的局部

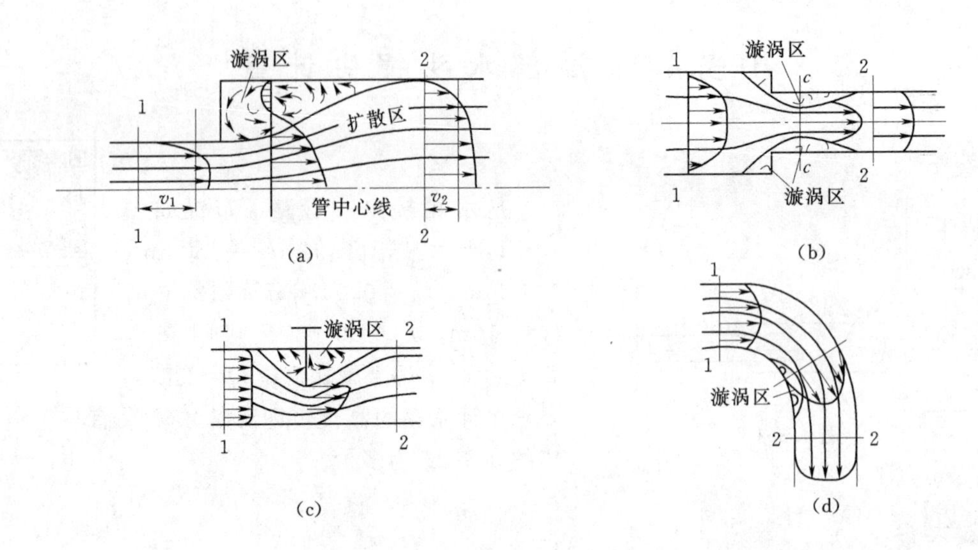

图 4.3.2

水头损失系数值都是指这一范围内的值。

现将管道及明渠中常用的一些局部水头损失系数 ζ 值列于表 4.3.1 中，供使用时参考。查资料时必须注意，资料中给出的 ζ 值已注明相应的流速位置，若不加特殊标明，ζ 值通常指发生局部水头损失后的断面流速。

表 4.3.1　　局部水头损失系数 ζ 值（公式：$h_j=\zeta\dfrac{v^2}{2g}$，式中 v 如图说明）

名称	简　图		局部水头损失系数 ζ 值
断面突然扩大	1, 2, A_1, v_1, A_2, v_2		$\zeta'=\left(1-\dfrac{A_1}{A_2}\right)^2$ （应用公式 $h_j=\zeta'\dfrac{v_1^2}{2g}$） $\zeta''=\left(\dfrac{A_2}{A_1}-1\right)^2$ （应用公式 $h_j=\zeta''\dfrac{v_2^2}{2g}$）
断面突然缩小	1, 2, A_1, v, A_2		$\zeta=0.5\left(1-\dfrac{A_2}{A_1}\right)$
进口	v	完全修圆	0.05～0.10
		稍微修圆	0.20～0.25
	v	没有修圆	0.50

续表

<table>
<tr><th>名称</th><th colspan="2">简 图</th><th>局部水头损失系数ζ值</th></tr>
<tr><td rowspan="2">出口</td><td></td><td>流入水库（池）</td><td>1.0</td></tr>
<tr><td></td><td>流入明渠</td><td>
<table>
<tr><td>A_1/A_2</td><td>0.1</td><td>0.2</td><td>0.3</td><td>0.4</td><td>0.5</td><td>0.6</td><td>0.7</td><td>0.8</td><td>0.9</td></tr>
<tr><td>ζ</td><td>0.81</td><td>0.64</td><td>0.49</td><td>0.36</td><td>0.25</td><td>0.16</td><td>0.09</td><td>0.04</td><td>0.01</td></tr>
</table>
</td></tr>
<tr><td rowspan="2">急转弯管</td><td rowspan="2"></td><td>圆形</td><td>
<table>
<tr><td>$\alpha/(°)$</td><td>30</td><td>40</td><td>50</td><td>60</td><td>70</td><td>80</td><td>90</td></tr>
<tr><td>ζ</td><td>0.20</td><td>0.30</td><td>0.40</td><td>0.55</td><td>0.70</td><td>0.90</td><td>1.10</td></tr>
</table>
</td></tr>
<tr><td>矩形</td><td>
<table>
<tr><td>$\alpha/(°)$</td><td>15</td><td>30</td><td>45</td><td>60</td><td>90</td></tr>
<tr><td>ζ</td><td>0.025</td><td>0.11</td><td>0.26</td><td>0.49</td><td>1.20</td></tr>
</table>
</td></tr>
<tr><td rowspan="2">弯管</td><td></td><td>90°</td><td>
<table>
<tr><td>R/d</td><td>0.5</td><td>1.0</td><td>1.5</td><td>2.0</td><td>3.0</td><td>4.0</td><td>5.0</td></tr>
<tr><td>$\zeta_{90°}$</td><td>1.2</td><td>0.80</td><td>0.60</td><td>0.48</td><td>0.36</td><td>0.30</td><td>0.29</td></tr>
</table>
</td></tr>
<tr><td></td><td>任意角度</td><td>
$\zeta_\alpha = a\zeta_{90°}$
<table>
<tr><td>$\alpha/(°)$</td><td>20</td><td>30</td><td>40</td><td>50</td><td>60</td><td>70</td><td>80</td></tr>
<tr><td>a</td><td>0.40</td><td>0.55</td><td>0.65</td><td>0.75</td><td>0.83</td><td>0.88</td><td>0.95</td></tr>
<tr><td>$\alpha/(°)$</td><td>90</td><td>100</td><td>120</td><td>140</td><td>160</td><td>180</td><td></td></tr>
<tr><td>a</td><td>1.00</td><td>1.05</td><td>1.13</td><td>1.20</td><td>1.27</td><td>1.33</td><td></td></tr>
</table>
</td></tr>
<tr><td>闸阀</td><td></td><td>圆形管道</td><td>
当全开时（$a/d=1$）
<table>
<tr><td>d/mm</td><td>15</td><td>20～50</td><td>80</td><td>100</td><td>150</td><td>200～250</td></tr>
<tr><td>ζ</td><td>1.5</td><td>0.5</td><td>0.4</td><td>0.2</td><td>0.1</td><td>0.08</td></tr>
<tr><td>d/mm</td><td colspan="2">300～450</td><td colspan="2">500～800</td><td colspan="2">900～1000</td></tr>
<tr><td>ζ</td><td colspan="2">0.07</td><td colspan="2">0.06</td><td colspan="2">0.05</td></tr>
</table>
当各种开启度时
<table>
<tr><td>a/d</td><td>7/8</td><td>6/8</td><td>5/8</td><td>4/8</td><td>3/8</td><td>2/8</td><td>1/8</td></tr>
<tr><td>$A_{开启}/A_{总}$</td><td>0.948</td><td>0.856</td><td>0.740</td><td>0.609</td><td>0.466</td><td>0.315</td><td>0.159</td></tr>
<tr><td>ζ</td><td>0.15</td><td>0.26</td><td>0.81</td><td>2.06</td><td>5.52</td><td>17.0</td><td>97.8</td></tr>
</table>
</td></tr>
<tr><td>截止阀</td><td></td><td>全开</td><td>4.3～6.1</td></tr>
</table>

续表

<table>
<tr><th>名称</th><th colspan="2">简　图</th><th colspan="13">局部水头损失系数ζ值</th></tr>
<tr><td rowspan="3">莲蓬头
（滤水网）</td><td></td><td>无底阀</td><td colspan="13">2～3</td></tr>
<tr><td rowspan="2"></td><td rowspan="2">有底阀</td><td>d /mm</td><td>40</td><td>50</td><td>75</td><td>100</td><td>150</td><td>200</td><td>250</td><td>300</td><td>350</td><td>400</td><td>500</td><td>750</td></tr>
<tr><td>ζ</td><td>12</td><td>10</td><td>8.5</td><td>7.0</td><td>6.0</td><td>5.2</td><td>4.4</td><td>3.7</td><td>3.4</td><td>3.1</td><td>2.5</td><td>1.6</td></tr>
</table>

任务解析单

下面计算任务单水箱高度 H。

（1）计算沿程水头损失。

$$Q=25\text{L/s}=0.025\text{m}^3/\text{s}$$

第一段

$$v_1=\frac{Q}{A_1}=\frac{Q}{\frac{\pi}{4}d_1^2}=\frac{4\times 0.025}{3.14\times 0.15^2}=1.42(\text{m/s})$$

$$h_{f1}=\lambda_1\frac{l_1}{d_1}\frac{v_1^2}{2g}=0.037\times\frac{25}{0.15}\times\frac{1.42^2}{19.6}=0.63(\text{m})$$

第二段

$$v_2=\frac{Q}{A_2}=\frac{Q}{\frac{\pi}{4}d_2^2}=\frac{4\times 0.025}{3.14\times 0.125^2}=2.04(\text{m/s})$$

$$h_{f2}=\lambda_2\frac{l_2}{d_2}\frac{v_2^2}{2g}=0.039\times\frac{10}{0.125}\times\frac{2.04^2}{19.6}=0.66(\text{m})$$

（2）计算局部水头损失。

进口损失：由于进口没有修圆，由表4.3.1查得 $\zeta_{进口}=0.5$，故

$$h_{j1}=\zeta_{进口}\frac{v_1^2}{2g}=0.5\times\frac{1.42^2}{19.6}=0.051(\text{m})$$

缩小损失：根据 $\left(\frac{A_2}{A_1}\right)=\left(\frac{d_2}{d_1}\right)^2=\left(\frac{0.125}{0.15}\right)^2=0.695$，查表4.3.1知

$$\zeta_{缩小}=0.5\left(1-\frac{A_2}{A_1}\right)=0.15$$

$$h_{j2}=\zeta_{缩小}\frac{v_2^2}{2g}=0.15\times\frac{2.04^2}{19.6}=0.032(\text{m})$$

闸阀损失：由于闸阀半开即 $a/d_2=0.5$，由表4.3.1查得 $\zeta_{阀}=2.06$，故

$$h_{j3}=\zeta_{阀}\frac{v_2^2}{2g}=2.06\times\frac{2.04^2}{19.6}=0.436(\text{m})$$

因此，总的沿程水头损失为

$$\sum h_f = h_{f1} + h_{f2} = 0.63 + 0.66 = 1.29(\mathrm{m})$$

总的局部水头损失为

$$\sum h_j = h_{j1} + h_{j2} + h_{j3} = 0.051 + 0.032 + 0.436 = 0.519(\mathrm{m})$$

(3) 计算水箱高度 H。

列水箱断面与管出口断面能量方程，忽略水箱内的行近流速水头，得

$$H = \sum h_f + \sum h_j + \frac{v_2^2}{2g} = 1.29 + 0.519 + 0.212 = 2.02(\mathrm{m})$$

工作单

4.3.1　为测定90°弯管的局部阻力系数 ζ，可采用如图4.3.3所示的装置。已知 AB 管断长为10m，管径 $d=50\mathrm{mm}$，弯管曲率半径 $R=d$，该管段的沿程水头损失系数 $\lambda=0.03$，今测得试验数据：(1) A、B 两端测压管水头差为0.629m；(2) 经2min流入水箱的水量为 $0.329\mathrm{m}^3$，试求弯管的局部水头损失系数 ζ 值。

4.3.2　如图4.3.4所示为一水塔输水管路，已知铸铁管的管长 $l=250\mathrm{m}$，管径 $d=100\mathrm{mm}$，管路进口为直角进口，有一个弯头和一个闸阀，弯头的局部损失系数 $\zeta_{弯}=0.8$，当闸门全开时，管路出口流速 $v=1.6\mathrm{m/s}$，求水塔水面高度 H。

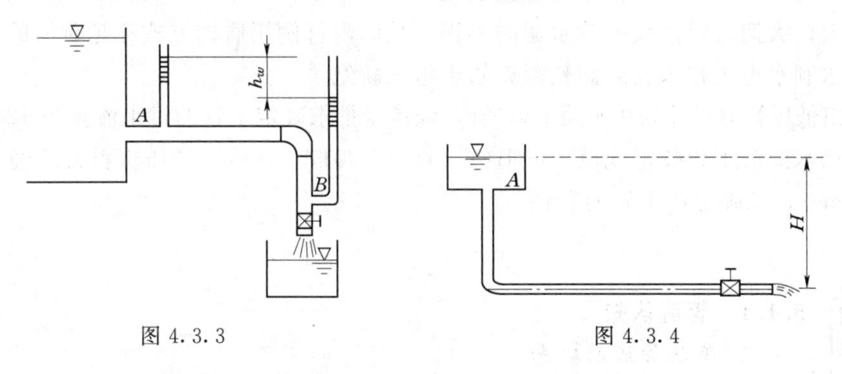

图4.3.3　　　　图4.3.4

4.3.3　某水库的混凝土放水涵管，进口为直角进口，管径 $d=1.5\mathrm{m}$，管长 $l=50\mathrm{m}$，上下游水面差 $z=8\mathrm{m}$，如图4.3.5所示，当管道出口的河道中流速为管中流速的0.2倍时，求管中通过的流量 Q。

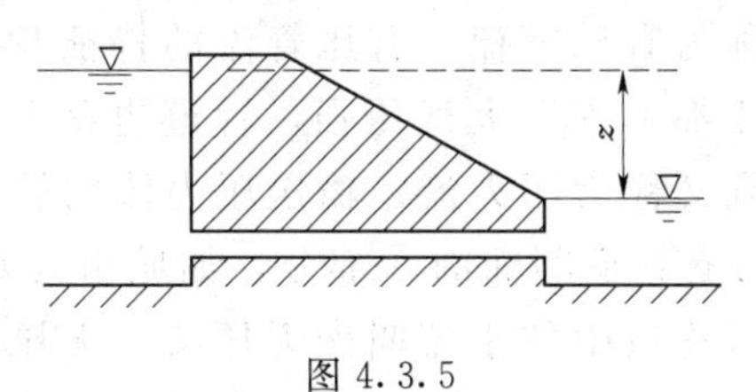

图4.3.5

项目5 有压管流水力计算

任务5.1 简单短管水力计算

任务单

管流一般为有压流，具有节水、省地、省工等优点，且容易满足节水灌溉，在工程中广泛使用，我国举世闻名的南水北调中线工程的穿黄隧洞就是管流。隧洞长4.25km，采用双线平行布置，内径7m，两洞中心线相距28m。隧洞深埋于黄河河床下23～35m深。穿黄工程建设克服了大断面超深连续墙施工、长距离泥水盾构机施工、有粘接环锚预应力薄壁混凝土施工、高地下水黄土地层隧洞施工等一个个技术难点，刷新了一项项纪录，是国内穿越大江大河直径最大的输水隧洞工程，是国内首例用盾构方式穿越黄河的工程，开创了中国水利水电工程水底隧洞长距离软土施工新纪录。

某农田低压管道设计采用硬质PVC管，经流量推求确定干管的过水流量为122.8m^3/h，由《管道输水灌溉工程技术规范》(GB/T 20203—2017) 查得，硬质塑料管的经济流速为1.0～1.5m/s，试确定该干管的管径。

学习单

5.1 管流认知

5.1.1 管流认知

1. 有压管流的概念

在水利工程和日常生活中，为了输水常需要设置各种管道，如为了农田灌溉和生活用水而修建的抽水（水泵）站管道、水电站的引水管道或引水隧洞、水库的有压泄洪隧洞、放水管以及虹吸管和倒虹吸管等。这种充满整个管道断面的水流，称为有压管流。有压管流的特征是没有自由水面，管中过水断面任一点的动水压强一般都不等于大气压强，管道边壁上的各点都受到水流动水压强的作用，因此，有压管流又称为压力流。输送压力流的管道叫做压力管道。如果管内存在自由水面，即水只占有管道断面的一部分，如城市雨水、污水排水管、涵管等，这种管道为无压管道，无压管道中的水流叫做无压流。无压流当作明渠水流研究。压力管道的水流又分恒定流和非恒定流两种。本任务重点讨论有压管流恒定流水力计算问题。

2. 有压管流的分类

根据管道出口水流特点，有压管流可分为自由出流和淹没出流两种出流形式。自由出流指管道出口水流流入大气中；淹没出流指管道出口在下游水面以下。

实际工程中的有压管道，根据其布置情况可分为简单管路和复杂管路。简单管路是指管径和糙率不变、无分支、流量在管路全程保持不变的管路，如图5.1.1所示。复杂管路是指由两根以上的管道所组成的管路，它又可分为串联管道、并联管道、分支管道及环状管网，如图5.1.2（a）、（b）、（c）、（d）所示。

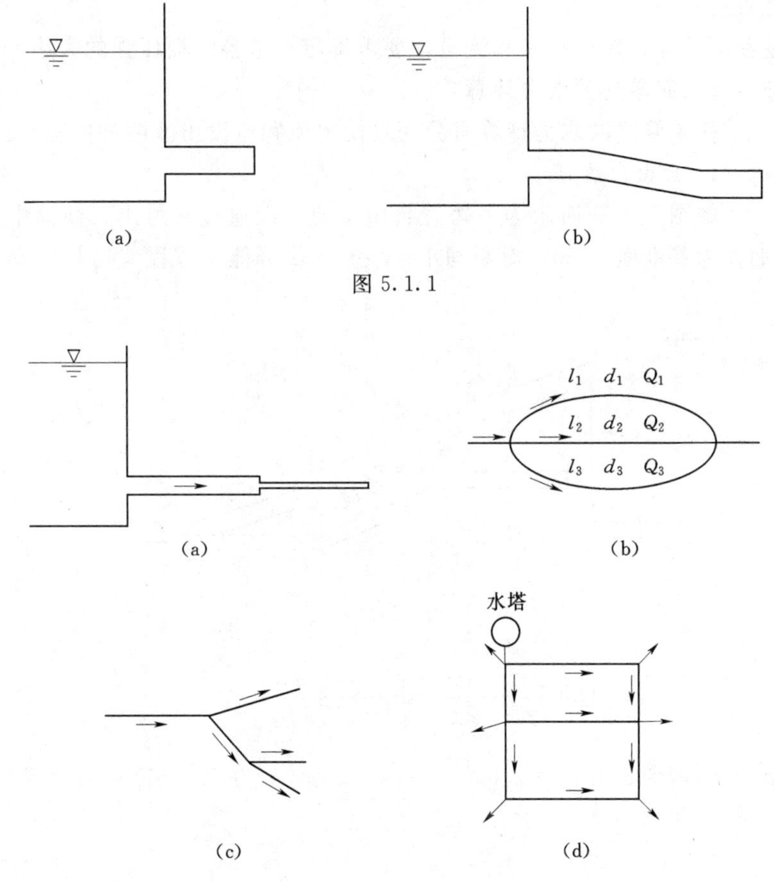

图5.1.2

根据压力管道中水流的沿程水头损失、局部水头损失及流速水头所占比重的大小，将有压管道分为长管与短管两类：长管是指水头损失以沿程水头损失为主，其局部水头损失和流速水头值很小（两项之和只占沿程水头损的5%以下），计算时可以忽略不计的管道；短管是指管道中局部水头损失和流速水头值较大（约占沿程水头损失的5%以上），计算时不能忽略的管道。必须注意，长管和短管并不是从管道的长短来区分的。如果没有忽略局部水头损失及流速水头的充分依据时，应按短管计算，以免造成错误。通常情况下，虹吸管、倒虹吸管、坝内泄水管等，都应按短管计算；一般自来水管、喷灌水管可视为长管。

3. 有压管流水力计算的基本任务

压力管道水力计算，主要有以下几个方面的问题：

（1）管道输水能力的计算。在给定水头、管线布置和断面尺寸的情况下，计算管道通过的流量。

(2) 当管线布置、管道尺寸和输水能力一定时，计算水头损失，即要求确定通过一定流量时所必需的水头。

(3) 管线布置、作用水头已定，当要求输送一定流量时，计算所需断面尺寸（圆形管道即计算管道直径）。

(4) 给定断面尺寸、作用水头和流量，要求确定管道各断面压强的大小。

5.2 简单短管水力计算

5.1.2 简单短管水力计算

简单管路的水力计算可分为自由出流和淹没出流两种情况。

1. 自由出流

如图 5.1.3 所示为一短管自由出流。以通过管道出口断面中心点的水平面作为基准面 0—0，对断面 1—1 和 2—2 列能量方程

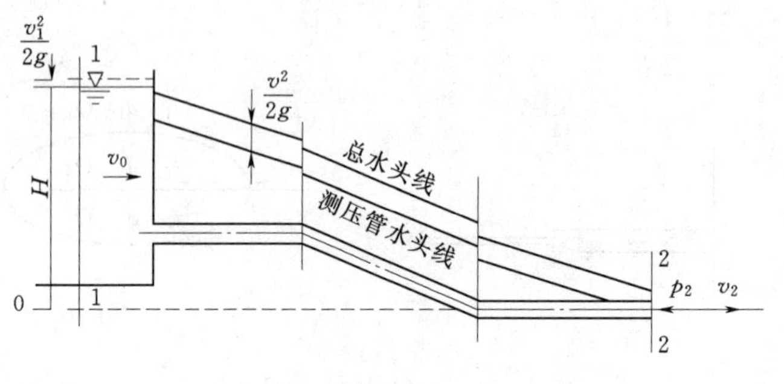

图 5.1.3

$$H+\frac{p_1}{\gamma}+\frac{\alpha_1 v_1^2}{2g}=0+\frac{p_2}{\gamma}+\frac{\alpha_2 v_2^2}{2g}+h_w$$

上式中 $p_1=p_2=p_a$，令 $\alpha_1=\alpha_2=1.0$，$v_1=v_0$，$v_2=v$，并以总水头 $H_0=H+\frac{\alpha v_0^2}{2g}$代入上式得

$$H_0=\frac{v^2}{2g}+h_w$$

该式表明管道的总水头 H_0 的一部分转化为出口的流速水头，另一部分则在流动过程中形成水头损失。

又因
$$h_w=h_f+\sum h_j=\left(\lambda\frac{l}{d}+\sum\zeta\right)\frac{v^2}{2g}$$

故
$$H_0=\frac{v^2}{2g}+\left(\lambda\frac{l}{d}+\sum\zeta\right)\frac{v^2}{2g} \tag{5.1.1}$$

式中 v_0——上游水池中的流速，称为行近流速；

H——管路出口断面中心与上游水池水面的高差，称为水头；

H_0——包括行近流速水头在内的总水头。

于是从式（5.1.1）中可得管道断面平均流速为

$$v=\frac{1}{\sqrt{1+\lambda\frac{l}{d}+\sum\zeta}}\sqrt{2gH_0} \tag{5.1.2}$$

设管道过水断面面积为A，则管道通过的流量为

$$Q=Av=\frac{1}{\sqrt{1+\lambda\frac{l}{d}+\sum\zeta}}A\sqrt{2gH_0}$$

令$\mu_c=\dfrac{1}{\sqrt{1+\lambda\frac{l}{d}+\sum\zeta}}$，称为管道的流量系数，则上式又可写为

$$Q=\mu_c A\sqrt{2gH_0} \tag{5.1.3}$$

式（5.1.3）就是短管自由出流的流量计算公式，它表达了短管的过水能力、作用水头和阻力的相互关系。

行近流速如很小，$\dfrac{v_0^2}{2g}$可忽略不计，则式（5.1.3）可写为

$$Q=\mu_c A\sqrt{2gH} \tag{5.1.4}$$

2. 淹没出流

图5.1.4所示为一短管淹没出流。以下游水面为0—0基准面，对断面1—1和2—2列能量方程，得

$$Z+\frac{p_1}{\gamma}+\frac{\alpha v_0^2}{2g}=0+\frac{p_2}{\gamma}+\frac{\alpha_2 v_2^2}{2g}+h_w$$

式中 $p_1=p_2=p_a$，令$Z_0=Z+\dfrac{\alpha_0 v_0^2}{2g}$，当断面2—2面积较大时，$\dfrac{\alpha_2 v_2^2}{2g}$可以忽略不计，则得

$$Z_0=h_w \tag{5.1.5}$$

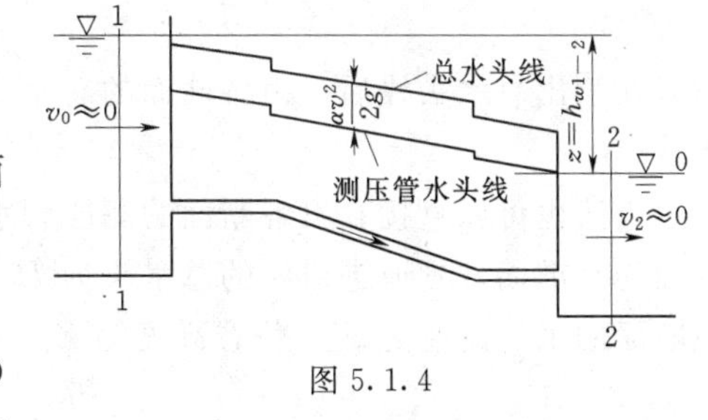

图5.1.4

式（5.1.5）说明，短管在淹没出流时，它的上下游水头差Z_0全部消耗在沿程水头损失和局部水头损失上。

将$h_w=h_f+\sum h_j=\left(\lambda\dfrac{l}{d}+\sum\zeta\right)\dfrac{v^2}{2g}$代入上式，整理后得管中流速为

$$v=\frac{1}{\sqrt{\lambda\frac{l}{d}+\sum\zeta}}\sqrt{2gZ_0} \tag{5.1.6}$$

故流量等于

$$Q=\mu_c A\sqrt{2gZ_0} \tag{5.1.7}$$

式中 $\mu_c=\dfrac{1}{\sqrt{\lambda\frac{l}{d}+\sum\zeta}}$，亦称短管淹没出流的流量系数。

当行近流速水头很小可忽略不计时，则式（5.1.7）可写成

$$Q=\mu_c A\sqrt{2gZ} \tag{5.1.8}$$

式（5.1.7）和式（5.1.8）就是短管淹没出流的流量计算公式。

自由出流和淹没出流的不同之处在于：自由出流时的水头 H 为管道出口断面中心至上游水面的高差，而淹没出流时的水头 Z 则为上、下游水面高差。它们的计算公式形式上都是一样的。

5.3 测压管水头线与总水头线的绘制

5.1.3 总水头线与测压管水头线绘制

在有压管流中，一般情况下管内动水压强不应出现负值，以避免空蚀破坏危及管道安全，因此在管道设计中必须计算各断面压强，绘制出管线的测压管水头线，以便了解并控制各断面上的压强大小。

1. 绘制总水头线和测压管水头线的方法步骤

(1) 已知各管段的流量 Q_i，计算相应的流速 v_i、沿程水头损失 h_{fi} 和局部水头损 h_{ji}，第 i 控制断面前后的总水头为

$$H_{i前}=H_{(i-1)后}-h_{fi}$$

$$H_{i后}=H_{i前}-h_{ji}$$

(2) 自管道进口至出口，计算出每一管段两端控制断面的总水头值，并绘出总水头线。

(3) 因为任一断面的测压管水头总比总水头低一个流速水头值，即

$$\left(Z+\frac{p}{\gamma}\right)_i=\left(Z+\frac{p}{\gamma}+\frac{\alpha v^2}{2g}\right)_i-\frac{\alpha v_i^2}{2g}=H_i-\frac{\alpha v_i^2}{2g}$$

所以在绘出总水头线后，由各断面的总水头减去相应断面的流速水头，即可得到测压管水头线。

当然也可以直接算出各断面的测压管水头值，如图 5.1.5 所示，以管道出口中心的水平面为基准面，管道进口前的总水头为 H_0，由进口至任一断面 i 之间的水头损失为 h_{wi}，该断面的平均流速为 v_i，位置高度为 Z_i，则由能量方程可得任一断面 i 的测压管水头：

$$Z_i+\frac{p_i}{\gamma}=H_0-h_{wi}-\frac{\alpha v_i^2}{2g} \tag{5.1.9}$$

算出各断面的测压管水头后，即可给出管道的测压管水头线。

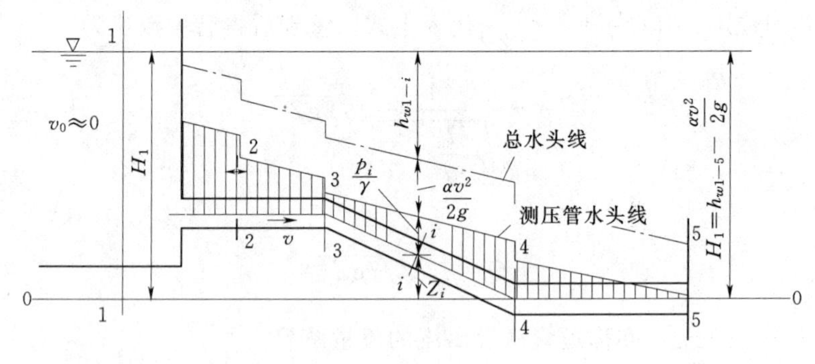

图 5.1.5

2. 绘制总水头线和测压管水头线应注意的问题

(1) 等直径管测压管水头线与总水头线相互平行。

(2) 等直径管段的沿程水头损失 h_f 沿程是均匀分布的。局部水头损失 h_j 实际上产

生于局部管段上，但为了其绘制上的方便，假设 h_j 集中产生在该局部边界突变的概化断面上，因此在该断面上有两个总水头值，一个是局部损失前的，一个是局部损失后的。

(3) 在绘制水头线时，应注意管道进口的边界条件。当上游行近流速水头 $\frac{\alpha_0 v_0^2}{2g}\approx 0$ 时，总水头线与测压管水头线重合，即为进口前的水面曲线，如图 5.1.6 (a) 所示；当 $\frac{\alpha_0 v_0^2}{2g}\neq 0$ 时，总水头线较进口前的水面曲线高出 $\frac{\alpha_0 v_0^2}{2g}$ 值，如图 5.1.6 (b) 所示。

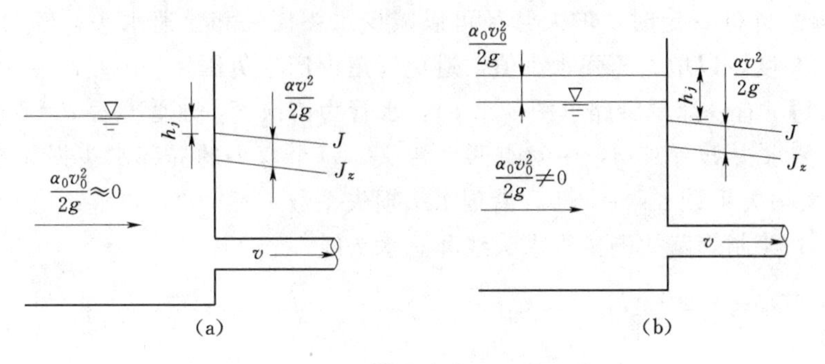

图 5.1.6

(4) 还应注意管道出口的边界条件。如果管道出口为自由出流，测压管水头线的末端与出口断面的中心重合，如图 5.1.7 (a) 所示。如果管道出口为淹没出流，在下游流速水头 $\frac{\alpha_2 v_2^2}{2g}\approx 0$ 时，测压管水头线末端与下游水面齐平，如图 5.1.7 (b) 所示；在下游流速水头 $\frac{\alpha_2 v_2^2}{2g}\neq 0$ 时，测压管水头线末端在一般情况下，低于下游水面，如图 5.1.7 (c) 所示。

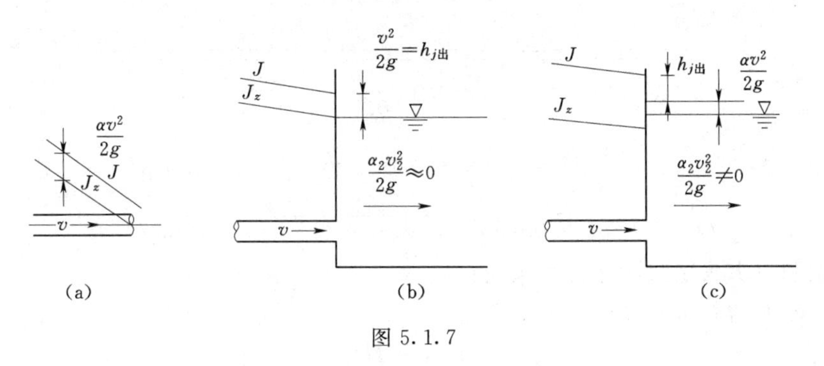

图 5.1.7

(5) 由于总水头沿程总是减少的，所以总水头线沿程只能下降。而流速水头与压强水头之间，沿程可以相互转化，所以，测压管水头线沿程可以上升、水平或下降。

3. 负压段的判别与调整

由总水头线、测压管水头线和基准面（线）三者的相互关系可以明确地反映出管道任一断面各种水头值的大小。测压管水头线与管轴线之间的铅直距离表示压强水头的大小。如果某断面的测压管水头线位于管轴线的上方，其中心点压强为正值，即正压；反之，测压管水头线位于管轴线下方，则中心点压强为负值，即负压（见图 5.1.5 中的阴影部分）。这是因为该断面的测压管水头$\left(z+\frac{P}{\gamma}\right)$小于其位置高度$z$，所以该点的压强必为负值。

由图 5.1.5 可知，管道中任一断面的压强水头为

$$\frac{p_i}{\gamma}=H_0-\frac{\alpha v_i^2}{2g}-h_{wi}-Z_i$$

式中当H_0一定时，影响压强水头值为后三项，即可以改变其中任一项的值来控制管中压强的大小。例如当Q一定时，增大管径可以减少水头损失和流速水头；较为显著的方法是降低管线的高度，以增大压强水头值，避免管道中产生负压。

【例 5.1.1】 有一简单管路（图 5.1.8），水管为铸铁管，水管直径$d=100\text{mm}$，管长$l=100\text{m}$，作用水头$H=15\text{m}$，中间有两个弯头，每个弯头的局部水头损失系数为$\zeta_{弯}=0.2$，进口水头损失系数$\zeta_{进口}=0.5$，沿程水头损失系数$\lambda=0.03$，要求：(1) 计算管道通过的流量；(2) 绘制管路的测压管水头线和总水头线。

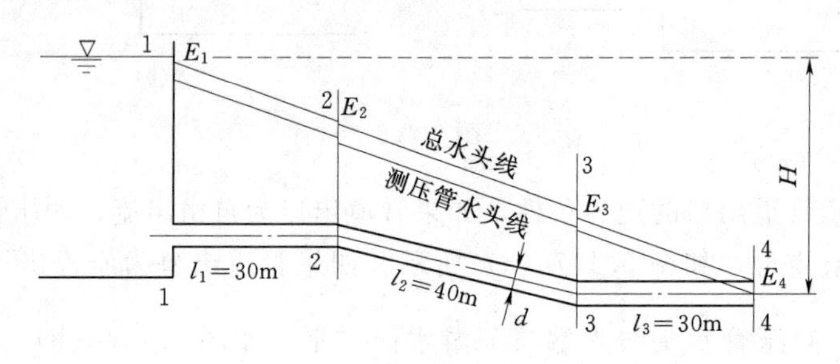

图 5.1.8

解：(1) 按短管计算，并忽略行近流速的影响，则$H_0=H$，由式 (5.1.4) 知

$$Q=\mu_c A\sqrt{2gH}$$

其中
$$\mu_c=\frac{1}{\sqrt{1+\lambda\frac{l}{d}+\sum\zeta}}=\frac{1}{\sqrt{1+0.03\frac{100}{0.1}+(0.5+2\times0.2)}}=0.177$$

$$A=\frac{\pi}{4}d^2=\frac{1}{4}\times3.14\times0.1^2=0.00785(\text{m}^2)$$

所以
$$Q=0.177\times0.00785\times\sqrt{2\times9.8\times15}=0.024(\text{m}^3/\text{s})$$

(2) 绘制总水头线及测压管水头线。

各有关断面的总水头计算如下：

断面 1—1 前
$$H_{1前}=H$$

断面 1—1 后
$$H_{1后}=H-\zeta_{进口}\frac{v^2}{2g}$$

其中
$$v=\frac{Q}{A}=\frac{0.024}{0.00785}=3.03(\text{m/s}),\qquad \frac{v^2}{2g}=\frac{3.03^2}{2\times9.8}=0.47(\text{m})$$

所以
$$H_{1后}=15-0.5\times0.47=14.76(\text{m})$$

断面 2—2 前
$$H_{2前}=H_{1后}-\lambda\frac{l_1}{d}\cdot\frac{v^2}{2g}=14.76-0.03\times\frac{30}{0.1}\times0.47=10.53(\text{m})$$

弯头损失之后的水头

$$H_{2后}=H_{2前}-\zeta_{弯}\frac{v^2}{2g}=10.53-0.2\times0.47=10.44(\text{m})$$

断面3—3前 $H_{3前}=H_{2后}-\lambda\frac{l_2}{d}\cdot\frac{v^2}{2g}=10.44-0.03\times\frac{40}{0.1}\times0.47=4.8(\text{m})$

弯头损失之后的水头

$$H_{3后}=H_{3前}-\zeta_{弯}\frac{v^2}{2g}=4.8-0.2\times0.47=4.7(\text{m})$$

断面4—4前 $H_{4前}=H_{3后}-\lambda\frac{l_3}{d}\cdot\frac{v^2}{2g}=4.7-0.03\times\frac{30}{0.1}\times0.47=0.47(\text{m})$

根据计算结果，即可绘出总水头线。将各断面总水头降低一个流速水头$\frac{v^2}{2g}=0.47\text{m}$，平行于总水头线，即可绘出测压管水头线，如图5.1.8所示。

5.1.4 管径的确定

(1) 当管线布置已定，在流量Q和水头H已知时，管径是一个确定的数值，可由水力计算要求而定。

对于圆管$A=\frac{\pi}{4}d^2$，若按短管自由出流计算，则由式（5.1.4）可得

$$d=\sqrt{\frac{4Q}{\pi\mu_c\sqrt{2gH}}}$$

式中的流量系数μ_c与管径有关。因此，必须采取试算法，即先假设一个直径求μ_c，再按上式计算d，当假设值与计算值相等时即为所求。

(2) 当管线布置已定，输水量Q已知时，要求选定所需的管径及相应的水头H。

当流量一定时，管径的大小与流速有关。若选用较小的管径，虽然造价较低，但流速过大，产生的水头损失较大，因而克服水头损失所需的设备费和电能就大；反之，若选用较大的管径，流速减小，则水头损失可减小，但管道的造价却要增大。如果流速过小，对水流中有泥沙的管道，会造成泥沙沉积。因此管径的选择是一个复杂的经济技术比较问题，即是一个选择最经济管径的问题。要从理论上求得最经济管径尚存在困难，通常根据经验得出管道的经济流速，即允许流速$v_{允}$，再由下式来计算其相应的经济管径d：

$$d=\sqrt{\frac{4Q}{\pi v_{允}}} \tag{5.1.10}$$

各种管道的$v_{允}$值可从水力学计算手册中查得。一般情况下，水电站压力隧洞$v_{允}=2.5\sim3.5\text{m/s}$；压力钢管$v_{允}=3.0\sim4.0\text{m/s}$，最大可选择$v_{允}=5.0\sim6.0\text{m/s}$；对于水泵的吸水管$v_{允}=1.0\sim2.0\text{m/s}$，一般不超过2.5m/s，压水管可采用$v_{允}=1.5\sim2.5\text{m/s}$，一般不超过3.5m/s；倒虹吸管$v_{允}=1.5\sim2.5\text{m/s}$；而给水管道中的流速一般为$v=0.2\sim3.0\text{m/s}$，其允许值为$v_{允}=0.75\sim2.5\text{m/s}$。经济流速涉及的因素较多，比较复杂，选用时应注意因时因地而异。

任务解析单

下面确定任务单干管的管径。

该干管流量是确定的，但水头并不确定，应该用“允许流速法”确定管道直径。因规范要求该类管道的经济流速为1.0～1.5m/s，取该管道的流速为1.3m/s，计算管径为

$$d=\sqrt{\frac{4Q}{\pi v_{允}}}=\sqrt{\frac{4\times122.8}{3.14\times3600\times1.3}}=0.18(\mathrm{m})$$

取管径为180mm，则管内实际流速：

$$v=\frac{Q}{\frac{1}{4}\pi d^2}=\frac{122.8}{3600\times\frac{1}{4}\times3.14\times0.18^2}=1.34(\mathrm{m/s})$$

设计流速在经济流速范围内，满足设计要求。

工作单

5.1.1 某水电站的施工导流隧洞如图5.1.9所示。上游是水库，下游河道开阔，洞长$L=400\mathrm{m}$，洞径$D=4\mathrm{m}$，平均坡度$i=\frac{\Delta H}{L}=0.015$，开挖后不衬砌，糙率$n=0.035$，水头$H=11\mathrm{m}$，求泄流量。

5.1.2 如图5.1.10所示，有一钢管输水，流量$Q=0.05\mathrm{m}^3/\mathrm{s}$，管径$d=200\mathrm{mm}$，管长$l=300\mathrm{m}$，糙率$n=0.012$，局部水头损失按沿程水头损失的5%计。问水塔水面要比管道出口高多少？

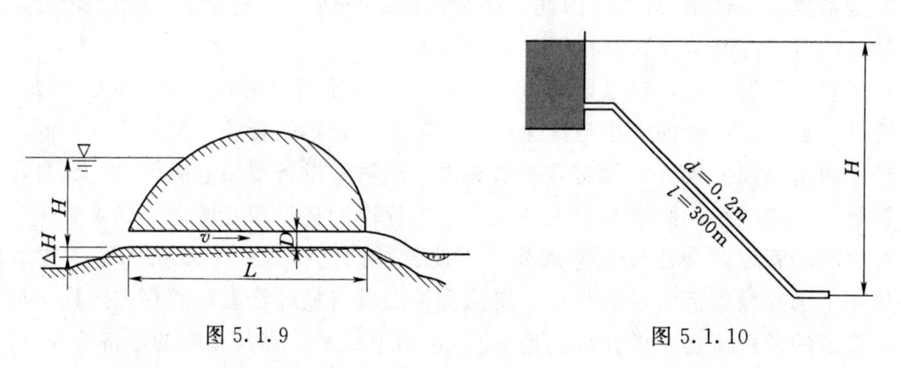

图5.1.9　　图5.1.10

5.1.3 试定性绘制出图5.1.11中各管道的总水头线和测压管水头线。

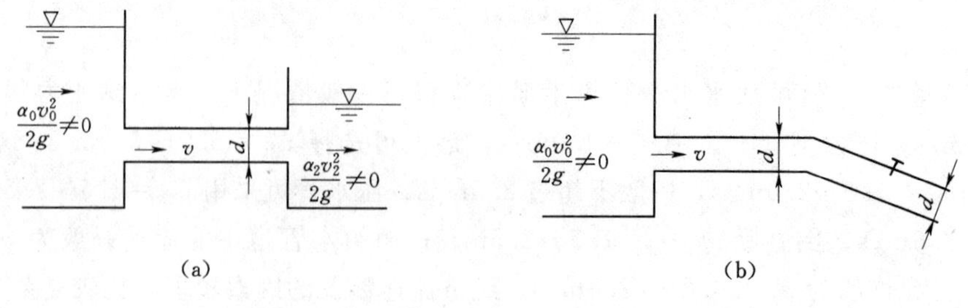

图5.1.11（一）

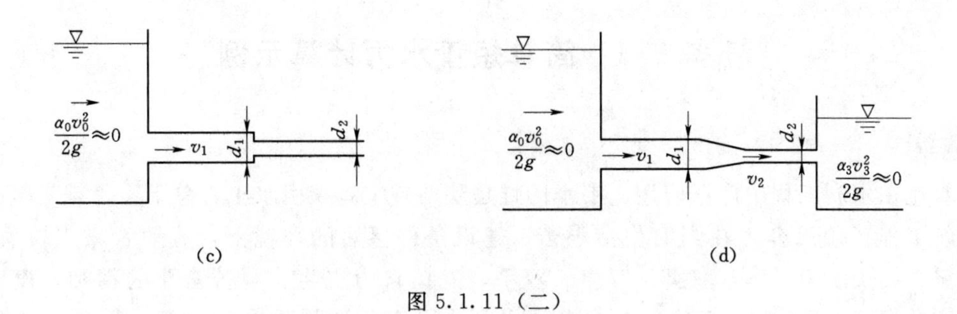

$\frac{\alpha_0 v_0^2}{2g}\approx 0$
v_1
d_1
d_2
(c)
$\frac{\alpha_0 v_0^2}{2g}\approx 0$
v_1
d_1
v_2
d_2
$\frac{\alpha_3 v_3^2}{2g}\approx 0$
(d)

图 5.1.11（二）

任务5.2　简单短管水力计算示例

任务单

管流在水利工程中广泛应用。韦水倒虹是陕西省宝鸡峡引水工程总干渠跨越韦水的重大建筑工程，1958年，在当时生活艰苦、建设条件落后的环境下，劳动者靠人拉肩扛，用铁锹、锄头、架子车，双脚、双肩、双手，发扬自力更生、艰苦奋斗的精神，夜以继日，团结奋战，历时13年建成，在中国水利史上有着浓墨重彩的一笔。倒虹全长超过880m，两头落差3.5m，最大水头可达70m。

水利工程中常见的虹吸管、倒虹吸管、水泵等建筑物如何进行水力计算?

学习单

5.4　简单短管水力计算示例——虹吸管

5.2.1　虹吸管水力计算

虹吸原理广泛应用于水利工程中，它的优点在于能跨越高地，减少挖方。

虹吸管一般采用等直径的简单管路，可按短管计算，其布置如图5.2.1所示。

虹吸管的工作原理是：先将管中空气抽出，使管内形成一定的真空值，在大气压强作用下，上游水池的水便从管口上升到管的顶部，然后在重力作用下流向下游。只要虹吸管内的真空不被破坏，而且保持上下游有一定的水

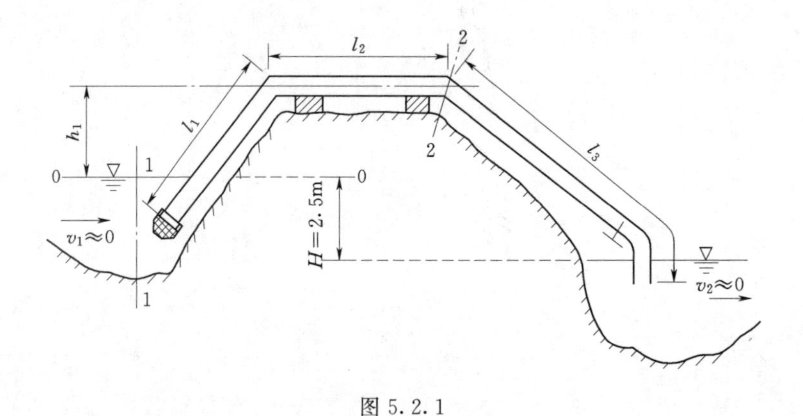

图5.2.1

位差，水就会不断地由上游通过虹吸管流向下游。

虹吸管顶部的真空值理论上最大为10m水柱高。实际上，当虹吸管内压强接近该温度下的汽化压强时，液体将产生汽化，破坏水流的连续性。因此，为了保证虹吸管能正常工作，管内真空值不能过大，一般不宜超过6～8m。

虹吸管水力计算的主要任务是：

(1) 计算虹吸管的泄流量。

(2) 确定虹吸管顶部的安装高度h_s。

【例5.2.1】 用一直径$d=0.4$m的铸铁虹吸管，将上游明渠中的水输送到下游明渠，

如图 5.2.1 所示。已知上下游渠道的水位差为 2.5m，虹吸管各段长分别为 $l_1=10$m，$l_2=6$m，$l_3=12$m。虹吸管进口装有无底阀滤水网，其局部阻力系数取 $\zeta_1=2.5$，其他局部阻力系数：两个折角弯头 $\zeta_2=\zeta_3=0.55$，阀门 $\zeta_4=0.2$，出口 $\zeta_5=1.0$。虹吸管顶端中心线距上游水面的安装高度 $h_s=4.0$m，允许真空度采用 $h_v=7.0$m。试确定虹吸管输水流量，校核虹吸管中最大真空值是否超过允许值。

解：（1）确定输水流量。

先确定管路阻力系数 λ，取铸铁管糙率为 $n=0.013$，水力半径为 $R=\dfrac{d}{4}=0.10(\mathrm{m})$。

$$C=\frac{1}{n}R^{1/6}=\frac{1}{0.013}\times 0.10^{1/6}=52.41(\mathrm{m}^{1/2}/\mathrm{s})$$

$$\lambda=\frac{8g}{C^2}=\frac{8\times 9.8}{52.41^2}=0.0285$$

$$\mu_c=\frac{1}{\sqrt{\lambda\dfrac{l}{d}+\sum\zeta}}=\frac{1}{\sqrt{0.0285\times\dfrac{10+6+12}{0.4}+2.5+2\times 0.55+0.2+1.0}}=0.384$$

则通过虹吸管流量为

$$Q=\mu_c A\sqrt{2gz}=0.384\times\frac{3.14\times 0.4^2}{4}\times\sqrt{2\times 9.8\times 2.5}=0.342(\mathrm{m}^3/\mathrm{s})$$

（2）校核虹吸管中最大真空度。

最大真空发生在管顶最高段（第二管段）内。由于管中流速水头沿程不变，最低压强应在该管段末端的弯头断面，即断面 2—2。同时认为弯头局部损失发生在弯头断面上，故在该断面的弯头损失以前的压强为最小。而在下游第三管段，由于管路坡降一般大于水力坡降，即断面中心高程的下降大于沿程水头损失，所以，部分位能转化为压能，使第三管段内压强沿程增加。

$$v=\frac{Q}{A}=\frac{0.342}{\dfrac{3.14}{4}\times 0.4^2}=2.72(\mathrm{m/s})$$

以上游水面为基准面，取 $\alpha=1.0$，建立断面 1—1 和 2—2 的能量方程：

$$0+\frac{p_a}{\gamma}+0=h_s+\frac{p_2}{\gamma}+\frac{v^2}{2g}+h_{w1-2}$$

$$\frac{p_a-p_2}{\gamma}=h_s+\left(1+\lambda\frac{l_1+l_2}{d}+\zeta_1+\zeta_2\right)\frac{v^2}{2g}$$

$$=4+\left(1+0.0285\times\frac{10+6}{0.4}+2.5+0.55\right)\times\frac{2.72^2}{2\times 9.8}=5.96(\mathrm{m})$$

故断面 2—2 的真空度为 5.96m，小于允许真空度 7m，符合要求。

5.2.2　倒虹吸管水力计算

5.5　简单短管水力计算示例——倒虹吸管

当渠道要穿越其他渠道或公路、河道时，常常在公路或河道的下方设置一短管，这一短管称为倒虹吸管，如图 5.2.2 所示。倒虹吸管中的水流并无虹吸作用，由于它的外形像倒置的虹吸管，故称为倒虹吸管。

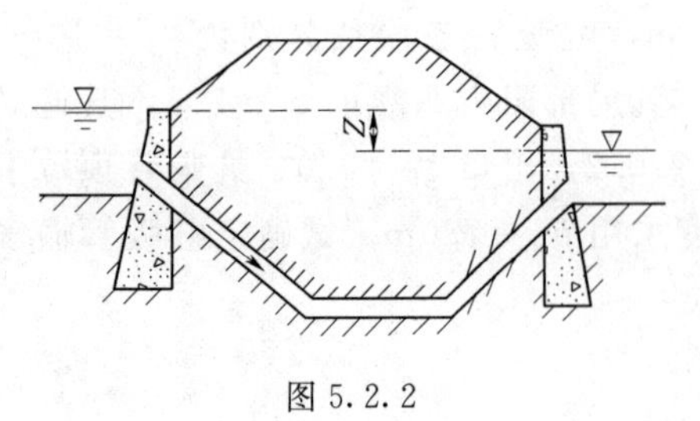

图 5.2.2

倒虹吸管水力计算的主要任务是：

(1) 已知倒虹吸管上、下游水位差 Z、管径 d、管长 l，管道布置已确定，求通过的流量 Q。

(2) 已知管道设计流量 Q、管径 d、管长 l 及管道布置，求上、下游水位差 Z。

(3) 已知管道布置、过流量 Q 和上、下游水位差 Z，求管径 d。

【例 5.2.2】 一横穿公路的钢筋混凝土倒虹吸管，如图 5.2.2 所示。已知管中通过流量 $Q=2\text{m}^3/\text{s}$，倒虹吸管全长 $l=30\text{m}$，中间有两个弯道，每个弯道的局部水头损失系数为 $\zeta_{弯}=0.21$，钢筋混凝土粗糙系数 $n=0.014$，若不计上、下游渠道中流速的影响，试确定倒虹吸管上、下游水位差 Z。

解：首先选定倒虹吸管的允许流速为 2m/s，按式（5.1.10）则管径为

$$d=\sqrt{\frac{4Q}{\pi v_{允}}}=\sqrt{\frac{4\times 2}{3.14\times 2}}=1.13(\text{m})$$

为了便于施工，采用直径 $d=1.1\text{m}$，则管中实际流速为

$$v=\frac{Q}{A}=\frac{2}{0.785\times 1.1^2}=2.11(\text{m/s})$$

再计算沿程阻力系数 λ 值，因

$$C=\frac{1}{n}R^{1/6}=\frac{1}{0.014}\times\left(\frac{1.1}{4}\right)^{1/6}=57.6(\text{m}^{1/2}/\text{s})$$

$$\lambda=\frac{8g}{C^2}=\frac{8\times 9.8}{57.6^2}=0.0236$$

根据短管淹没出流式（5.1.5）$Z=h_w$，于是

$$Z=\left(\lambda\frac{l}{d}+\sum\zeta\right)\frac{v^2}{2g}=\left(0.0236\times\frac{30}{1.1}+0.5+2\times 0.21+1\right)\times\frac{2.11^2}{19.6}=0.58(\text{m})$$

倒虹吸管上、下游的水位差是 0.58m。

【例 5.2.3】 图 5.2.3 所示为一横穿河道的钢筋混凝土倒虹吸管，管中通过的流量 $Q=4\text{m}^3/\text{s}$，管长 $l=50\text{m}$，有两个 30° 的折角转弯，其局部水头损失系数 $\zeta_{弯}=0.2$，沿程阻力系数 $\lambda=0.025$，上、下游水位差 $Z=0.2\text{m}$，当上、下游的流速水头可忽略不计时，求管道的管径 d。

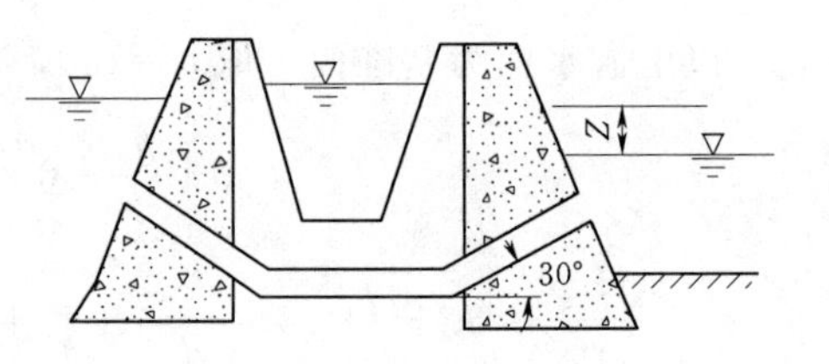

图 5.2.3

解：倒虹吸管中的水流为简单短管的淹没出流

$$Q=\mu_c A\sqrt{2gZ}$$

$$Q=\mu_c\frac{\pi d^2}{4}\sqrt{2gZ}$$

将上式中包括管径 d 的 $\mu_c d^2$ 移至等式一侧：

$$\mu_c d^2=\frac{4Q}{\pi\sqrt{2gZ}}=\frac{4\times4}{3.14\times\sqrt{2\times9.8\times2}}=0.814$$

流量系数的计算式为

$$\mu_c=\frac{1}{\sqrt{\lambda\frac{l}{d}+\zeta_{进}+2\zeta_{弯}+\zeta_{出}}}=\frac{1}{\sqrt{0.025\times\frac{50}{d}+0.5+2\times0.2+1}}=\frac{1}{\sqrt{\frac{1.25}{d}+1.9}}$$

根据上述计算得

$$\frac{d^2}{\sqrt{\frac{1.25}{d}+1.9}}=0.814$$

(1) 试算法。假设一个 d 值算出对应的 $\mu_c d^2$，看是否等于已知的 0.814，若 $\mu_c d^2\neq 0.814$，则重新假设 d 值再计算，直到假定的某一 d 值即算出的 $\mu_c d^2$ 满足条件 $\mu_c d^2=0.814$ 为止，则此 d 值即为所求的管径。计算结果列于表 5.2.1 中。

表 5.2.1　　管径试算表

d/m	d^2	μ_c	$\mu_c d^2$	d/m	d^2	μ_c	$\mu_c d^2$
1.04	1.08	0.568	0.613	1.16	1.3456	0.5795	0.780
1.08	1.1664	0.5719	0.667	1.18	1.3924	0.5813	0.8094
1.12	1.2544	0.5758	0.722				

从表 5.2.1 计算结果可以看出，当 $d=1.18$m 时，计算的 $\mu_c d^2=0.8094$ 与 0.814 相差在 1%以下，故可认为 $d=1.18$m 就是所求的管径。取标准管径 $d=1.2$m。

(2) 迭代法。将上面算式改写成下面的迭代算式，即

$$d=\sqrt{0.814\times\sqrt{\frac{1.25}{d}+1.9}}$$

其迭代过程为：设 $d_1=0.5$m，代入上式右边的 d 中，算出 $d_2=1.307$m；又用 d_2 代入上式右边的 d 中，算出 $d_3=1.173$m；再将 d_3 代入上式右边的 d 中，算出 $d_4=1.184$m；再重复算出 $d_5=1.183$m，取 $d=1.180$m 为所求直径。取标准管径 $d=1.2$m。

由上式迭代过程可以看出，迭代次数的多少取决于计算的精度要求，上题仅迭代 5 次，其相对误差已小于 0.1%。工程上，一般只要迭代 3～4 次就能得到较为准确的结果。

5.2.3　水泵装置水力计算

在农田灌溉、排涝、城镇供水以及工矿企业给排水等方面，都需要水泵装置（即抽水泵站），如图 5.2.4 所示。

5.6　简单短管水力计算示例——水泵

水泵工作前，先将吸水管和泵壳充满水，再由电动机带动泵壳内的叶轮高速旋转，叶轮内的水因受到离心力的作用而被甩向四周，并沿着泵壳内壁从泵出口排出，经过压水管而流入水池或用水地区，如图 5.2.5 所示。水泵叶轮内的水被甩出水泵后，水泵内形成真空，水源处的水在大气压力作用下又会通过吸水管流入水泵（通常说水被吸上来）。这样连续的作用，就使水源源不断地从低处流向高处，这就是水泵的工作原理。

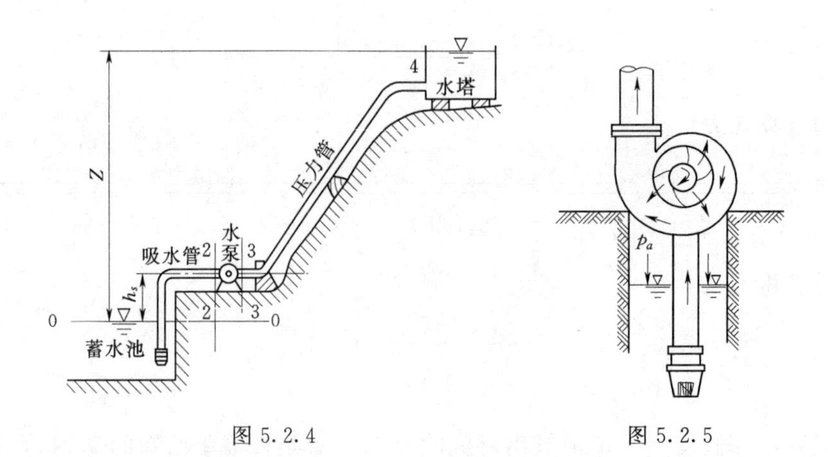

图 5.2.4　　　　图 5.2.5

水泵装置的水力计算，主要任务是：

(1) 确定吸、压水管的直径。

(2) 计算水泵的安装高度。

(3) 计算水泵的扬程。

其具体计算方法举例说明如下。

【例 5.2.4】 有一水泵装置如图 5.2.4 所示。已知水泵的流量 $Q=28\text{m}^3/\text{s}$，吸水管的长度 $l_{吸}=5\text{m}$，压水管的长度 $l_{压}=18\text{m}$。沿程阻力系数 $\lambda_{吸}=\lambda_{压}=0.046$，局部阻力系数：进口 $\zeta_{网}=8.5$，弯头 $\zeta_{弯}=0.17$，出口 $\zeta_{出}=1.0$。水泵的提水高度 $Z=18\text{m}$，水泵进口断面的最大允许真空度 $h_v=6\text{m}$，试确定：(1) 管道直径；(2) 水泵的安装高度 h_s；(3) 水泵的扬程 H。

解： (1) 管道直径的确定。

依据前述允许流速的经验值，选取 $v_{吸}=2\text{m/s}$，$v_{压}=2.5\text{m/s}$，则相应的管径为

$$d_{吸}=\sqrt{\frac{4Q}{\pi v_{吸}}}=\sqrt{\frac{4\times 28}{3.14\times 2\times 3600}}=0.07(\text{m})$$

$$d_{压}=\sqrt{\frac{4Q}{\pi v_{压}}}=\sqrt{\frac{4\times 28}{3.14\times 2.5\times 3600}}=0.063(\text{m})$$

根据计算结果，并考虑施工、安装的方便，选用标准管径，$d_{吸}=d_{压}=d=75\text{mm}$，则吸、压水管的流速为

$$v=\frac{Q}{A}=\frac{4\times 28}{3.14\times 0.075^2\times 3600}=1.76(\text{m/s})$$

(2) 计算水泵的安装高度 h_s。

以水池水面 0—0 为基准面，对断面 1—1 和 2—2（水泵进口断面）列能量方程，并取 $\frac{\alpha v_1^2}{2g}\approx 0$，$\alpha=1$ 得

$$0+0+0=h_s+\frac{p_2}{\gamma}+\frac{v^2}{2g}+h_{w吸}$$

$$h_s=-\frac{p_2}{\gamma}-\frac{v^2}{2g}-h_{w吸}$$

式中$\frac{p_2}{\gamma}=-6$m，整理上式后得

$$h_s=-\frac{p_2}{\gamma}-\left(1+\lambda\frac{l}{d}+\sum\zeta\right)\frac{v^2}{2g} \tag{5.2.1}$$

将已知值代入式（5.2.1）得水泵的安装高度为

$$h_s=6-\left(1+0.046\times\frac{5}{0.075}+8.5+0.17\right)\times\frac{1.76^2}{19.6}=3.99(\text{m})$$

即安装高度最大不得超过3.99m，否则，将抽不上水或水泵出水量很小。

（3）水泵的扬程H。

水泵的扬程就是单位重量的水体从水泵中获得的外加机械能，用H表示。

以吸水池水面0—0为基准面，对吸、压水池水面列能量方程为

$$0+0+H=Z+h_w$$

式中　Z——水泵的提水高度；

h_w——吸、压水管中的总水头损失，即$h_w=h_{w吸}+h_{w压}$。

整理上式可得水泵的扬程为

$$H=Z+h_{w吸}+h_{w压} \tag{5.2.2}$$

上式表明，水泵的扬程等于提水高度Z加上吸水管路和压水管路水头损失。

本例中：

$$h_{w吸}=\left(\lambda_吸\frac{l_吸}{d_吸}+\zeta_网+\zeta_弯\right)\frac{v_吸^2}{2g}=\left(0.046\times\frac{5}{0.075}+8.5+0.17\right)\times\frac{1.76^2}{19.6}=1.85(\text{m})$$

$$h_{w压}=\left(\lambda_压\frac{l_压}{d_压}+\sum\zeta\right)\frac{v_压^2}{2g}=\left(0.046\times\frac{18}{0.075}+2\times0.17+1.0\right)\times\frac{1.76^2}{19.6}=1.96(\text{m})$$

故　$$H=Z+h_{w吸}+h_{w压}=18+1.85+1.96=21.81(\text{m})$$

任务解析单

经过前面三个实际工程水力计算示例可以发现，水利工程中常见的虹吸管、倒虹吸管按淹没出流的短管进行水力计算；水泵因为有外界能量输入，水力计算时列能量方程求解。

工作单

5.2.1　利用直径$d=1.0$m的钢筋混凝土虹吸管自水源引水，如图5.2.6所示。虹吸管上、下游水位差$Z=2.0$m，虹吸管全长$l=25$m，虹吸管弯段的局部水头损失系数$\zeta=0.6$。（1）计算虹吸管的流量；（2）当虹吸管第二弯管前断面的最大允许真空值为7m水柱，由进口至该断面

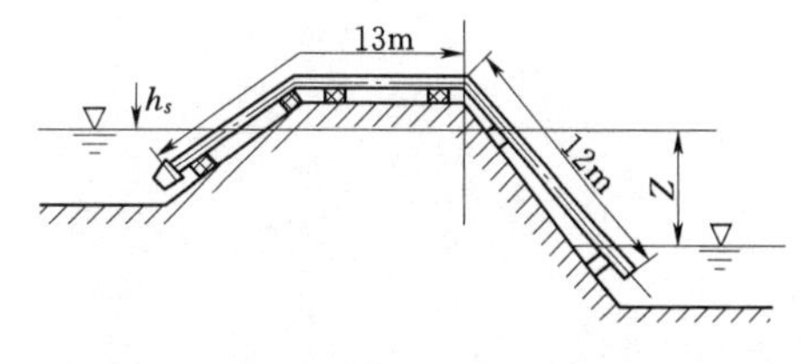

图5.2.6

的管长为13m时，计算虹吸管的安装高度h_s。

5.2.2 倒虹吸管采用$d=500$mm铸铁管，管长$l=125$m，根据地形设有两个转弯角各为60°和50°，上下游渠道的流速相等，水位差$Z=5$m，求倒虹吸管通过的流量（图5.2.7）。

5.2.3 一水泵将水抽至水塔，如图5.2.8所示。已知抽水流量$Q=100$L/s，吸水管长$l_1=15$m，压水管长$l_2=300$m，管径$d=300$mm，沿程阻力系数$\lambda=0.03$，上、下水池水面差为30m，允许真空值$h_v=6$m水柱高，局部阻力系数$\zeta_{进口}=6$、$\zeta_{弯}=0.4$。计算：(1) 水泵的安装高度h_s；(2) 水泵的扬程H。

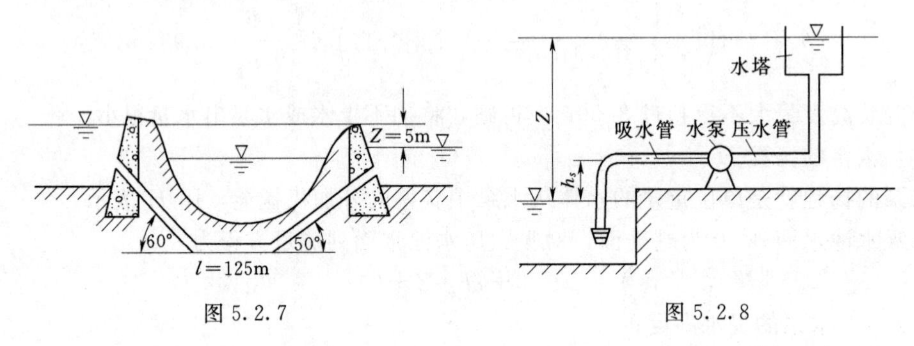

图5.2.7　　图5.2.8

任务5.3 简单长管水力计算

任务单

由水塔引一条简单长管向工厂供水，如图5.3.1所示。管长L为3500m，直径d为350mm。拟采用正常铸铁管，管道布设如图5.3.1所示。工厂所需水头H_c为20m，若需保证向工厂供水量Q为85L/s，试确定所需水塔高度H。

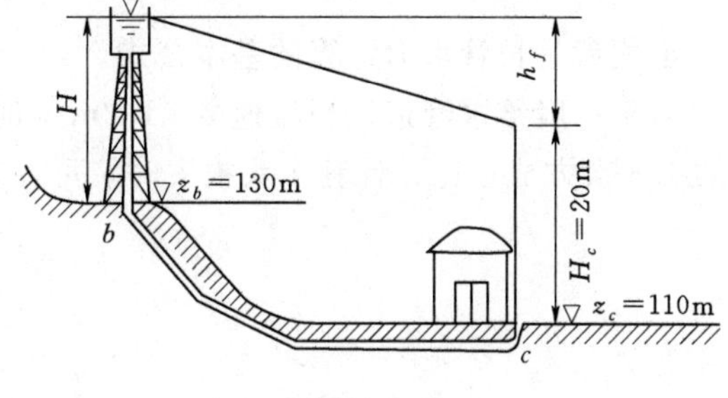

图5.3.1

学习单

5.3.1 简单长管水力计算公式

在长管情况下，局部水头损失和流速水头可忽略不计，则能量方程式简化为

$$H=h_f \tag{5.3.1}$$

由谢才公式$Q=AC\sqrt{RJ}$，可得出沿程水头损失的表达式。令$K=AC\sqrt{R}$，则谢才公式为

$$Q=K\sqrt{J}$$

式中K称为流量模数，它是当水力坡度$J=1$时的流量，其单位和流量的单位相同，它反映了管道断面尺寸及管壁粗糙度对输水能力的影响。对于粗糙系数n为定值的圆管，K是管径的函数。为便于计算，不同直径及粗糙系数的铸铁管的流量模数K值可由表5.3.1查出。要说明的是，由流量模数查管径时，管径不能内插，只能用表中所列的标准管径。

表5.3.1 给水管道的流量模数K值表（按$C=1/n\times R^{1/6}$） 单位：L/s

标准管道直径/mm	清洁管($n=0.011$)	正常管($n=0.0125$)	污秽管($n=0.0143$)	标准管道直径/mm	清洁管($n=0.011$)	正常管($n=0.0125$)	污秽管($n=0.0143$)
50	9.624	8.460	7.403	500	4.467×10^3	3.927×10^3	3.436×10^3
75	28.37	24.94	21.83	600	7.264×10^3	6.386×10^3	5.587×10^3
100	61.11	53.72	47.01	700	10.96×10^3	9.632×10^3	8.428×10^3
125	110.80	97.40	85.23	750	13.17×10^3	11.58×10^3	10.13×10^3
150	180.20	158.40	138.60	800	15.64×10^3	13.57×10^3	12.03×10^3
175	271.80	238.90	209.00	900	21.42×10^3	18.83×10^3	16.47×10^3
200	388.00	341.10	298.50	1000	28.36×10^3	24.93×10^3	21.82×10^3
225	531.20	467.00	408.60	1200	46.12×10^3	40.55×10^3	35.48×10^3
250	703.50	618.50	541.20	1400	69.57×10^3	61.16×10^3	53.52×10^3
300	1.144×10^3	1.006×10^3	880.00	1600	99.33×10^3	87.32×10^3	76.41×10^3
350	1.726×10^3	1.517×10^3	1.327×10^3	1800	136.00×10^3	119.50×10^3	104.60×10^3
400	2.464×10^3	2.166×10^3	1.895×10^3	2000	180.10×10^3	158.30×10^3	138.50×10^3
450	3.373×10^3	2.965×10^3	2.594×10^3				

由 $$Q=K\sqrt{J}=K\sqrt{\frac{h_f}{l}}$$

可得 $$h_f=\frac{Q^2}{K^2}l$$

代入式（5.3.1）得 $$H=\frac{Q^2}{K^2}l \tag{5.3.2}$$

上式就是长管水力计算的基本公式。

对于一般给水管道，当流速 $v<1.2\text{m/s}$ 时，管子可能在过渡区工作，h_f 近似与流速 v 的1.8次方成正比，计算水头损失时，可在式（5.3.2）中乘以修正系数 k，即

$$h_f=k\frac{Q^2}{K^2}l$$

其中 $$k=\frac{1}{v^{0.2}}$$

5.3.2 简单长管水力计算任务

简单长管水力计算任务一般有以下三种类型：

（1）已知水头 H、管道 l、管径 d，计算流量 Q。先由已知管径 d 及糙率 n 计算流量模数 K，再代入式（5.3.2）可求得 Q。

（2）已知管长 l、管径 d、流量 Q，计算水头 H。先计算或查表5.3.1得 K，由式（5.3.2）求得 H。

（3）已知流量 Q、水头 H、管长 l，计算所需的管径 d。先求 $J=\frac{H}{l}$，并由 $K=\frac{Q}{\sqrt{J}}$ 求出 K，再查表5.3.1求得相应于 K 的标准管径 d；如用试算法求 d，则先假设一管径 d，用式 $K=AC\sqrt{R}$ 计算 K，并与已知的 $K=\frac{Q}{\sqrt{J}}$ 值相比较，如果不相等，再设 d 值计算，直至二者相等为止。

输水管道直径的正确选择，是一个比较复杂的经济技术比较的问题（任务5.2已讨论）。对一般的压力管道，直径的选择，可根据允许流速的经验值来确定。

【例5.3.1】 有一条需要通过流量为 $Q=237\text{L/s}$ 的管道，该管道长 $l=2500\text{m}$，作用水头 $H=30\text{m}$，拟采用铸铁管，求管径 d。

解：由于管道在使用过程中将逐渐沉积一些污垢，故通常按正常管计算，取 $n=0.0125$。首先利用式（5.3.2）计算流量模数 K，即由 $H=\frac{Q^2}{K^2}l$ 得

$$K=\frac{Q}{\sqrt{\frac{H}{l}}}=\frac{237}{\sqrt{\frac{30}{2500}}}=2164(\text{L/s})$$

根据粗糙系数 $n=0.0125$，在表5.3.1中查得，当 $d=400\text{mm}$ 时，$K=2166\text{L/s}$。这个流量模数值虽比计算值（2164L/s）稍大，但为了采用工厂生产的标准管径的水管，最后仍选取 $d=400\text{mm}$。这个管径对于保证水管的输水能力也是有利的。

任务解析单

下面确定任务单水塔高度 H。

给水管道按长管计算，管道内流速

$$v=\frac{Q}{A}=\frac{0.085}{\frac{1}{4}\times 3.14\times 0.35^2}=0.88(\text{m/s})<1.2(\text{m/s})\text{,需要修正}$$

修正系数
$$k=\frac{1}{v^{0.2}}=\frac{1}{0.88^{0.2}}=1.026$$

由表5.3.1查得 $d=350\text{mm}$ 的铸铁管 $K=1.517\text{m}^3/\text{s}$。

计算沿程水头损失

$$h_f=k\frac{Q^2}{K^2}L=1.026\times\frac{0.085^2}{1.517^2}\times 3500=11.27(\text{m})$$

所需水塔高度为

$$H=H_c+h_f-(z_b-z_c)=20+11.27-(130-110)=11.27(\text{m})$$

工作单

5.3.1　一简单管道，采用铸铁管。管长 $L=1200\text{m}$，管径 $d=0.1\text{m}$，作用水头 $H=20\text{m}$，若按长管计算，试求通过管道的流量。

5.3.2　灌溉需要用水量 $Q=2.5\text{m}^3/\text{s}$，决定用混凝土管道送水，管道长 $L=2000\text{m}$，欲使沿程水头损失不超过8m，求输水管径。

5.3.3　由水塔供水的简单管道如图5.3.2所示。管长为1600m，直径为200mm，管道为铸铁管。水塔水面高程为18.0m，管道末端 B 点的高程为8.0m，计算：(1) 管道的供水流量 Q；(2) 当管径不变时，供水流量增加为50L/s，水塔的水面高程。

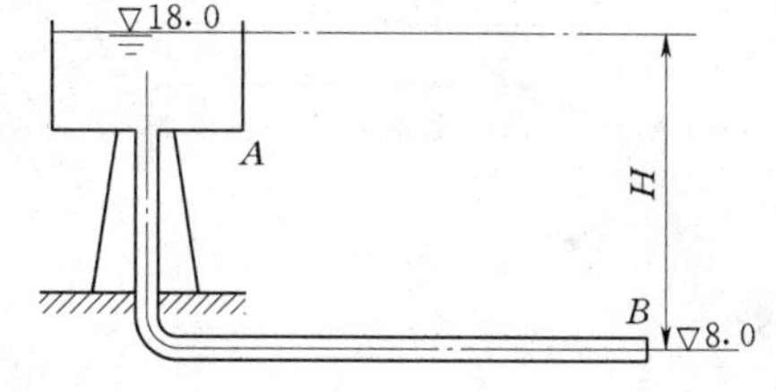

图5.3.2（单位：m）

任务5.4 复杂管道水力计算

任务单

某水库泄洪隧洞如图 5.4.1 所示，洞身断面为圆形，内径为 6m，水库最高水位 540m，隧洞进口底板高程 477m，出口底板高程 452m，隧洞进口段长 17m（包括喇叭口和闸室），闸室为 6m×6m 的矩形断面，中间有两道闸门槽，接着为一由矩形变圆形的渐变段，长 24m，此后为圆形洞身。一段直线洞身长 30m，此后有两道弯道，转弯半径均为 40m，转角均为 45°，弯道中心线长 31.5m。出口前设一段由圆形变矩形的收缩渐变段，长 24m，后设 5m×5m 的弧形闸门，出口断面与下游边界衔接平顺，无回流死角，全洞长 408m。洞内用混凝土衬砌，糙率 $n=0.014$。下游水位较低，不影响泄流。该隧洞出流为自由出流还是淹没出流？并推求上游水位为 500m 时的泄流量。

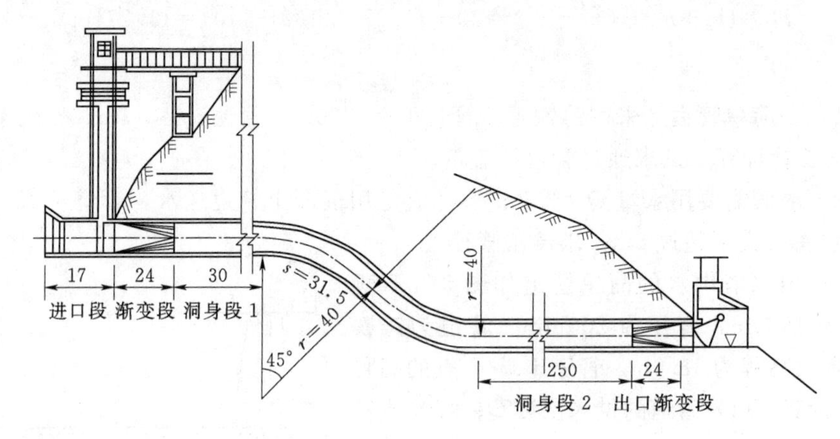

图 5.4.1（单位：m）

学习单

5.4.1 串联管道

1. 串联管道的水力计算

在给水工程中，串联管道通常按长管计算。图 5.4.2 所示，管道内的流量是沿程不变的，因其每一管段都是简单管道，都可应用简单管道的水力计算公式：

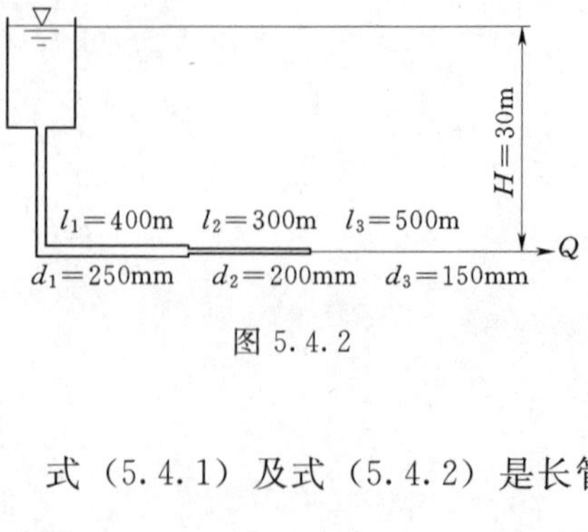

$l_1=400$m　$l_2=300$m　$l_3=500$m　$H=30$m　Q

$d_1=250$mm　$d_2=200$mm　$d_3=150$mm

图 5.4.2

$$h_{fi}=\frac{Q_i^2}{K_i^2}l_i \tag{5.4.1}$$

则

$$H=\sum h_f=h_{f1}+h_{f2}+h_{f3}$$

$$Q=\sqrt{\frac{H}{\sum\left(\frac{l_i}{K_i^2}\right)}} \tag{5.4.2}$$

式（5.4.1）及式（5.4.2）是长管串联管道水力计算的基本公式。

【例 5.4.1】 图 5.4.2 所示由三段简单管道组成的串联管道。管道为铸铁管，糙率 $n=0.0125$，$d_1=250\text{mm}$，$l_1=400\text{m}$，$d_2=200\text{mm}$，$l_2=300\text{m}$，$d_3=150\text{mm}$，$l_3=500\text{m}$，总水头 $H=30\text{m}$。求管道通过的流量 Q 及各管段的水头损失。

解： 由表 5.3.1 查得 $d_1=250\text{mm}$ 时 $K_1=618.5\text{L/s}$，$d_2=200\text{mm}$ 时 $K_2=341.1\text{L/s}$，$d_3=150\text{mm}$ 时 $K_3=158.4\text{L/s}$。各值代入式（5.4.2）可得管道通过的流量 Q 为

$$Q=\sqrt{\frac{H}{\sum\left(\frac{l_i}{K_i^2}\right)}}=\sqrt{\frac{H}{\frac{l_1}{K_1^2}+\frac{l_2}{K_2^2}+\frac{l_3}{K_3^2}}}=\sqrt{\frac{30}{\frac{400}{618.5^2}+\frac{300}{341.1^2}+\frac{500}{158.4^2}}}=35.69(\text{L/s})$$

各管段的水头损失分别为

$$h_{f1}=\frac{Q^2}{K_1^2}l_1=\frac{35.69^2}{618.5^2}\times400=1.33(\text{m})$$

$$h_{f2}=\frac{Q^2}{K_2^2}l_2=\frac{35.69^2}{341.1^2}\times300=3.28(\text{m})$$

$$h_{f3}=\frac{Q^2}{K_3^2}l_3=\frac{35.69^2}{158.4^2}\times500=25.38(\text{m})$$

2. 有压隧洞水力计算

隧洞是水利工程中常见的建筑物。长度较短的泄水隧洞水流一般符合短管水流条件，按照短管问题处理，但由于隧洞的进水口、洞身、出口是变断面的，故泄水隧洞又属于串联管道，其基本计算公式可通过能量方程求得。

如图 5.4.3 所示，通过上游断面 1—1 和隧洞出口断面 2—2［自由出流，图 5.4.3（a）］或上游断面 1—1 和隧洞出口断面 3—3［淹没出流，图 5.4.3（b）］列能量方程，并由连续性方程把隧洞各管段及渠道的流速转化为隧洞出口断面流速，可得

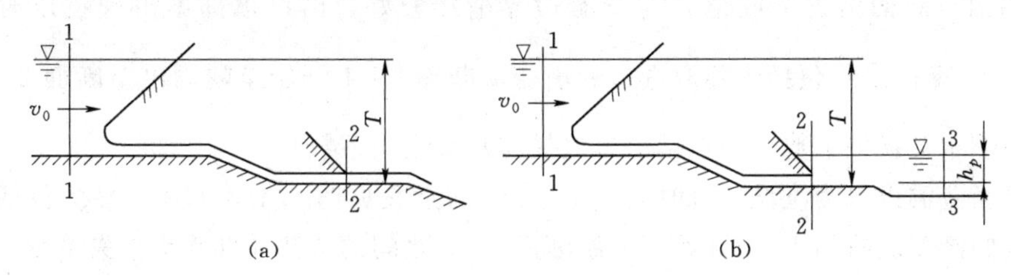

图 5.4.3

$$Q=\mu A\sqrt{2g(T_0-h_p)} \tag{5.4.3}$$

其中

$$h_p=0.5a+\frac{\overline{p}}{\gamma}$$

自由出流时

$$\mu=\frac{1}{\sqrt{1+\sum\zeta_i\left(\frac{A}{A_i}\right)^2+\sum\frac{2gL_i}{C_i^2R_i}\left(\frac{A}{A_i}\right)^2}} \tag{5.4.4}$$

淹没出流时

$$\mu=\frac{1}{\sqrt{\left(\frac{A}{A_3}\right)^2+\sum\zeta_i\left(\frac{A}{A_i}\right)^2+\sum\frac{2gL_i}{C_i^2R_i}\left(\frac{A}{A_i}\right)^2}} \tag{5.4.5}$$

以上式中 μ——流量系数；

A——隧洞出口断面面积，m^2；

A_i——隧洞第 i 段过水断面面积，m^2；

A_3——下游渠道过水断面面积，m^2，当隧洞下游渠道水流速度很小忽略不计时，$\frac{A}{A_3}$可忽略不计；

T_0——上游水面与隧洞出口底板高程差 T 及上游断面 1—1 行近流速水头$\frac{v_0^2}{2g}$之和，一般行近流速较小，其流速水头可以忽略不计，即 $T_0\approx T$；

h_p——隧洞出口断面水流的平均单位势能，m；

a——出口断面洞高；

$\frac{\overline{p}}{\gamma}$——出口断面平均单位压能，m；

ζ_i——隧洞局部水头损失系数；

L_i、R_i、C_i——隧洞第 i 段上与之相应的长度、水力半径、谢才系数。

需要说明的是：

（1）当隧洞出口为自由出流时，$\frac{\overline{p}}{\gamma}$反映了出口断面压强分布不符合静水压强规律和出口段顶部存在负压的情况，其值大小取决于出口断面下游边界的衔接情况，一般常小于 $0.5a$；当出口断面为逐渐收缩且与下游边界衔接较好，出口顶部不出现负压时，可取$\frac{\overline{p}}{\gamma}=0.5a$ 计算；$\sum\zeta_i$ 包括由隧洞进口的渐变流断面 1—1 开始至隧洞出口断面 2—2 之间的全部局部水头损失系数（不包括出口处局部水头损失系数）。

（2）当隧洞出口为淹没出流时 $h_p=h_s$，h_s 的意义见图 5.4.3（b），$\sum\zeta_i$ 包括由隧洞进口上游的渐变流断面 1—1 开始至下游断面 3—3 之间的全部局部水头损失系数。

当有压隧洞为简单有压管道时，$\frac{A}{A_i}=1$，则式（5.4.4）和式（5.4.5）可以写成：

自由出流时

$$\mu=\frac{1}{\sqrt{1+\sum\zeta_i+\sum\frac{2gL}{C^2R}}} \tag{5.4.6}$$

淹没出流时

$$\mu=\frac{1}{\sqrt{\left(\frac{A}{A_3}\right)^2+\sum\zeta_i+\sum\frac{2gL}{C^2R}}} \tag{5.4.7}$$

5.4.2 并联管道

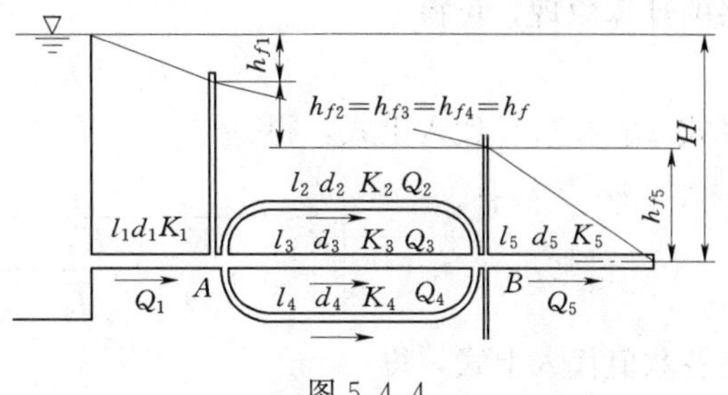

图 5.4.4

在两节点（分叉点）之间并设两条以上管段的管道称为并联管道。并联管道一般按长管计算。

如图 5.4.4 所示，在 A、B 两节点间有 3 个管段并联，而并联前后的 2 个管段与中间并联管道又形成串联管道。如在 A、B 两点分别设置测压管，显然各测压管只能有一个水面高程。所以，单位重量液体通过 A、B 间任何一条管道，从 A 到 B 的能量损失都是相同的。当不计局部水头损失时有

$$h_{f2}=h_{f3}=h_{f4}=h_f \tag{5.4.8}$$

如用长管公式计算水头损失，则

$$\left.\begin{aligned} h_{f2}&=\frac{Q_2^2}{K_2^2}l_2\\ h_{f3}&=\frac{Q_3^2}{K_3^2}l_3\\ h_{f4}&=\frac{Q_4^2}{K_4^2}l_4 \end{aligned}\right\} \tag{5.4.9}$$

各支管的流量与总流量间应满足连续性方程：

$$Q=Q_2+Q_3+Q_4 \tag{5.4.10}$$

一般情况下，若管道系统的总流量 Q 及各并联支管的 d、l 和 n 值为已知，利用式（5.4.9）及式（5.4.10）的四个方程式可求得 Q_2、Q_3、Q_4 和 h_f。

从式（5.4.9）中解出 Q_2、Q_3、Q_4 代入式（5.4.10），则有

$$Q=\left(\frac{K_2}{\sqrt{l_2}}+\frac{K_3}{\sqrt{l_3}}+\frac{K_4}{\sqrt{l_4}}\right)\sqrt{h_f}$$

则

$$h_f=\frac{Q^2}{\left(\dfrac{K_2}{\sqrt{l_2}}+\dfrac{K_3}{\sqrt{l_3}}+\dfrac{K_4}{\sqrt{l_4}}\right)^2} \tag{5.4.11}$$

h_f 求出后，代入式（5.4.9）可求得 Q_2、Q_3、Q_4。

需要指出：各并联支管的水头损失相等，只表明通过每一并联支管的单位重量水体的机械能损失相等，但由于各并联支管水流的总机械能损失是不等的，流量大的，总机械能损失大。

【例 5.4.2】 有一管路布置如图 5.4.4 所示。$l_1=400$m，$l_2=500$m，$l_3=300$m，$l_4=500$m，$l_5=200$m，$d_1=200$mm，$d_2=150$mm，$d_3=100$mm，$d_4=150$mm，$d_5=250$mm，管道糙率 $n=0.0125$，已知水头 $H=40$m，求各管段通过的流量及其水头损失。

解： 由表 5.3.1 查得各管的流量模数：

$K_1=341.1\text{L/s}, K_2=158.4\text{L/s}, K_3=53.72\text{L/s}, K_4=158.4\text{L/s}, K_5=618.5\text{L/s}$

整个管路系统看成是三个管段的串联，中间管段是三个分支管并联而成。根据串联管

路的计算原理，可得

$$h_{f1}+h_{f2}+h_{f3}=H$$

将式（5.4.11）代入上式，得

$$\left[\frac{l_1}{K_1^2}+\frac{1}{\left(\frac{K_2}{\sqrt{l_2}}+\frac{K_3}{\sqrt{l_3}}+\frac{K_4}{\sqrt{l_4}}\right)^2}+\frac{l_5}{K_5^2}\right]Q^2=H$$

将各数值代入上式，得

$$\left[\frac{400}{341.1^2}+\frac{1}{\left(\frac{158.4}{\sqrt{500}}+\frac{53.72}{\sqrt{300}}+\frac{158.4}{\sqrt{500}}\right)^2}+\frac{200}{618.5^2}\right]Q^2=40$$

上式解得管路的总流量　　$Q=73.94\text{L/s}$

再由长管计算公式（5.3.2）求1、5管的水头损失为

$$h_{f1}=\frac{Q^2}{K_1^2}l_1=\frac{73.94^2}{341.1^2}\times400=18.81(\text{m})$$

$$h_{f5}=\frac{Q^2}{K_5^2}l_5=\frac{73.94^2}{618.5^2}\times200=2.86(\text{m})$$

由式（5.4.11）求得并联各支管的水头损失为

$$h_f=h_{f2}=h_{f3}=h_{f4}=\frac{Q^2}{\left(\frac{K_2}{\sqrt{l_2}}+\frac{K_3}{\sqrt{l_3}}+\frac{K_4}{\sqrt{l_4}}\right)^2}=\frac{73.94^2}{\left(\frac{158.4}{\sqrt{500}}+\frac{53.72}{\sqrt{300}}+\frac{158.4}{\sqrt{500}}\right)^2}=18.33(\text{m})$$

由式（5.4.9）可求得并联各支管的流量为

$$Q_2=K_2\sqrt{\frac{h_{f2}}{l_2}}=158.4\times\sqrt{\frac{18.33}{500}}=30.33(\text{L/s})$$

$$Q_3=K_3\sqrt{\frac{h_{f3}}{l_3}}=53.72\times\sqrt{\frac{18.33}{300}}=13.28(\text{L/s})$$

$$Q_4=K_4\sqrt{\frac{h_{f4}}{l_4}}=158.4\times\sqrt{\frac{18.33}{500}}=30.33(\text{L/s})$$

按以上各值计算各管段的流速为

$$v_1=2.35\text{m/s},v_2=1.72\text{m/s},v_3=1.69\text{m/s},v_4=1.72\text{m/s},v_5=1.51\text{m/s}$$

各管段流速都大于1.2m/s，符合计算条件。

整个管路三个管段串联系统的总水头损失为

$$h_{f1}+h_{f2}+h_{f5}=18.81+18.33+2.86=40.00(\text{m})$$

此值与管路系统的总水头相等。

5.4.3　沿程均匀泄流管

在实际工程中可能遇到管道侧面不断连续泄流的现象，如人工降雨管道、节水灌溉管道等。沿程连续不断分泄出的流量称为沿程泄出流量。

一般情况，沿程泄出的流量是不均匀的，即流量沿管道的变化是一个以距离为变数的复杂函数。为简单起见，这里只研究沿程均匀泄流管道，即管段各单位长度上的沿程泄出

流量相等。

如图5.4.5所示的AB管段是沿程均匀泄流管道，其长度为l、水头为H，B点的通过流量为Q。管段单位长度上沿程泄出流量为q。在距起点A为x长度的M点断面处，流量为

$$Q_m=Q+(l-x)q$$

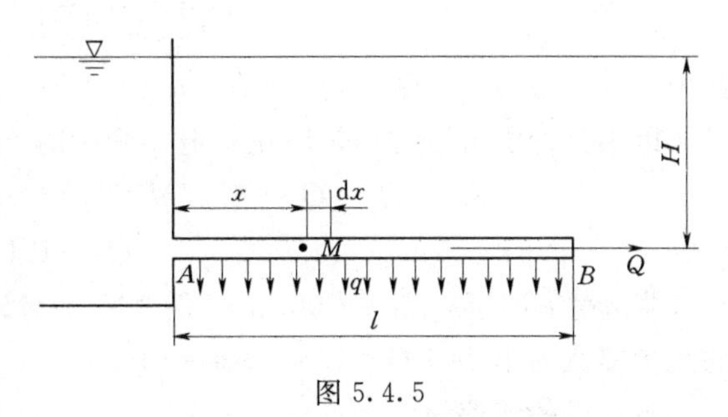

图5.4.5

由于沿程均匀泄流管道的流量沿程变化，其水头损失的计算可以这样处理，即在微小流段dx内，可以认为流量不变，并视为简单管道。于是得

$$dh_f=\frac{Q_m^2}{K^2}dx=\frac{1}{k^2}[Q+(l-x)q]^2dx$$

将上式进行积分，即得全管道AB的沿程水头损失

$$H=h_{fAB}=\int_0^l\frac{1}{K^2}[Q+(l-x)q]^2dx$$

即

$$H=\frac{1}{K^2}\left(Q^2+Qql+\frac{1}{3}q^2l^2\right) \tag{5.4.12}$$

上式可近似地写为

$$H_{AB}=\frac{l}{K^2}(Q+0.55ql)^2=\frac{Q_\gamma^2}{K^2}l \tag{5.4.13}$$

式中　Q_γ——折算流量，$Q_\gamma=Q+0.55ql$。

式（5.4.13）表明，引用Q_γ进行计算时，便可把沿程均匀泄流的管道按一般只有通过流量的管道计算。

当通过流量$Q=0$时，沿程均匀泄流的水头损失为

$$H_{AB}=h_{fAB}=\frac{1}{3}\frac{(ql)^2}{K^2}\cdot l \tag{5.4.14}$$

上式表明，当流量全部沿程均匀泄出时，其水头损失只相当于全部流量集中在末端泄出时的水头损失的1/3。

【例5.4.3】 有一由水塔供水的输水管道，如图5.4.6所示，全管道包括三段：AB、BC及CD；中间BC段为沿程均匀泄流管道，每米长度上连续分泄的流量q为0.1L/s，在管道接头B点要求分泄流量q_1为15L/s，CD段末端的流量Q_3为10L/s。各段的长度及直径分别为：$l_1=300$m，$d_1=200$mm；$l_2=200$m，$d_2=150$mm；$l_3=100$m，$d_3=100$mm。管道都是铸铁管，糙率$n=0.0125$。求需要的水头H。

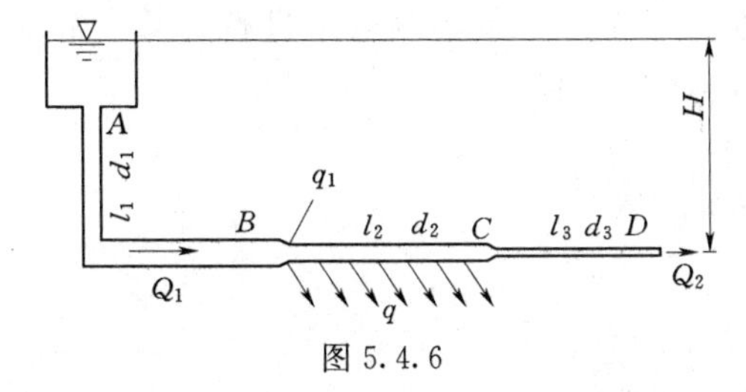

图5.4.6

解： 因AB、BC、CD三段管道为串联管道，整个管道的水头H可按下式计算

$$H=\frac{Q_1^2}{K_1^2}l_1+\frac{Q_2^2}{K_2^2}l_2+\frac{Q_3^2}{K_3^2}l_3$$

其中
$$Q_1=Q_3+ql_2+q_1=10+0.1\times200+15=45(\text{L/s})$$

因 BC 管段为沿程均匀泄流管道，管中的流量可按折算流量 Q_γ 计算，即

$$Q_2=Q_\gamma=Q_3+0.55ql_2=10+0.55\times0.1\times200=21(\text{L/s})$$

$$Q_3=10\text{L/s}$$

当 $n=0.0125$，$d_1=200\text{mm}$、$d_2=150\text{mm}$、$d_3=100\text{mm}$ 时，由表 5.3.1 查得各管段的流量模数为 $K_1=341.1\text{L/s}$，$K_2=158.4\text{L/s}$，$K_3=53.72\text{L/s}$。

各管段的流速为

$$v_1=\frac{Q_1}{A_1}=\frac{4\times45}{1000\times3.14\times0.2^2}=1.433(\text{m/s})$$

$$v_2=\frac{Q_2}{A_2}=\frac{4\times21}{1000\times3.14\times0.15^2}=1.189(\text{m/s})$$

$$v_3=\frac{Q_3}{A_3}=\frac{4\times10}{1000\times3.14\times0.1^2}=1.274(\text{m/s})$$

因 $v_2=1.189\text{m/s}<1.2\text{m/s}$，故第二管段水头损失需要修正，即修正系数

$$k_2=1/v_2^{0.2}=1/1.189^{0.2}=0.966$$

则
$$H=\frac{Q_1^2}{K_1^2}l_1+k_2\frac{Q_2^2}{K_2^2}l_2+\frac{Q_3^2}{K_3^2}l_3=\frac{45^2}{341.1^2}\times300+0.966\times\frac{21^2}{158.4^2}\times200+\frac{10^2}{53.72^2}\times100$$
$$=5.221+3.396+3.465=12.082(\text{m})$$

5.4.4 分叉管道

在水电站引水系统中，常见到由一根总管从压力前池引水，然后按水轮机的台数，分成数根支管，每根支管供水给一台水轮机，这种分叉后不再汇合的管道，称作分叉管道。

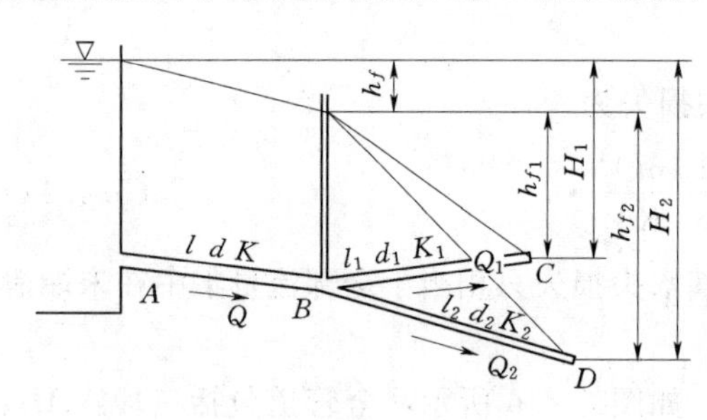

图 5.4.7

图 5.4.7 是一分叉管道，总管自水池引出后，从 B 点分叉后通过两根支管分别于 C、D 两点流入大气。C 点和水池水面的高差为 H_1，D 点和水池水面的高差为 H_2。AB、BC、BD 各段的水头损失分别为 h_f、h_{f1}、h_{f2}，流量为 Q、Q_1、Q_2。

显然，从总管起点 A 至任一分叉管道的终点都可作为一条串联管道进行计算。故对管道 ABC 应有

$$H_1=h_f+h_{f1}=\frac{Q^2}{K^2}l+\frac{Q_1^2}{K_1^2}l_1 \tag{5.4.15}$$

对管道 ABD 应有

$$H_2=h_f+h_{f2}=\frac{Q^2}{K^2}l+\frac{Q_2^2}{K_2^2}l_2 \tag{5.4.16}$$

根据连续性原理

$$Q=Q_1+Q_2 \tag{5.4.17}$$

从式（5.4.15）和式（5.4.16）中解出 Q_1、Q_2 并代入式（5.4.17）可得

$$Q=\sqrt{\left(H_1-\frac{Q^2}{K^2}l\right)\frac{K_1^2}{l_1}}+\sqrt{\left(H_2-\frac{Q^2}{K^2}l\right)\frac{K_2^2}{l_2}} \tag{5.4.18}$$

求出总管流量后，代入式（5.4.15）与式（5.4.16）即可求出支管流量 Q_1 和 Q_2。

联解式（5.4.15）、式（5.4.16）、式（5.4.17）三个方程可求解三个未知数。

【例 5.4.4】 水电站引水钢管在 B 点分出两支，供二台水轮机用水，如图 5.4.7 所示。总管长 $l=30\text{m}$，管径 $d=400\text{mm}$；支管长 $l_1=60\text{m}$，$l_2=55\text{m}$，管径 $d_1=d_2=200\text{mm}$。已知库水位 $Z=198.6\text{m}$，机组安装高程 $Z_C=177.4\text{m}$，$Z_D=178.00\text{m}$。求每台机组需要的流量 Q_1、Q_2（糙率 $n=0.011$）。

解： 按 $n=0.011$ 查表 5.3.1 得总管和支管的流量模数：$K=2.464\times10^3\text{L/s}$，$K_1=K_2=388.00\text{L/s}$。

已知

$$H_1=Z-Z_C=198.6-177.4=21.2(\text{m})$$

$$H_2=Z-Z_D=198.6-178.00=20.6(\text{m})$$

故由式（5.4.18）得总流量 Q 为

$$Q=\sqrt{\left(H_1-\frac{Q^2}{K^2}l\right)\frac{K_1^2}{l_1}}+\sqrt{\left(H_2-\frac{Q^2}{K^2}l\right)\frac{K_2^2}{l_2}}$$

$$=\sqrt{\left(21.2-\frac{Q^2}{2464^2}\times30\right)\times\frac{388^2}{60}}+\sqrt{\left(20.6-\frac{Q^2}{2464^2}\times30\right)\times\frac{388^2}{55}}$$

上式化简得

$$Q=(53192-0.0124Q^2)^{1/2}+(56386-0.0135Q^2)^{1/2}$$

采用逐次渐近法求解 Q，即先令等号右端的 $Q=0$，得到流量的第一次近似值，然后以第一次近似值代入等号右端，算出第二次近似值，如此计算下去直至前后两次算得的流量相等，该流量即为所求。具体计算如下：令等号右端的 $Q=0$，则

$$Q_{①}=53192^{1/2}+56386^{1/2}=468(\text{L/s})$$

将 $Q_{①}=468\text{L/s}$ 代入上式等号右端，则

$$Q_{②}=(53192-0.0124\times468^2)^{1/2}+(56386-0.0135\times468^2)^{1/2}=455.82(\text{L/s})$$

同理，将 $Q_{②}=455.82\text{L/s}$ 代入上式等号右端，可得 $Q_{③}=456.46\text{L/s}$；再将 $Q_{③}=456.46\text{L/s}$ 代入上式等号右端，可得 $Q_{④}=456.42\text{L/s}$；再将 $Q_{④}=456.42\text{L/s}$ 代入上式右端，可得 $Q_{⑤}=456.42\text{L/s}$，前后两次结果相等，于是取 $Q=456.42\text{L/s}$ 作为最终值。

分叉管的流量分别应用式（5.4.15）和式（5.4.16）得

$$Q_1=\left(\frac{H_1-\dfrac{Q^2}{K^2}l}{\dfrac{l_1}{K_1^2}}\right)^{1/2}=\left(\frac{21.2-\dfrac{456.42^2}{2464^2}\times30}{\dfrac{60}{388^2}}\right)^{1/2}=224.96(\text{L/s})$$

$$Q_2=\left(\frac{H_2-\dfrac{Q^2}{K^2}l}{\dfrac{l_1}{K_2^2}}\right)^{1/2}=\left(\frac{20.6-\dfrac{456.42^2}{2464^2}\times30}{\dfrac{55}{388^2}}\right)^{1/2}=231.45(\text{L/s})$$

5.4.5 管网水力计算基础

在农田节水灌溉用水、水电站输水及工地、城市工业和居民区生活用水等给水工程中，通常采用各种类型的管道组合成管网给水系统。管网一般分为两类：一类是在输水干管上连接若干根支管所组成的管网，称为枝状管网；另一类为环状管网，即管道将枝状管网各尾端连接起来，形成闭合环路，这种管网一般用于大型的重要给水工程。环状管网中的流量可以自行调节，当某管段发生故障时，可以从另一环路供给，以保证任何一点供水不会中断。为了简化计算，管网一般按长管计算。农田节水灌溉管网局部水头损失，可按沿程水头损失的10%～15%估算。

1. 枝状管网的水力计算

枝状管网的一般布置形式如图 5.4.8 所示。

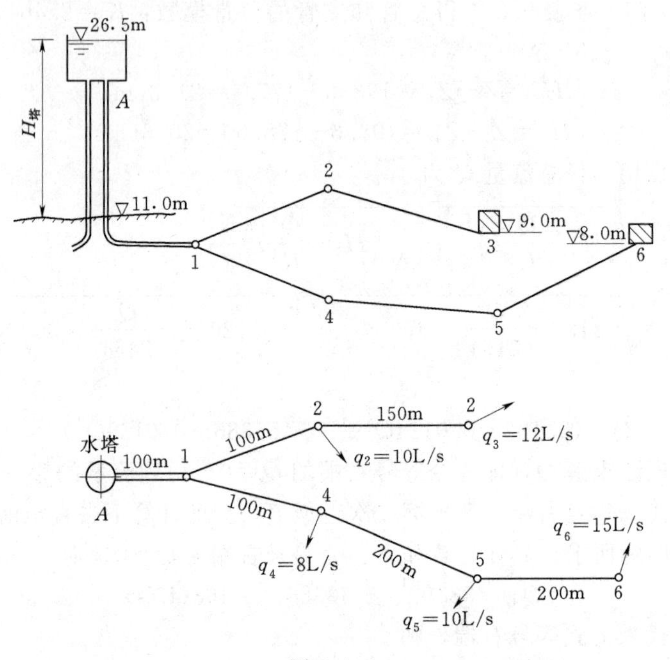

图 5.4.8

在设计新的分支管网时，水力计算的主要任务是，已知管线布置，各管段长度，各管段中应通过的流量和供水端点所要求的自由水头，即端点剩余压强水头，要求决定各段管道的直径和设计供水水源（水塔或水泵）所需的水头值 H。在计算中，先算出每个可能分叉串联管路所需水头，例如图5.4.8中的 $A123$ 和 $A1456$ 各分叉串联管路分别所需的水头值。为保证各管路的供水量及端点水头，以各分叉串联管路计算中所需水头最大的管线作为水力设计管路，或称为设计最不利管路。

如水源是由水塔供水，根据 H 和水塔地面在基准面上的高程，就可确定水塔水面距地面的高度。其具体计算方法用［例 5.4.5］说明。

对已建成的管网，当增加支管或减少支管时，要对整个管网重新进行计算，这时，已知水头 H，分别计算管网中各管段流量，其基本方程和方法与上述相似，计算中有时需要试算。

【例 5.4.5】 有一供水的分支管网（图 5.4.8），各管段长度及节点所需分出流量为已知。管路为正常铸铁管，糙率 $n=0.0125$，管路端点自由水头 $h_e=5.0\text{m}$，各端点地面高程如图 5.4.8 所示。试求管网中各管段的管径及水塔高度。

解： 由图 5.4.8 可以看出，计算的分叉串联管路有两条，即 $A123$ 和 $A1456$，根据连续性条件，确定所有管段的流量，见表 5.4.1。下面举例说明表中的计算过程。

（1）确定各管段直径。

选用给水管路经济流速 $v_e=1.5\text{m/s}$。以 5—6 管段为例，流量 $Q=q_6=15\text{L/s}$，则管径

$$d=\sqrt{\frac{4Q}{\pi v_e}}=\sqrt{\frac{4\times0.015}{3.14\times1.5}}=0.113(\text{m})$$

选用标准管径 $d=125\text{mm}$。管中实际流速为

$$v=\frac{Q}{A}=\frac{4\times0.015}{3.14\times0.125^2}=1.223(\text{m/s})$$

因 $v>1.2\text{m/s}$，水流在粗糙区。

（2）计算各管段水头损失。

根据直径及糙率查表 5.3.1，以 5—6 管段为例：$K=97.4\text{L/s}$ 则该管段的水头损失为

$$h_{f5-6}=\frac{Q^2}{K^2}l=\left(\frac{0.015}{0.0974}\right)^2\times200=4.74(\text{m})$$

其他各管段计算结果见表 5.4.1。

表 5.4.1　枝状管网水头损失计算表

管段	管长 l /m	流量 Q /(L/s)	管径 d /mm	流速 v /(m/s)	流量模数 K /(L/s)	水头损失 h_f /m
5—6	200	15	125	1.22	97.4	4.74
4—5	200	25	150	1.42	158.4	4.98
1—4	100	33	175	1.37	238.9	1.91
A—1	100	55	225	1.38	467.0	1.39
2—3	150	12	100	1.53	53.7	7.50
1—2	100	22	150	1.25	158.4	1.93

（3）确定水塔高度。

分叉串联管路 $A123$ 和 $A1456$ 所需的水塔高度，即水塔水面至水塔地面间的垂直距离为

$$H_{A123}=\sum h_{fi}+h_e+9-11=1.39+7.5+1.93+5+9-11=13.82(\text{m})$$

$$H_{A1456}=\sum h_{fi}+h_e+8-11=4.74+4.98+1.91+1.39+5+8-11=15.02(\text{m})$$

由以上计算可看出，最不利管路为 $A1456$ 分叉管路，根据以上计算值加安全系数，选用水塔高度为 $H_{塔}=15.50\text{m}$。于是水塔水面高程为 26.50m。

2. 环状管网的水力计算

图 5.4.9 所示为一环状管网，环状管网的布置是根据管网区域的要求和地形来确定

的。根据用户需要确定各节点的流量。水在环状管网中的流动同样必须遵循水流运动的两个基本原理——连续性原理和能量守恒原理，即环状管网必须满足下列两个条件：

(1) 对于任一节点来说，流入和流出的流量应相等。以流入节点流量为正，流出节点的流量为负，则任一节点处流量的代数和为零，即

$$\sum Q=0$$

(2) 对于管网中任何一个闭合环路，若以顺时针方向水流的水头损失为正，逆时针方向为负，则各闭合环路的水头损失的代数和等于零，即

$$\sum h_f=0$$

具体计算时可按下列步骤进行：

(1) 先假设各管段的水流方向，在图上用箭头标出。

(2) 再假设各管段的流量 Q_i，使在各节点上满足 $\sum Q=0$。

(3) 根据允许流速 $v_{允}$ 和各管段的流量 Q_i 选择管径 d_i，见表 5.4.2。

表 5.4.2　　给水管道允许的极限流速表

直径/mm	60	100	150	200	250	300	400	500	600	800	1000	1100
允许的极限流速/(m/s)	0.70	0.75	0.80	0.90	1.00	1.10	1.25	1.40	1.60	1.80	2.00	2.20
相应于极限流速的流量/(L/s)	2	6	14	28	49	78	157	275	453	905	1571	2093

(4) 计算任一闭合环路顺时针和逆时针方向的水头损失；鉴别它是否满足 $\sum h_f=0$ 的条件。若不满足这个条件，说明闭合管道的一支负荷过大，另一支负荷过小，需要一部分流量由负荷大的一支移至负荷小的一支，即在负荷大的一支上减去改正流量 ΔQ，负荷小的一支加上改正流量 ΔQ，如此反复地进行流量校正，直至 ΔQ 接近于零为止，一般进行3～4 次流量校正即可达到要求。此方法称为环状管网的渐近分析法。

校正流量 ΔQ 的近似公式，以图 5.4.9 中的闭合环路 $ABCFA$ 为例来分析介绍。流入节点 A 的流量分成沿顺时针方向 ABC 的流量 Q_1 和逆时针方向 AFC 的流量 Q_2。若求得 $\sum h_{fi}\neq 0$，说明流量要重新分配。将流量偏大的减小，流量偏小的加大，即改正后流量 $Q_1'=Q_1+\Delta Q$，$Q_2'=Q_2-\Delta Q$，(或 $Q_1'=Q_1-\Delta Q$，$Q'_2=Q_2+\Delta Q$)。改正后应满足

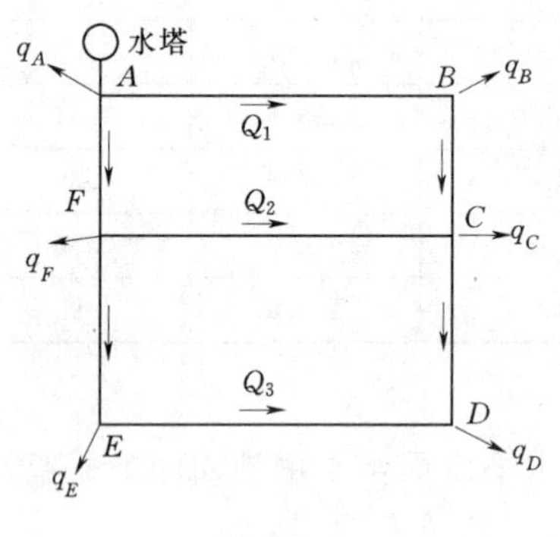

图 5.4.9

$$\sum_{ABC}h_f=\sum_{AFC}h_f$$

因 $h_f=\dfrac{Q^2}{K^2}l$，则代入上式得

$$\sum\frac{l_1}{K_1^2}(Q_1+\Delta Q)^2=\sum\frac{l_2}{K_2^2}(Q_2-\Delta Q)^2$$

将上式展开，并忽略二次微量，则得

$$\Delta Q=\frac{\sum\dfrac{l_2}{K_2^2}Q_2^2-\sum\dfrac{l_1}{K_1^2}Q_1^2}{2\sum\dfrac{l_1}{K_1^2}Q_1+2\sum\dfrac{l_2}{K_2^2}Q_2}=\frac{\sum h_{f2}-\sum h_{f1}}{2\sum\dfrac{h_{f1}}{Q_1}+2\sum\dfrac{h_{f2}}{Q_2}}$$

h_{f1} 及 h_{f2} 分别为改正前两个分支上的水头损失。按图 5.4.9 所示的方向，$\sum h_{f1}$ 为正，$\sum h_{f2}$ 为负，上式可写为

$$\Delta Q=\frac{-\sum h_f}{2\sum \frac{h_f}{Q}} \tag{5.4.19}$$

式中 Q、h_f——各管段中所分配的流量及相应各管段的水头损失。

任务解析单

下面确定任务单隧洞泄流量。

由于下游水位较低，不影响泄流，该种情况是自由出流、其计算应用式（5.4.3）和式（5.4.4）共同求解。

出口过水断面面积 $A=5\times5=25(\text{m}^2)$

需要分析隧洞各段的形状和尺寸，进而进行计算。

以进口段为例：

该段过水断面面积 $A_1=6\times6=36(\text{m}^2)$

该段湿周 $\chi_1=4\times6=24(\text{m})$

该段水力半径 $R_1=\frac{A_1}{\chi_1}=\frac{36}{24}=1.5(\text{m})$

该段谢才系数 $C_1=\frac{1}{n}R_1^{1/6}=\frac{1}{0.014}\times1.5^{1/6}=76.42(\text{m}^{1/2}/\text{s})$

该段有三处产生局部水头损失，分别为喇叭口、检修门槽和工作门槽，查《水力计算手册》得，以上三处的局部水头损失系数均为 0.1。

其他各段水力要素计算过程见表 5.4.3。

表 5.4.3　有压隧洞水力计算

管段	d_i	A_i	A/A_i	ζ_i	$\zeta_i(A/A_i)^2$	L_i	X_i	R_i	C_i	$\frac{2gL_i}{C_i^2R_i}\left(\frac{A}{A_i}\right)^2$
进口段	6	36	0.694	0.30	0.145	17	24	1.5	76.42	0.0183
进口渐变段	6	32.13	0.778	0.05	0.030	24	21.42	1.5	76.42	0.0325
洞身 1	6	28.26	0.885	0.00	0.000	30	18.84	1.5	76.42	0.0525
弯道 1	6	28.26	0.885	0.09	0.073	31.5	18.84	1.5	76.42	0.0552
弯道 2	6	28.26	0.885	0.09	0.073	31.5	18.84	1.5	76.42	0.0552
洞身 2	6	28.26	0.885	0.00	0.000	250	18.84	1.5	76.42	0.4377
出口渐变段	5.5	26.63	0.939	0.10	0.088	24	19.42	1.37	75.29	0.0533
出口段	5	25	1.000				20			
求和				0.64	0.408					0.7047

需要说明的是，以下几种断面的局部水头损失系数如下：①由圆形变矩形的渐变段，$\zeta=0.1$（相应于中间断面的流速水头）；②由矩形变圆形的渐变段，$\zeta=0.5$（相应于中间断面的流速水头）；③弯道，$\zeta=\left[0.131+0.1632\left(\frac{D}{R}\right)^{\frac{7}{2}}\right]\left(\frac{\theta}{90°}\right)^{1/2}$。

因下游为自由出流，出口断面为收缩断面且与下游边界衔接良好，故$\dfrac{\overline{P}}{\gamma}=0.5a$，则$h_p=5\text{m}$。

在表5.4.3可进行隧洞泄水能力的计算：

$$\mu=\frac{1}{\sqrt{1+0.408+0.705}}=0.689$$

$$\begin{aligned}Q&=\mu A\sqrt{2g(T_0-h_p)}\\&=0.689\times25\times\sqrt{2\times9.8(T_0-5)}\\&=76.26\times\sqrt{T_0-5}\\&=76.26\times\sqrt{500-457}\\&=500.1(\text{m}^3/\text{s})\end{aligned}$$

工作单

5.4.1 有一管路如图5.4.10所示，水管为旧钢管，管径$d_1=1000\text{mm}$，$d_2=800\text{mm}$，上、下游水池水位差$Z=5\text{m}$，问管中能通过多大的流量？

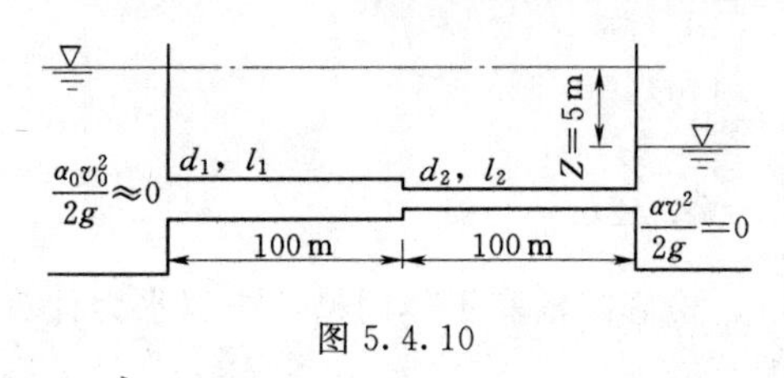

图5.4.10

5.4.2 某水库泄洪压力隧洞如图5.4.11所示，洞身断面为圆形，内径$d=5.0\text{m}$，洞长$L=160.0\text{m}$，进口有渐变段及闸门槽，其局部水头损失系数$\zeta_1=0.2$，中间有一弯段，局部水头损失系数$\zeta_2=0.15$，洞壁糙率$n=0.0125$，隧洞出口底部高程为200.0m，水库水位为237.5m，试计算隧洞自由出流时的泄流量。

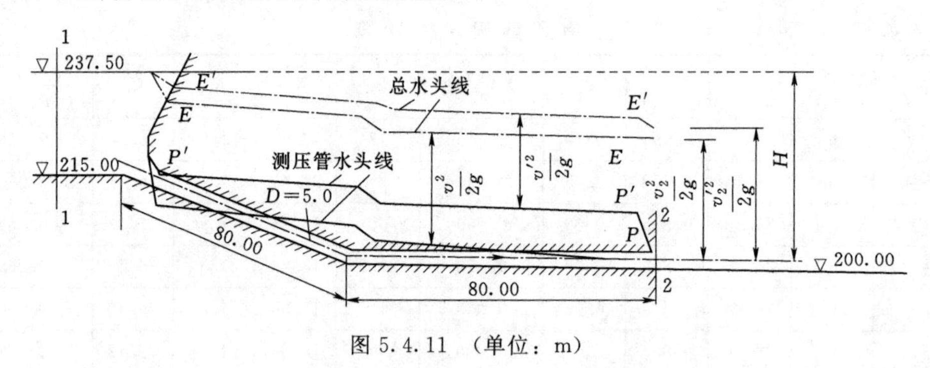

图5.4.11 （单位：m）

5.4.3 某水塔供水管路布置如图5.4.12所示。管道为铸铁管，自由出流，流量为$Q_D=160\text{L/s}$。试确定水塔所需水头H及两个并联管路内的流量值。

5.4.4 某输水铸铁管道布置如图5.4.13所示，已知管道直径$d=150\text{mm}$，各段管长为：$l_1=500\text{m}$，$l_2=400\text{m}$，$l_3=600\text{m}$，其中第二段为沿程均匀泄流管道，$q=0.1\text{L/(s·m)}$，传输流量$Q_t=20\text{L/s}$，上、下游水箱的水面高程$\nabla_1=350\text{m}$、$\nabla_2=270\text{m}$。求水箱内水面压强值。

5.4.5 有一给水系统，管网布置及供水末端高程如图5.4.14所示。水管的糙率$n=$

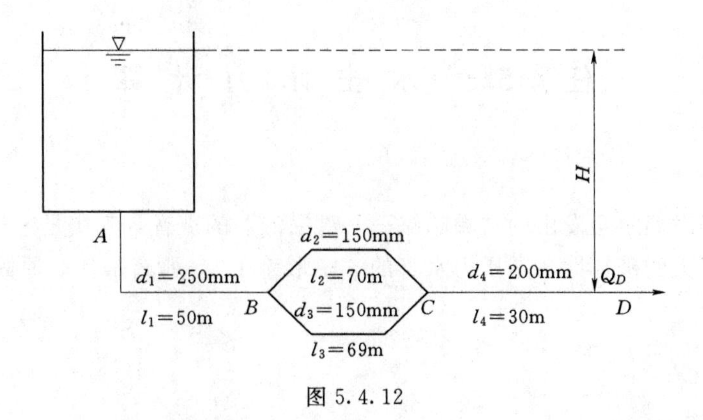

图 5.4.12

0.0125，要求供水终点应保留的自由水头均为 $h_e=6$m 水柱高，试确定所需要的水塔高度。

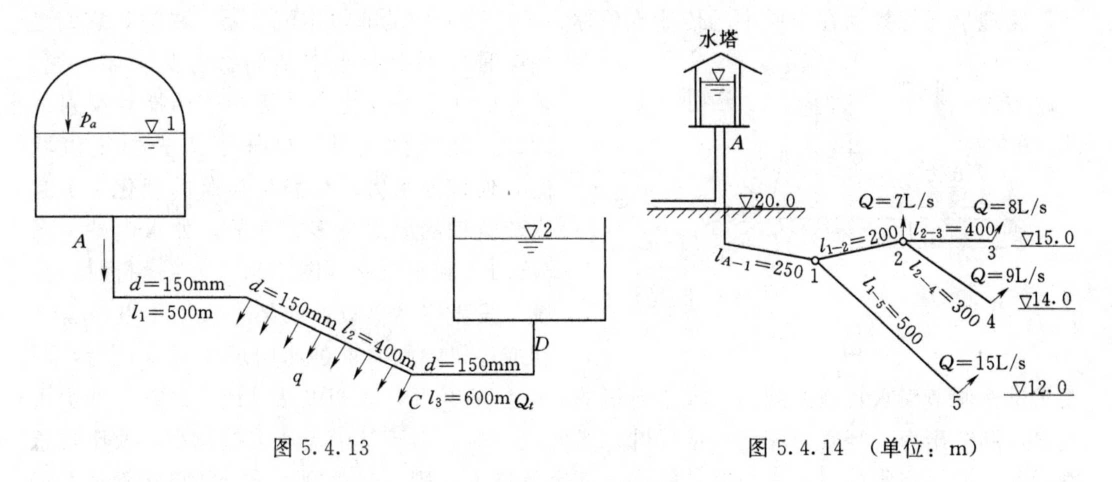

图 5.4.13

图 5.4.14 （单位：m）

任务5.5　水击水力计算

任务单

水龙头打开时偶尔会发出的“嗡嗡嗡——滋滋滋”的声音，其实是一种“水击现象”，这种现象具有极大的破坏性，是压力水管的“隐形杀手”，那么是什么原因引起水击现象的呢？

学习单

5.5.1　水击认知

1. 压力管中的水击现象

水利工程中除会遇到管道恒定流外，还会遇到管道非恒定流问题。

物理学中把扰动在介质中的传播现象称为波。管道中的非恒定流也是一种波，它们是由某种原因引起水中某处水力要素如流速、流量、压强等变化，并沿管道传播和反射的现象。波所到之处，破坏了原先恒定流状态，使该处水力现象发生显著的变化。引起水流扰动的原因是多方面的，如水电站（图5.5.1）和水泵站（图5.5.2）在运行时，系统中发生突然事故，或某个大型用电设备启动或停机，则要求迅速增加或减少负荷，即要求迅速调节引水管道的阀门（或水轮机的导叶）的开度，改变电站（或水泵站）的引用流量，调节出力。当管道阀门（或导叶）突然关闭时，由于管中流速突然减小，使压强急剧增加。反之当阀门突然开启时，管中流速突然增大，则压强急剧减小。如果在管道上安装测压设备可以直接观测到管中出现大幅度变化的压强波动现象。由于管中压强迅速变化，且幅度大，易于引起管道变形，甚至破裂。这种由于阀门的突然启闭引起管中压强急剧升降的波动现象，称为管道非恒定流。又由于管中压强波动过程中伴有锤击般的声响和振动，所以又称此种非恒定流为水击。

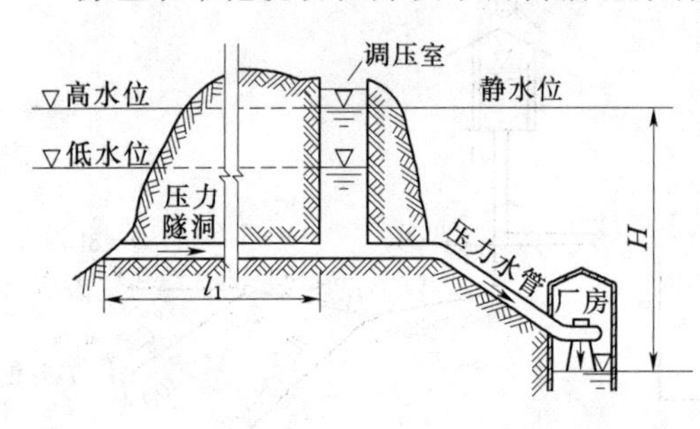

图5.5.1

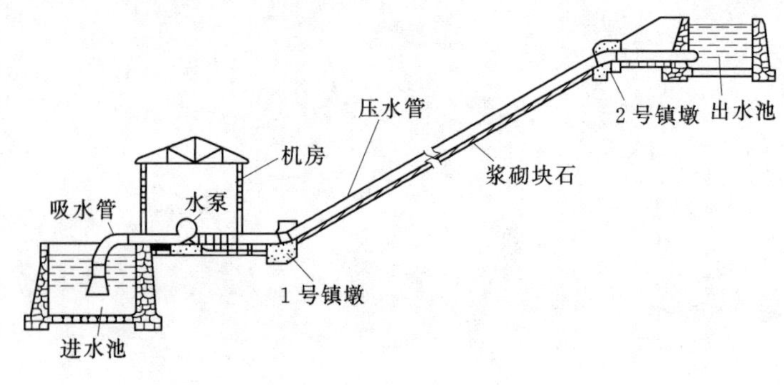

图5.5.2

以压强升高为特征的水击，称为正水击；反之以压强降低为特征的水击，称为负水击。正水击时的压强升高可以超过管中正常压强的许多倍，可能导致压力管道破裂和水电站（或水泵站）的破坏。负水击时的压强降低，可能使管中发生不利的真空。因此，必须对水击这一特殊的水流现象加以研究，以便采取一些工程措施，减小水击的危害。

在前面各项目的学习中，均把水体看做是不可压缩的，即管壁是刚性的。但在水击问题研究中，由于水击压强的升高或降低的数值是很大的，水流的压缩性和膨胀性就会充分显示出来，因此必须考虑水体的压缩性及管壁的弹性，否则将导致错误的结论。

2. 水击波的传播过程

下面以压力管道的阀门突然关闭为例，说明水击波的传播过程。

如图 5.5.3 所示，当阀门突然关闭时，靠近阀门处一个微小流段 Δs 的水体被迫停止运动。由于水流的惯性，就有一个力作用在阀门上。同时，阀门也有同样大小的反作用力作用在此微小水体上，由于水的特性，这个力也要传到管壁上。但是，这个微小流段上游面，与它相邻的水体，仍然以原有的速度 v_0 继续前进。当受到已停止流动的微小流段的阻挡后，同样有一个力作用在前面的流段上，使前一微小流段的水体受到压缩，从而使水体的压强增高，密度加大，管壁也相应地发生膨胀。接着第二个微小流段也相继停止流动，同时也伴随着压强升高，密度加大，管壁膨胀。如此连续下去，第三、第四、……微小流段依次停止流动，形成一个从阀门处向上游传递的减速、增压运动，并以水击波速（水击波的传播速度）c 向压力管道进口推进，这种现象，称为水击波的传播。

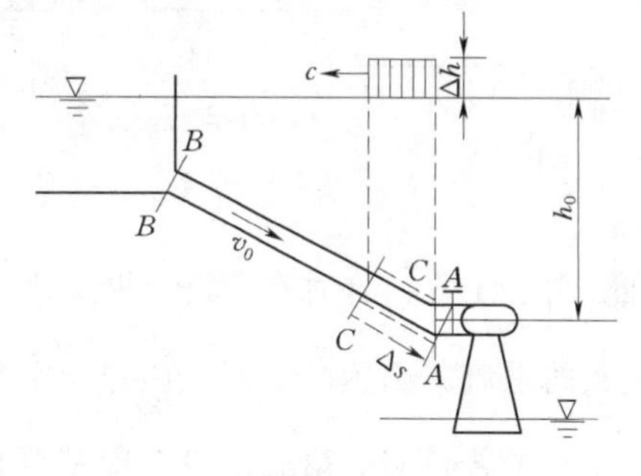

图 5.5.3

以上分析只是水击传播过程中的一个阶段。实际中，水击是从阀门处开始，传播到管道进口，再由进口传播到阀门，如此循环往复，直到水流的阻力作用使水击波的传播逐渐减弱，达到新的平衡为止。

水击波传播的每一个循环过程可以分为四个阶段。现以图 5.5.4 所示的压力管道为例加以说明。

(1) 第一阶段 $0<t<\dfrac{l}{c}$ [图 5.5.4 (a)]。在关闭阀门之前，水流以速度 v_0 向阀门方向流动。当时间 $t=0$ 时，阀门突然关闭。管中紧靠阀门一段长度为 Δs 的微小流段立即停止流动，其流速由 v_0 突然减小到零，这时从阀门处开始，一个以减速、增压、水的体积被压缩、密度增加和管壁膨胀为特点的水击波，以波速 c 向上游的管道进口传播。设管长为 l，则在时间 $t=\dfrac{l}{c}$ 时，水击波正好由阀门处传播到水管进口，此时管内水流会全部停止流动。

(2) 第二阶段 $\dfrac{l}{c}<t<\dfrac{2l}{c}$ [图 5.5.4 (b)]。上述的增压波刚好传播到管口，由于管道进口上游水库中水的体积庞大，水库水位不会因管中水击引起变化，所以管道进口处的压

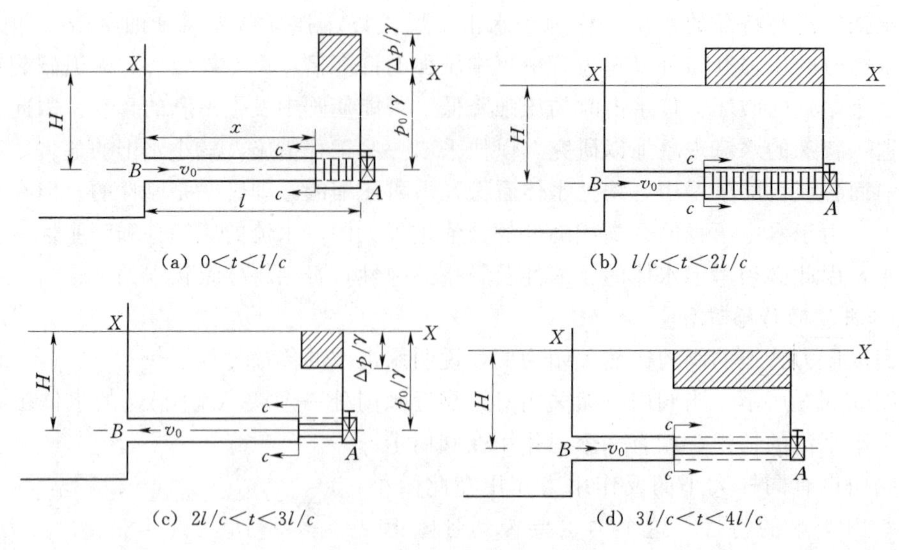

(a) $0<t<l/c$

(b) $l/c<t<2l/c$

(c) $2l/c<t<3l/c$

(d) $3l/c<t<4l/c$

图 5.5.4

强、密度正常。这时在管进口断面 B—B 处出现压强、密度差。处在管口以内的压强、密度大的水流就必然向水库（压强、密度正常）的方向流动。因此，从时间 $t=\frac{l}{c}$时起，开始了水击波传播的第二阶段，即从管口 B 处的微小流段开始，产生一个向水库方向流动的反向流速 $-v_0$，使该微小流段的压强和密度恢复到正常（即和水库中的水体一样），管壁也收缩回原状。这时，从进口 B 开始，水击波以速度 c 向阀门方向传播，到 $t=\frac{2l}{c}$时，传播到阀门 A 处，结束了水击波传播的第二阶段。这时，全管水流的压强、密度和管壁状况都已恢复正常，只有全管水流都有一个反向流速 $-v_0$ 向水库方向流动。

（3）第三阶段$\frac{2l}{c}<t<\frac{3l}{c}$［图 5.5.4（c）］。在 $t=\frac{2l}{c}$时，全管水流以一个反向流速 $-v_0$ 向水库方向流动着，但因阀门完全关闭，水得不到补充，水流被迫停止流动，流速又由 $-v_0$ 减小到零。这时，由于水流的惯性作用，水体有脱离阀门的趋势，致使阀门处压强降低。由于流速只有方向上的改变，在数值上与第一阶段是相同的，故相应的压强降低值仍为 Δp。与此同时，伴随着水体膨胀，密度减小，管壁收缩，这个减压波仍以速度 c 向上游水库方向传播。到 $t=\frac{3l}{c}$时，减压波传到管道进口 B 处，全管水体处于静止状态。这就是水击波传播的第三个阶段。

（4）第四阶段$\frac{3l}{c}<t<\frac{4l}{c}$［图 5.5.4（d）］。在 $t=\frac{3l}{c}$时，减压波正好由阀门传播到管道进口，这时管道进口 B 的下游面（即管道的一面）水流的压强较 B 的上游面（即水库的一面）水流的压强低 Δp。在压强差 Δp 的作用下，水库中水体所具有的正常压强又迫使水体以流速 v_0 向阀门方向流动，水体的压强和密度以及收缩的管壁又开始恢复正常，并且仍以速度 c 向下游方向传播，直到 $t=\frac{4l}{c}$时到达阀门处 A。这时全管水流的压强和密

度以及管壁都恢复正常。但水流具有向下游阀门方向流动的速度 v_0，这就结束了水击波传播的第四阶段。这时全管水流的状态与 $t=0$ 时完全一样。即当 $t=\frac{4l}{c}$时，水击波传播完成了一个全过程。以后，水击现象的传播将依次重复上述各个阶段，直至水流阻力作用，使水击波的传播逐渐减弱，最后达到新的平衡为止。

下面着重分析管道 A 端阀门处的压强水头随着时间的变化过程。

图 5.5.5 所示，时间 t 为横坐标，压强水头 h 为纵坐标。$t=0$（阀门突然关闭的瞬间）时，阀门处压强水头由原来的 h_0 增加到 $h_0+\Delta h$，并一直保持到 $t=\frac{2l}{c}$时为止。

在 $t=\frac{2l}{c}$时，水击的减压波已从水库反射回来到达阀门处。这时，阀门处的压强水头降低至 $h_0-\Delta h$，并一直保持到 $t=\frac{4l}{c}$时为止。此后将重复上述过程而呈周期性变化。如果不考虑水流阻力作用，则水击波的传播现象将永无休止地按上述顺序循环下去，如图 5.5.5 中的虚线所示。但实际上，水流阻力是存在的，阀门处水击压强水头的变化，如图 5.5.5 中的实线那样，是一个逐渐减弱以至消失的过程。但对于工程设计和水电站（或水泵站）的运行来讲，考虑的是水击压强升高的最大值和水击波沿压力管传播的过程，而不是水击压强随时间的减弱过程。由实际资料分析，考虑水流阻力作用的最大水击压强，比不考虑水流阻力时略低，相差不大。因此，一般在水电站（或水泵站）压力管道的水击计算中，可以忽略水流阻力对最大水击压强的影响。

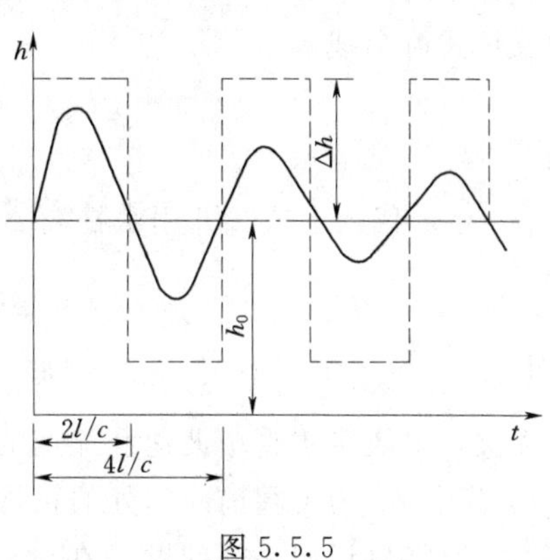

图 5.5.5

以上讨论的是假定阀门突然关闭时简单有压管道中发生的水击。实际上阀门的关闭都是在一段时间内完成的。因此，在分析时，可以把整个关闭过程看成为一系列微小关闭过程的总和；当阀门突然开启时，产生的水击波的物理本质和前面相同，其差别在于水击波传播的第一阶段是从阀门处向上游传播的增速减压波，此后水击波的传播情况与阀门关闭时的情况相似。

5.5.2　水击压强计算

1. 水击压强

如图 5.5.6 所示，如果阀门是突然完全关闭的，压力波将以波速 c 沿管道向上游传播。在时段 $\mathrm{d}t$ 内，长度为 $c\mathrm{d}t$ 的一小段液体被压缩而停止。应用牛顿第二定律 $F=m\frac{\mathrm{d}v}{\mathrm{d}t}$，并忽略阻力，可得

$$[pA-(p+\mathrm{d}p)A]\mathrm{d}t=(\rho Ac\mathrm{d}t)\mathrm{d}v$$

化简，得

$$-\mathrm{d}p=\rho c\mathrm{d}v$$

或写成

$$\Delta p=-\rho c(\Delta v) \tag{5.5.1}$$

式（5.5.1）称为水击的动量方程。此式表明由于流速的瞬时变化量 Δv 引起压强的

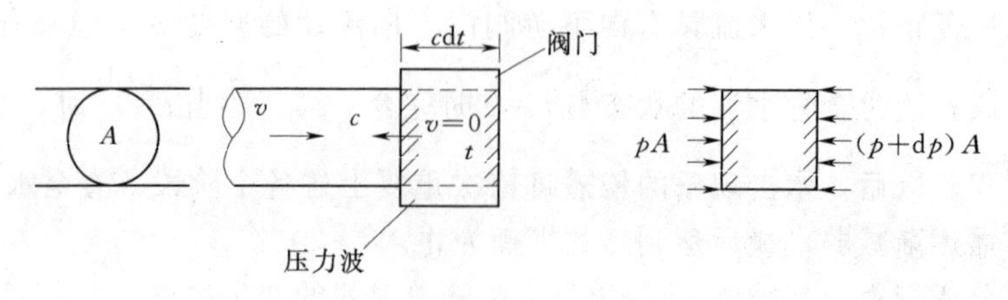

图 5.5.6

变化量 Δp。

如果阀门部分关闭，使管道内流速由 v_0 减小到 v，即式（5.5.1）中的 $\Delta v = v - v_0$。因此该式可写成

$$\Delta p = -\rho c(v - v_0)$$

则

$$\Delta p = \rho c(v_0 - v) \tag{5.5.2}$$

将 $\rho = \gamma / g$ 代入上式，并用水柱高 Δh 表示水击压强，则

$$\Delta h = \frac{\Delta p}{\gamma} = \frac{c}{g}(v_0 - v) \tag{5.5.3}$$

式（5.5.3）就是在 1898 年所得出的儒柯夫斯基公式。此式表明，水击压强 Δp 和管长无关，只决定于管中波速和流速的变化量 Δv。关闭阀门后，阀门处的总压强应为 $p_0 + \Delta p$，其中 p_0 为关阀前阀门处的正常压强。

需要特别说明一个问题，在讨论水击压强计算公式时，是从一种最简单的情况出发的，即只考虑一个水击波的影响。所以，在计算压强时，还需要在这些基本规律的基础上做进一步的研究。

2. 水击波速

如果在管壁为无弹性的绝对刚体的管道中，通过弹性的液体，当发生水击波传播时，可以推证出其波速为

$$c_0 = \sqrt{\frac{K}{\rho}} = \sqrt{\frac{g}{\gamma} K} \tag{5.5.4}$$

式中　K——液体的体积弹性系数。

一般水的体积弹性系数 $K = 1.96 \times 10^6 \text{kPa}$，代入式（5.5.4）可得水击波的传播速度 $c_0 = 1435\text{m/s}$。实际上，管壁是有弹性的，当管中压强增高时，管壁产生膨胀。弹性的液体在弹性的管壁中流动时，而发生的水击波 c 可按下式计算，即

$$c = \frac{c_0}{\sqrt{1 + \frac{DK}{\delta E}}} \tag{5.5.5}$$

式中　D——管道的直径；

δ——管壁厚度；

E——管壁材料的弹性系数，可在表 5.5.1 中查取；

K——液体的体积弹性系数；

c_0——弹性液体在绝对刚体管道中的波速。

表 5.5.1　　几种常见管壁材料的弹性系数

管壁材料	E/kPa	K/E	管壁材料	E/kPa	K/E
钢管	1.96×10^{8}	0.01	混凝土管	1.96×10^{7}	0.1
铸铁管	9.8×10^{7}	0.02	木管	9.8×10^{6}	0.2

式（5.5.5）说明，管道的直径 D 大，管壁厚度 δ 小，则水击波传播的速度 c 就较小；反之则较大。一般钢管的管径与管壁厚度的比值$\frac{D}{\delta}$在 50～200 的范围内，相应的水击波传播速度 c 在 800～1200m/s 范围内。大多数水电站的压力钢管$\frac{D}{\delta}$值约为 100，相应的水击波的传播速度约为 1000m/s。

3. 水击压强的计算

前面已经介绍，压力管中可能发生以压强升高为特征的正水击和以压强降低为特征的负水击。正水击有两种形式，即直接水击和间接水击。

当关闭阀门所需的时间 $T<\frac{2l}{c}$时，从水库反射回来的减压波还没有到达阀门处，因此，阀门处的最大水击压强就不会受到从水库反射回来的减压波的影响。工程上把这种关闭阀门时间 $T<\frac{2l}{c}$时所发生的水击叫做直接水击。

当关闭阀门所需时间 $T>\frac{2l}{c}$时，阀门处产生的水击压强还没有达到最大值时，就会受到从水库反射回来的减压波的影响，使阀门处的压强不会达到直接水击的最大压强值。在工程上，把关闭阀门时间 $T>\frac{2l}{c}$时所发生的水击，叫做间接水击。

从阀门完全关闭，即 $t=0$ 时起，至第二阶段末 $t=\frac{2l}{c}$时止，称为相，同时因其是首先发生的，故叫做第一相，从第三阶段开始 $t=\frac{2l}{c}$到第四阶段结束 $t=\frac{4l}{c}$为第二相，$t=\frac{2l}{c}$称为一个相长。

（1）直接水击最大水击压强的计算。在直接水击情况下，由于管道进口反射回来的减压波尚未到达阀门时，阀门已关闭，阀门处的压强未能受到减压波的影响。因此，阀门处第一相末的水击压强，就是最大的水击压强，其值可直接用儒柯夫斯基公式（5.5.3）进行计算。

如果阀门部分关闭，使管道内流速 v_0 减少到 v，并且发生了直接水击，则阀门处的最大水击压强值由式（5.5.3）进行计算，即

$$\Delta h=\frac{c}{g}(v_0-v)$$

如果直接水击是因阀门完全关闭而引起的，则管道内流速由 v_0 变为零，这时其阀门处的最大水击压强值应按下式计算，即

$$\Delta h=\frac{cv_0}{g} \tag{5.5.6}$$

例如，在水电站压力钢管中，流速 v_0 若为 3～5m/s，水击波速 $c=1000\text{m/s}$，如阀门或导叶迅速完全关闭，并发生直接水击，则最大水击压强值由式（5.5.6）可求得 $\Delta h\approx300$～500m（水柱），相当于 30～50 个工程大气压。这是一个很大的数值，因此，在工程设计中，对水击问题，要认真研究。

（2）间接水击最大水击压强的计算。在间接水击情况下，由管道进口反射回来的减压波到达阀门时，阀门还未完全关闭。不但阀门处的压强还未升到最大值，而且反射回来的减压波还会使阀门处的压强降低。所以，阀门处的压强增值要比直接水击时小。

间接水击情况比较复杂，决定水击压强值也比较困难，这里，可用近似公式莫洛索夫公式来确定压强增高值 Δh，即

$$\Delta h=\frac{\Delta p}{\gamma}=\frac{2\sigma}{2-\sigma}h_0 \tag{5.5.7}$$

$$\sigma=\frac{v_0 l}{gh_0 T} \tag{5.5.8}$$

式中 σ——与管道特性有关；

h_0——管道阀门处的静水头，$h_0=p_0/\gamma$；

v_0——管道内未发生水击前的流速；

T——阀门完全关闭所需的时间。

σ 若小于 0.5 且压力增高值较小时，式（5.5.7）可得到相当准确的结果。

试验证明，在阀门缓慢关闭而且发生间接水击时，管中所发生的压强增值 $\Delta p'$，从阀门处的 $\Delta p'$ 均匀地减小，到进口处为零，即按直线变化。此时的间接水击压强也可近似地按下式计算：

$$\Delta p'\approx\frac{2l/c}{T}\Delta p=\frac{2l}{cT}\Delta p=\frac{2\gamma l v_0}{gT} \tag{5.5.9}$$

式中 Δp——突然完全关闭阀门时的水击压强。

【例 5.5.1】 某水电站压力钢管的直径 $D=1.0\text{m}$ 壁厚 $\delta=10\text{mm}$。引水管长 $l=60\text{m}$，流速 $v_0=2.5\text{m/s}$，管端处（阀门前面）的压强水头 $h_0=50\text{m}$，求：（1）阀门突然关闭时的压强升高值；（2）当阀门关闭时间 $T=2.0\text{s}$ 时的水击压强。

解：（1）阀门突然关闭，即直接水击（视 $T=0$）情况下，求水击压强。

水击波的传播速度按式（5.5.7）计算，即

$$c=\frac{1435}{\sqrt{1+\dfrac{DK}{\delta E}}}$$

查表 5.5.1 得 $K/E=0.01$，则

$$c=\frac{1435}{\sqrt{1+\dfrac{1}{0.01}\times0.01}}=1015(\text{m/s})$$

阀门突然完全关闭时的压强升高值按式（5.5.6）计算，即

$$\Delta h=\frac{cv_0}{g}=\frac{1015\times 2.5}{9.8}=259(\text{m 水柱})$$

于是，管路末端处的全部压强为

$$H=50+259=309(\text{m 水柱})$$

（2）求当关阀时间 $T=2.0\text{s}$ 时的水击压强。先确定水击波往返时间，即相长

$$t=\frac{2l}{c}=\frac{2\times 60}{1015}=0.12(\text{s})$$

因 $T>\frac{2l}{c}$，所以为间接水击，按式（5.5.8）确定 σ，即

$$\sigma=\frac{v_0 l}{gh_0 T}=\frac{2.5\times 60}{9.8\times 50\times 2}=0.153$$

因 $\sigma<0.5$，故水击压强可按式（5.5.7）计算，即

$$\Delta h=\frac{2\sigma}{2-\sigma}h_0=\frac{2\times 0.153\times 50}{2-0.153}=8.284(\text{m 水柱})$$

于是，在阀门处的最大（全部）压强为

$$H=50+8.284=58.284(\text{m 水柱})$$

以上讨论了压力管中可能发生以压强升高为特征的正水击问题。由于阀门迅速开启引起的负水击也有两种形式：直接水击和间接水击。

如果 $T<\frac{2l}{c}$（这里 T 表示为阀门开启时间）时为直接水击。直接水击时，最大水击压强仍用式（5.5.3）或式（5.5.6）进行计算，只是这时的流速是由零增加到 v_0，因此在阀门处应产生压强降低值，其值为 $-\Delta p$。

如果 $T>\frac{2l}{c}$，则发生间接水击，间接水击的压强降低值可采用切尔索夫公式计算，即

$$\Delta h=\frac{\Delta p}{\gamma}=\frac{\sigma}{1-\sigma}h_0 \tag{5.5.10}$$

其中 σ 仍按式（5.5.8）计算。

负水击可能使管中发生有害的真空。因此，对引水管等也常计算负水击所引起的压强降低值。

5.5.3　减小水击压强的措施

前面分析了水击的发生和发展过程，以及形成水击时，水流运动的基本规律，并找到了影响水击压强的各种因素。例如，启闭阀门的时间过短，压力管道过长或管内流速过大等都是加大水击压强的不利因素。因此，必须设法减小由水击所造成的危害。工程上常常采取以下措施来减小水击压强。

（1）延长阀门（或导叶）的启闭时间 T。从水击波的传播过程可以看出，关闭阀门所用的时间越长，从水库发射回来的减压波所起的抵消作用越大，因此阀门处断面 A—A 的水击压强也就越小。工程中总是力求避免发生直接水击，并尽可能地设法延长阀门的启闭时间。但要注意，根据水电站运行的要求，阀门启闭时间的延长是有限度的。

(2) 缩短压力水管的长度。压力管道越长，则水击波以速度 c 从阀门处传播到水库，再由水库反射回阀门处所需要的时间也越长$\left(\text{即相长}\frac{2l}{c}\text{越大}\right)$，这样，在阀门处所引起的最大水击压强也就越不容易得到缓解。因此，在水电站或水泵站等工程设计中，应尽可能缩短压力管道的长度。

(3) 在压力管道中设置调压室。若压力管道的缩短受到条件的限制时，可根据具体情况，在管道中设置调压室（有关调压室的布置，可参阅有关水电站等工程设计资料），如图 5.5.4 所示。这时水击的影响主要限制在调压室与水轮机间的管段内，实际上等于缩短了压力管道的长度。

(4) 减小压力管中的流速 v_0。减小压力管道中的流速，实际上相当于减小了发生水击时流速改变的幅度，从而，可降低水击压强。但要减小流速，必然要加大管径，增加工程投资。因此，有时可在压力管道末端设置空放阀。当阀门突然关闭时，可用空放阀将管内的部分流量从旁边放出去，这同样会达到减小管中流速的变化，从而减小水击压强的目的。

任务解析单

当压力管道的阀门突然关闭或开启时，或水泵突然停止或启动时，因瞬时流速发生急剧变化，引起液体动量迅速改变，而使压力显著变化，这种现象就是水击。

工作单

5.5.1 焊接钢管内径 $D=1.2\text{m}$，壁厚 $\delta=10\text{mm}$，流速 $v=2.5\text{m/s}$，管端处（阀门前）的压强水头 $h_0=55\text{m}$，试求阀门迅速关闭时的压强值。

5.5.2 某水电站工程中，已知引水钢管长 $L=60\text{m}$，管中原始流速 $v_0=2.5\text{m/s}$，管端处正常压强 $h_0=60\text{m}$，水击波速 $c=950\text{m/s}$，现将阀门关闭，关闭时长 $T=2.0\text{s}$，求水击压强。

5.5.3 设一钢管全长 $L=1200\text{m}$，管径 $d=300\text{mm}$，管壁厚度 $\delta=10\text{mm}$，管中流速 $v=10\text{m/s}$。当阀门在 1s 内关闭完成而发生水击现象时，其压强增量是多少？

项目6 渠道水力计算

任务6.1 明渠水流认知

任务单

6.1 明渠水流认知

党的二十大报告指出，“坚守中华文化立场，提炼展示中华文明的精神标识和文化精髓”。秦建郑国渠，将关中地区建成秦国的“白菜心”，近代水利先驱李仪祉先生规划了“关中八惠”，解决了关中地区人民的吃饭问题，2016年郑国渠被确定为世界灌溉工程遗产，为推进文化自信自强提供了生动素材。从古至今，渠道输水灌溉是调水工程、农业灌溉的主要输水形式。因此，掌握渠道灌溉的水力计算，是理解和设计我国众多水利工程的重要知识基础。

学习单

6.1.1 明渠水流

明渠水流在水利工程中是一种常见的水力现象，包括人工渠道和天然河道。灌溉输水渠道、无压隧洞、渡槽以及城镇排污的下水道等，都属于人工渠道；而自然界中的河流、溪沟等都属于天然河道。液体在渠槽中流动时具有与大气相接触的自由表面，表面上各点的压强均为大气压强，相对压强为零，通常把这种具有自由水面的水流称为明渠水流，也称为无压流。

明渠水流根据水流的运动要素是否随时间改变，分为恒定流与非恒定流；根据水流的运动要素是否沿程改变，分为均匀流与非均匀流；非均匀流又分为渐变流与急变流。

6.1.2 渠道的过水断面形式

渠槽的过水断面形式有很多种。人工修建的明渠为了便于施工和符合水流运动的特点，一般都做成对称的规则断面。工程中常见的有梯形断面、矩形断面、圆形断面、U形断面和复式断面等，如图6.1.1（a）、（b）、（c）、（d）和（e）所示。天然河道由于长度一般比较大，受地形条件的限制，断面通常是不规则的，也不对称，往往可分为主槽与滩地，如图6.1.1（f）所示。

土质地基上的人工渠道，常修成对称的梯形断面，其水力要素为：

水面宽度
$$B=b+2mh \tag{6.1.1}$$

面积
$$A=(b+mh)h \tag{6.1.2}$$

湿周
$$\chi=b+2h\sqrt{1+m^2} \tag{6.1.3}$$

水力半径
$$R=\frac{A}{\chi}=\frac{(b+mh)h}{b+2h\sqrt{1+m^2}} \tag{6.1.4}$$

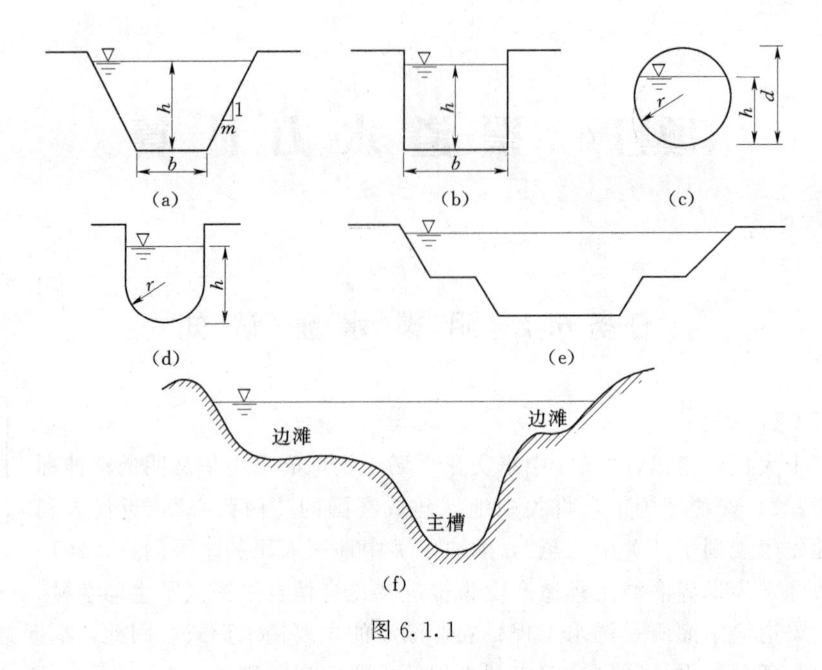

图 6.1.1

梯形渠道边坡系数 m 的影响因素比较多，通常可以根据边坡的岩土性质，侧壁的衬砌情况，以及渠道设计的有关规定，查专门水力计算手册选取。表 6.1.1 所给出的 m 值可供参考。

表 6.1.1　　梯形渠道边坡系数 m

岩土种类	边坡系数 m	岩土种类	边坡系数 m
未风化的岩石	0～0.25	黏土，黄土	1.0～1.5
风化的岩石	0.25～0.5	黏壤土，砂壤土	1.25～2.0
半岩性耐水土壤	0.5～1.0	细砂	1.5～2.5
卵石和砂砾	1.25～1.5	粉砂	3.0～3.5

矩形过水断面，可认为是边坡系数 $m=0$ 的梯形；而三角形过水断面，则认为是底宽 $b=0$ 的梯形，水力计算时可套用梯形的计算公式。

底部为半圆，侧墙直立的 U 形渠道也比较常见，其水力要素为：

水面宽度
$$B=2r \tag{6.1.5}$$

面积
$$A=\frac{\pi r^2}{2}+2r(h-r) \tag{6.1.6}$$

湿周
$$\chi=2(h-r)+\pi r \tag{6.1.7}$$

水力半径
$$R=\frac{\frac{\pi r^2}{2}+2r(h-r)}{2(h-r)+\pi r} \tag{6.1.8}$$

另外，还有一种底宽远远大于水深（$b\gg h$）的宽浅式断面，这种断面在计算过水断面的水力半径时通常这样进行：

$$R=\frac{A}{\chi}=\frac{bh}{b+2h}=\frac{h}{1+2\,\dfrac{h}{b}}\approx h \tag{6.1.9}$$

即宽浅式断面的水力半径 R 近似等于水深 h，计算时可直接用过水断面的水深代替水力半径，从而大大简化了计算。但是，这样的断面因占地多、不经济，在人工渠道中很少看到，而在天然河道中则比较多见。

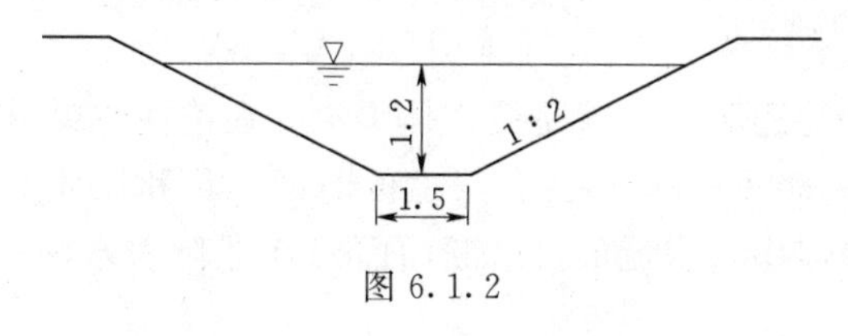

图 6.1.2

【例 6.1.1】 某田间土质渠道为梯形断面，其尺寸如图 6.1.2（图中单位：m）所示，试计算该渠道的过水断面面积 A，湿周 χ 和水力半径 R。

解： 由图 6.1.2 可知，该渠道底宽 b 为 1.5m，水深 h 为 1.2m，渠道边坡系数 m 为 2。根据式（6.1.1）～式（6.1.4），可得

过水断面面积 $A=(b+mh)h=(1.5+2\times1.2)\times1.2=4.68(\text{m}^2)$

湿周 $\chi=b+2h\sqrt{1+m^2}=1.5+2\times1.2\times\sqrt{1+2^2}=6.87(\text{m})$

水力半径 $R=\dfrac{A}{\chi}=\dfrac{4.68}{6.87}=0.68(\text{m})$

6.1.3　渠道的底坡

渠道的底坡一般沿程微向下游倾斜，通常把渠道的底面与纵剖面的交线称为渠底线，而把渠底线与水平线夹角 α 的正弦（即渠底线沿流程方向每单位长度的下降量）称为渠道的底坡，常以符号 i 表示。图 6.1.3 中，若以长度 l' 表示断面 1—1 至断面 2—2 间的倾斜距离，以高度 z_1、z_2 分别表示断面 1—1 和 2—2 的渠底高程，则渠道的底坡 i 应为

$$i=\sin\alpha=\frac{z_1-z_2}{l'} \tag{6.1.10}$$

在水利工程中，渠道由于受允许流速的限制，α 角一般都比较小，根据数学概念，在 α 角比较小时（$\alpha<6°$），$\sin\alpha$ 与 $\tan\alpha$ 的值近似相等，也就是说，两断面间的倾斜距离 l' 可用水平距离 l 来代替，而且，过水断面可以看作是铅直平面，水深 h 也可沿垂线方向量取，则底坡 i 用下式计算

$$i\approx\tan\alpha=\frac{z_1-z_2}{l} \tag{6.1.11}$$

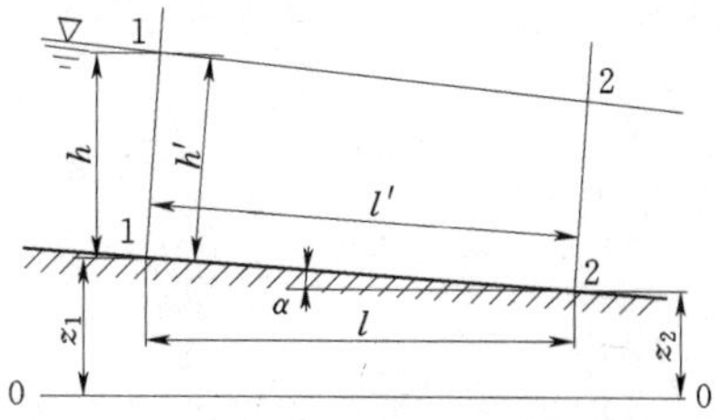

图 6.1.3

但是要注意，在 α 角较大时，因 $\sin\alpha$ 与 $\tan\alpha$ 的值相差比较大，式（6.1.11）就不再适用了。

渠道的底坡可能出现三种情况：第一种是当渠底高程沿流程下降时，底坡 $i>0$，称为顺坡（或正坡），这种底坡在工程中是最常见的；第二种是当渠底高程沿流程不变时，底坡 $i=0$，称为平坡；第三种是当渠底高程沿流程上升时，底坡 $i<0$，称为逆坡（或负坡），如图 6.1.4 所示。

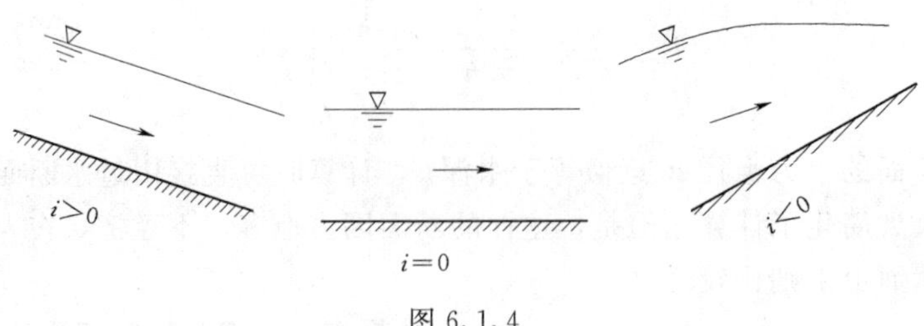

图 6.1.4

人工明渠中，若渠道的断面形状和尺寸沿流程不变，就是棱柱体渠道。在棱柱体渠道中，水流的过水断面面积 A 仅与水深 h 有关，即 $A=f(h)$。若渠道的断面形状和尺寸沿流程变化，就是非棱柱体渠道。在非棱柱体渠道中，水流的过水断面面积 A 是随着水深 h 和流程 l 而变的，即 $A=f(h,l)$。

天然河道的断面一般是不规则的复式断面，如图 6.1.1（f）所示。由于过水断面的水力要素随水深的变化是不连续的，所以通常不能用解析式来表达，大多数情况下属于非棱柱体河槽。

6.1.4　明渠均匀流

明渠均匀流就是物理学中的匀速直线运动，由力学观点分析，作用在水流运动方向上的各种力应保持平衡。

如图 6.1.5 所示，取断面 1—1 和 2—2 之间的水体 $ABCD$ 作为研究对象，分析作用在这块水体上的力：分别有铅直向下的重力 G，平行于流向的摩阻力 F_f，及作用在两控制断面上的大小相等、方向相反的的动水压力 P_1 和 P_2，沿流向写动力平衡方程，有

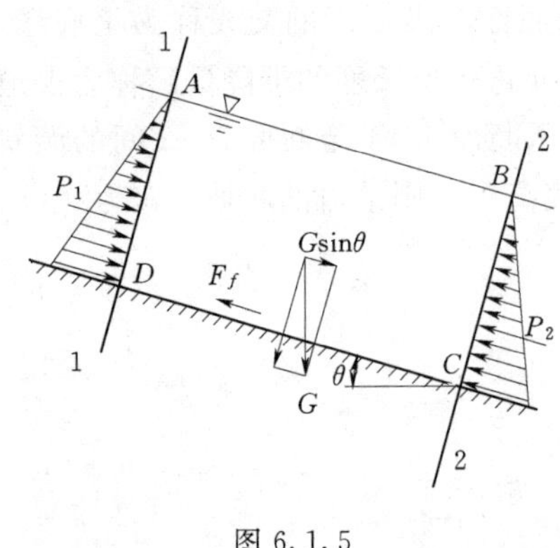

图 6.1.5

$$P_1+G\sin\theta-F_f-P_2=0$$

因为 $P_1=P_2$，所以上式可写为 $G\sin\theta=F_f$，即水体重力沿流向的分力与水流所受边壁阻力平衡。也就是说，当 $G\sin\theta=F_f$ 时，水流呈现为均匀流，此时渠道的水深、断面平均流速、流速分布沿程都不改变；当 $G\sin\theta>F_f$ 时，水流作加速运动；当 $G\sin\theta<F_f$ 时，水流作减速运动。

根据以上分析，明渠均匀流的主要特征为：

（1）过水断面的形状和大小、流速、流量、水深均沿流程不变。

（2）总水头线（坡度以 J 表示）、测压管水头线（在明渠水流中就是水面曲线，坡度以 J_p 表示）、渠底线三者平行，因而它们的坡度相等，即

$$J=J_p=i \tag{6.1.12}$$

由于明渠均匀流具有上述特性，因此形成这种流动必须具备一定的条件：

（1）明渠中水流必须是恒定的，且流量沿程不变。

（2）渠道必须是顺坡（$i>0$）。因为只有在顺坡渠道上，才能满足重力沿流向的分力与摩阻力平衡的条件。

（3）渠道的糙率必须保持沿程不变。

（4）渠道必须是长而直的、底坡沿程不变的棱柱体渠道，且沿程不能有建筑物对水流形成干扰。

上述四个条件中任一个不能满足时，都不能产生明渠均匀流。实际工程中，渠道上往往修建有桥、闸、坝等建筑物，对水流形成局部干扰，故严格地讲，没有绝对的明渠均匀流，只要与上述条件相差不大，即可近似地看成是明渠均匀流。在人工渠道中，渠轴线总是尽可能地顺直，底坡沿程尽量保持不变，渠道通常是沿程不变的棱柱体渠道，基本上满足均匀流的条件。

6.1.5 明渠非均匀流

天然河道和大多数人工渠道由于受地形、地质及施工条件的限制，渠道的横断面尺寸、粗糙度或底坡往往沿程是改变的，把这种过水断面水力要素沿程改变的水流，称为明渠非均匀流，明渠中的水流多数属于非均匀流。

任务解析单

根据明渠水流现象，我们可以认识到，天然河流或人工渠道中的水流，统称为明渠水流。明渠水流有以下特点：

（1）明渠水流具有自由液面，属于无压流。

（2）液体在渠槽中流动时具有与大气相接触的自由表面，液体表面上各点的压强均为大气压强，相对压强为零。

（3）明渠水流中，与渠道（无压管道）接触的质点由于受到固体摩擦阻力的影响，流速为零，而远离固体边界处的水流流速较快，故明渠水流流速在横断面上分布是不均匀的。

工作单

6.1.1 明渠均匀流的渠底坡度 i、水面坡度 J_p 和水力坡度 J 有何关系？

6.1.2 渠道产生明渠均匀流需要满足哪些条件？

6.1.3 平坡和逆坡渠道上能产生明渠均匀流吗？为什么？

任务6.2　明渠均匀流计算问题探究

任务单

“大道至简”是我国哲学的基本认知，水在明渠中运动，所受的影响因素十分复杂，但无论再复杂的明渠水流，最终都要简化为明渠水流求解的最简单模型——明渠均匀流进行分析。我国古代水利专家先后完成郑国渠、都江堰、灵渠等举世瞩目的水利工程，是对明渠水流应用的成功实践。18世纪的法国工程师谢才经过多次试验与总结，提出了明渠均匀流水力计算基本公式，即谢才公式。其后的曼宁、巴甫洛夫斯基等水利学者对谢才公式的相关参数进行了完善。因此，明渠均匀流水力计算公式的探索，是水利领域工匠精神的实践印证。

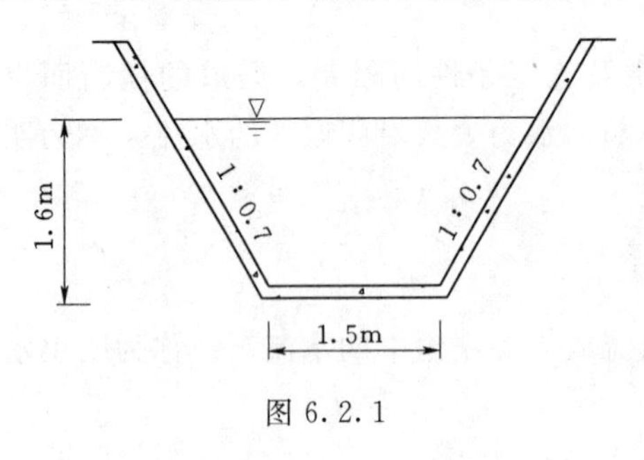

图6.2.1

泾惠渠是李仪祉先生规划的“关中八惠”中的第一惠，其北干渠横断面如图6.2.1所示，底宽$b=1.5$m，边坡系数$m=0.7$，渠道纵波为1/2500，渠道采用混凝土衬砌。请分析当水深$h=1.6$m时，渠道通过的流量。

学习单

6.2　明渠均匀流计算公式解析

6.2.1　明渠均匀流计算公式

明渠均匀流基本计算公式是谢才公式：

$$Q=AC\sqrt{Ri} \tag{6.2.1}$$

式中　Q——明渠均匀流的流量，m^3/s；

A——过水断面的面积，m^2；

C——谢才系数，$m^{1/2}/s$；

i——渠道底坡。

其中谢才系数采用曼宁公式计算

$$C=\frac{1}{n}R^{1/6} \tag{6.2.2}$$

式中　n——糙率；

R——水力半径，m。

式（6.2.2）代入式（6.2.1），谢才公式又可以写成

$$Q=\frac{A}{n}R^{2/3}i^{1/2} \tag{6.2.3}$$

或

$$Q=\frac{1}{n}A^{5/3}\chi^{2/3}i^{1/2} \tag{6.2.4}$$

式中　χ——湿周。

工程中糙率 n 的取值见表6.2.1。

【例6.2.1】 图6.2.2所示为某田间斗渠的横断面，底坡 i 为1/3000，其表面用混凝土衬砌，抹灰护面，渠道底宽 b 为0.7m，边坡系数 m 为0.6，渠道的设计水深 h 为0.65m，试计算该斗渠的设计流量 Q_d。

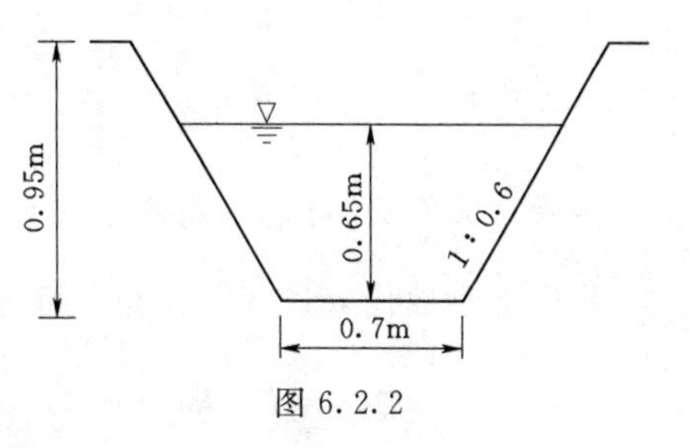

图6.2.2

表6.2.1　　渠道糙率 n 值

渠道类型及状况	糙率 n 值		
	最小值	正常值	最大值
1. 土渠			
(1) 渠线顺直，断面均匀			
清洁，新近完成	0.016	0.018	0.02
清洁，经过风雨侵蚀	0.018	0.022	0.025
清洁，有卵石	0.022	0.025	0.03
有牧草和杂草	0.022	0.027	0.033
(2) 曲线弯曲，断面变化的土渠			
没有植物	0.023	0.025	0.03
有牧草和一些杂草	0.025	0.03	0.033
有茂密的杂草在深槽中，有水生植物	0.03	0.035	0.04
土底，碎石边壁	0.028	0.03	0.035
块石底，边壁为杂草	0.025	0.035	0.04
圆石底，边壁清洁	0.03	0.04	0.05
(3) 用挖土机开凿或挖掘的渠道			
没有植物	0.025	0.028	0.033
岸边有稀疏的小树	0.035	0.05	0.06
2. 石渠			
光滑而均匀	0.025	0.035	0.04
参差不齐而不均匀	0.035	0.04	0.05
3. 混凝土渠道			
抹灰的混凝土或钢筋混凝土护面	0.011	0.012	0.013
不抹灰的混凝土或钢筋混凝土护面	0.013	0.014	0.017
喷浆护面	0.016	0.018	0.021
4. 各种材料护面的渠道			
三合土护面	0.014	0.016	0.02
浆砌砖护面	0.012	0.015	0.017
条石护面	0.013	0.015	0.018
干砌石护面	0.023	0.032	0.035
浆砌块石护面	0.017	0.025	0.03

解： 查表6.2.1可知，该渠道的糙率为0.012。根据式（6.2.1）～式（6.2.4），可得

过水断面面积　$A=(b+mh)h=(0.7+0.6\times0.65)\times0.65=0.71(\text{m}^2)$

湿周　$\chi=b+2h\sqrt{1+m^2}=0.7+2\times0.65\times\sqrt{1+0.6^2}=2.22(\text{m})$

水力半径 $R=\frac{A}{\chi}=\frac{0.71}{2.22}=0.32(\mathrm{m})$

由式（6.2.2）可得，谢才系数 $C=\frac{1}{n}R^{1/6}=\frac{1}{0.012}\times0.32^{1/6}=68.91(\mathrm{m}^{1/2}/\mathrm{s})$

将以上参数代入式（6.2.3），可得设计流量

$$Q_d=AC\sqrt{Ri}=0.71\times68.91\times\sqrt{0.32\times\frac{1}{3000}}=0.5(\mathrm{m}^3/\mathrm{s})$$

6.3 明渠均匀流计算问题探究——水力最佳断面及允许流速

6.2.2 水力最佳断面

所谓水力最佳断面，就是在渠道的过水断面面积、底坡、糙率一定时，通过流量最大的断面；或者在渠道的流量、底坡、糙率一定时，过水断面面积最小的断面。研究水力最佳断面在渠道设计中有很重要的意义。

圆形断面是天然的水力最佳断面，弧形断面接近水力最佳断面，但是这样的断面对技术要求较高，施工不便。实际工程中应用最多的是梯形断面，下面求梯形渠道水力最佳断面应该满足的条件。

由式（6.1.3），梯形断面的湿周为

$$\chi=b+2h\sqrt{1+m^2}=\frac{A}{h}-mh+2h\sqrt{1+m^2}$$

最小的湿周应满足$\frac{\mathrm{d}\chi}{\mathrm{d}h}=0$（当$\frac{\mathrm{d}^2\chi}{\mathrm{d}^2h}>0$时），将上式对 h 求导，可得

$$\frac{\mathrm{d}\chi}{\mathrm{d}h}=-\frac{A}{h^2}-m+2\sqrt{1+m^2}=-\frac{(b+mh)h}{h^2}-m+2\sqrt{1+m^2}=0$$

则

$$\beta_m=\frac{b}{h}=2(\sqrt{1+m^2}-m) \tag{6.2.5}$$

式（6.2.5）就是梯形渠道水力最佳断面的宽深比应该满足的条件。对于不同边坡系数 m 时的梯形渠道，其水力最佳断面宽深比 β_m 值见表 6.2.2。

表 6.2.2 梯形渠道水力最佳断面的宽深比 β_m 值

m	0.00	0.25	0.50	0.75	1.00	1.50
β_m	2.00	1.56	1.24	1.00	0.83	0.61
m	2.00	2.50	3.00	3.50	4.00	5.00
β_m	0.47	0.39	0.33	0.28	0.25	0.20

将最佳宽深比 β_m 分别代入面积 A 和湿周 χ 的表达式，可以得到对应于水力最佳断面的水力半径为

$$R_m=\frac{A}{\chi}=\frac{(b+mh)h}{b+2h\sqrt{1+m^2}}=\frac{[2(\sqrt{1+m^2}-m)h+mh]h}{2(\sqrt{1+m^2}-m)h+2h\sqrt{1+m^2}}=\frac{h}{2} \tag{6.2.6}$$

式（6.2.6）表明，梯形渠道水力最佳断面的水力半径 R 只与水深有关（等于水深的一半），与渠道的底宽及边坡系数等无关。

矩形断面可看作 $m=0$ 的梯形，由式（6.2.5）得

$$\beta_m=\frac{b}{h}=2, b=2h \tag{6.2.7}$$

也就是说，矩形渠道水力最佳断面的特征是：底宽为水深的2倍。

由表6.2.2可以看出，当$m \geqslant 1$时，$\beta<1$，这是一种水深大、底宽小的窄深式断面，这种断面对施工和管理是不利的。而一般的梯形渠道，m值都大于1，因此，无衬砌的渠道不宜采用水力最佳断面，而要结合技术和经济各方面因素来确定渠道的实用经济断面。

6.2.3　允许流速

渠道在通过不同大小的流量时，流速是不同的。为保证渠道的正常运行，使其在使用过程中不会因为流速过小引起淤积，或因流速过大引起冲刷，必须对渠道断面平均流速的上限和下限值加以限制，这种限制流速就是允许流速。

允许流速的上限是不冲允许流速（v_{max}），主要与渠道的建筑材料和流量有关，可参照表6.2.3、表6.2.4和表6.2.5选取。若水流的挟泥沙量较大时，须依据有关水力学手册确定。

表6.2.3　坚硬岩石和人工护面渠道的不冲允许流速 v_{max}　　单位：m/s

坚硬岩石和人工护面渠道	流量/(m^3/s)		
	<1	1～10	>10
软质水成岩（泥灰岩、页岩、软砾岩）	2.5	3.0	3.5
中等硬质水成岩（致密砾石、多孔石灰岩、层状石灰岩、白云石灰岩、灰质岩）	3.5	4.3	5.0
硬质水成岩（白云砂岩、砂质石灰岩）	5.0	6.0	7.0
结晶岩、火成岩	8.0	9.0	10.0
单层块石铺砌	2.5	3.5	4.0
双层块石铺砌	3.5	4.5	5.0
混凝土护面	6.0	8.0	10.0

表6.2.4　均质黏性土的不冲允许流速 v_{max}　　单位：m/s

土　质	不冲允许流速	土　质	不冲允许流速
轻壤土	0.60～0.80	重壤土	0.70～1.00
中壤土	0.65～0.85	黏土	0.75～0.95

注　表中土壤的干容重为12.75～16.67kN/m^3。

表6.2.5　均质无黏性土的不冲允许流速 v_{max}

土　质	粒径/mm	不冲流速/(m/s)	土　质	粒径/mm	不冲流速/(m/s)
极细砂	0.05～0.1	0.35～0.45	中砾石	5～10	0.90～1.10
粗砂、中砂	0.1～0.5	0.45～0.60	粗砾石	10～20	1.10～1.30
粗砂	0.5～2.0	0.60～0.75	小卵石	20～40	1.30～1.80
砂砾石	2.0～5.0	0.75～0.90	中卵石	40～60	1.80～2.20

注　表6.2.4和表6.2.5中所列不冲允许流速为水力半径$R=1$m的情况，如$R\neq 1$m，则应将表中数值乘以R^{α}才得相应的不冲允许流速。对于砂、砾石、卵石、疏松壤土、黏土：$\alpha=\frac{1}{3}\sim\frac{1}{4}$；对于密实的壤土、黏土：$\alpha=\frac{1}{4}\sim\frac{1}{5}$。

允许流速的下限是不淤允许流速（v_{min}），主要与渠道的挟沙能力有关，可参照有关水力学手册确定。

渠道的平均流速 v，应小于不冲允许流速 v_{max}，大于不淤允许流速 v_{min}，即

$$v_{min}<v<v_{max} \tag{6.2.8}$$

【例 6.2.2】 某梯形断面的土渠，边坡系数 $m=1.25$，渠道糙率 $n=0.025$，底坡 $i=0.0004$，流量 $Q=2.2\text{m}^3/\text{s}$，渠道为黏土，不淤流速 $v_{min}=0.5\text{m/s}$。试设计渠道的水力最佳断面，并校核渠中流速。

解：（1）先设计渠道的水力最佳断面。

由于 m 值已知，可求出水力最佳断面的宽深比 β_m。根据式（6.2.5）得

$$\beta_m=\frac{b}{h}=2(\sqrt{1+m^2}-m)=2\times(\sqrt{1+1.25^2}-1.25)=0.702$$

则面积
$$A_m=(\beta_m+m)h_m^2=1.952h_m^2$$

水力半径
$$R_m=\frac{h_m}{2}$$

由曼宁公式，谢才系数为

$$C_m=\frac{1}{n}R_m^{1/6}=\frac{1}{0.025}\left(\frac{h_m}{2}\right)^{1/6}=35.636h_m^{1/6}$$

将上述结果代入明渠均匀流公式 $Q=AC\sqrt{Ri}$，可得

$$2.2=1.952h_m^2\times35.636h_m^{1/6}\times\sqrt{\frac{h_m}{2}\times0.0004}$$

整理后得
$$h_m^{8/3}=2.2363$$

解得
$$h_m=1.35\text{m}$$

底宽为
$$b_m=\beta_m h_m=0.702\times1.35=0.95(\text{m})$$

（2）校核渠道的流速。

由表 6.2.4 查得黏土在 $R=1\text{m}$ 时，不冲允许流速为 $v_{max}=0.75\sim0.95\text{m/s}$

而 $R_m=\frac{h_m}{2}=\frac{1.35}{2}=0.675(\text{m})$，取 $\alpha=\frac{1}{4}$，则不冲允许流速为

$$v_{max}=(0.75\sim0.95)\times0.675^{1/4}=0.68\sim0.86(\text{m/s})$$

根据已知条件，不淤允许流速 $v_{min}=0.5\text{m/s}$

故渠道的断面平均流速为

$$v=\frac{Q}{(b_m+mh_m)h_m}=\frac{2.2}{(0.95+1.25\times1.35)\times1.35}=0.62(\text{m/s})$$

$v_{min}<v<v_{max}$，所设计断面满足允许流速的要求。

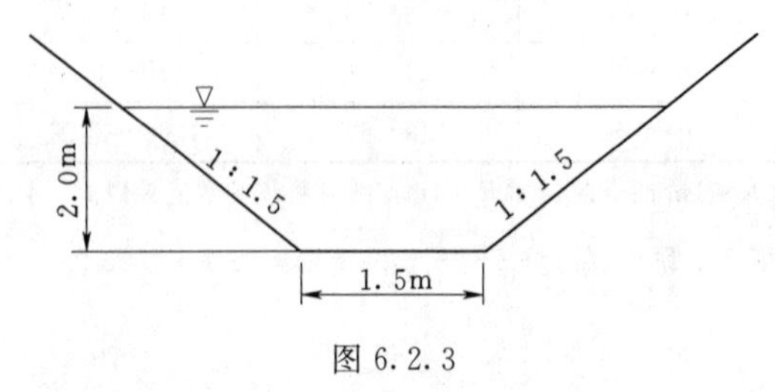

图 6.2.3

【例 6.2.3】 某输水渠道为黏土衬砌，其断面尺寸如图 6.2.3 所示，其设计水深为 2m，该渠道输水水源为附近水库，水质为二类水，无泥沙，试确定该渠道的不冲

允许流速。

解：查表 6.2.4 可知，当湿周 $R=1$m 时，黏土不冲允许流速为 0.75～0.95m/s。

当通过设计水深时，

渠道过水断面面积　$A=(b+mh)h=(1.5+1.5\times2)\times2=9(\text{m}^2)$

湿周　$\chi=b+2h\sqrt{1+m^2}=1.5+2\times2\times\sqrt{1+1.5^2}=8.71(\text{m})$

水力半径　$R=\dfrac{A}{\chi}=\dfrac{9}{8.71}=1.03(\text{m})$

将 α 取 $\dfrac{1}{4}$，则该渠道不冲允许流速

$$v_{\max}=(0.75\sim0.95)\times1.03^{1/4}=0.76\sim0.96(\text{m/s})$$

6.2.4　不同糙率

6.4　明渠均匀流计算问题探究——综合糙率及复式断面的水力计算

工程中，有时为了满足特殊地形条件和地质条件的要求，渠底和边壁要采用不同的材料，因此，断面湿周各部分的糙率是不同的。如图 6.2.4 所示，依山开挖某渠道，边坡一边是混凝土衬砌，一边是浆砌石衬砌，底部则为原天然土壤，且断面是不对称的。这些渠道进行水力计算时，要先求出各部分的综合糙率（n_e），再进行其他运算。求综合糙率的近似公式较多，常用的有以下几种。

$$n_e=\frac{n_1\chi_1+n_2\chi_2+n_3\chi_3}{\chi_1+\chi_2+\chi_3} \tag{6.2.9}$$

$$n_e=\sqrt{\frac{n_1^2\chi_1+n_2^2\chi_2+n_3^2\chi_3}{\chi_1+\chi_2+\chi_3}} \tag{6.2.10}$$

$$n_e=\left(\frac{n_1^{3/2}\chi_1+n_2^{3/2}\chi_2+n_3^{3/2}\chi_3}{\chi_1+\chi_2+\chi_3}\right)^{2/3} \tag{6.2.11}$$

6.2.5　复式断面

复式断面多用于流量变化比较大的渠道中。如图 6.2.5 所示，这种渠道在小流量时，水流由主槽部分通过，只有在流量较大时，两边滩地才过水，因此，主槽和滩地的糙率常常是不同的，天然河道也属于这种情况，如图 6.1.1（f）所示。

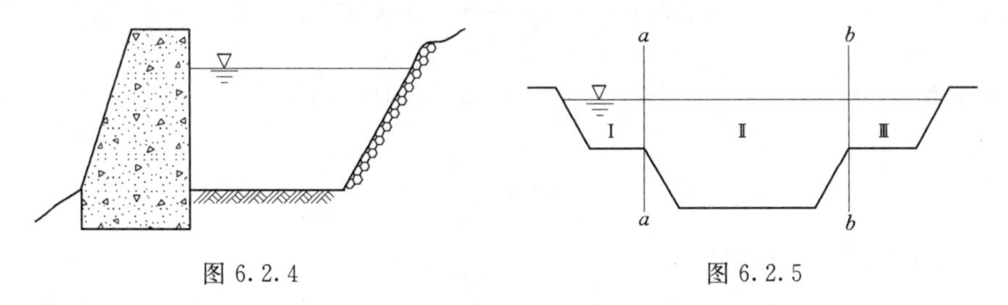

图 6.2.4　　　　图 6.2.5

复式断面一般不规则，断面周界上糙率也不同，计算时若将整个断面作为一个整体考虑，得出的结果与实际水流是有误差的。通常采用的是近似计算，用垂线将断面分为几个部分，分别计算每部分的流速或流量，最后相加得到总流的流量。

如图 6.2.5 所示的复式断面，利用垂线 $a—a$ 和 $b—b$ 将断面分为Ⅰ、Ⅱ、Ⅲ三部分，

每一部分的流量为

$$\left.\begin{aligned} Q_1 &= A_1 C_1 \sqrt{R_1 i} \\ Q_2 &= A_2 C_2 \sqrt{R_2 i} \\ Q_3 &= A_3 C_3 \sqrt{R_3 i} \end{aligned}\right\} \tag{6.2.12}$$

总流的流量为

$$Q = Q_1 + Q_2 + Q_3 \tag{6.2.13}$$

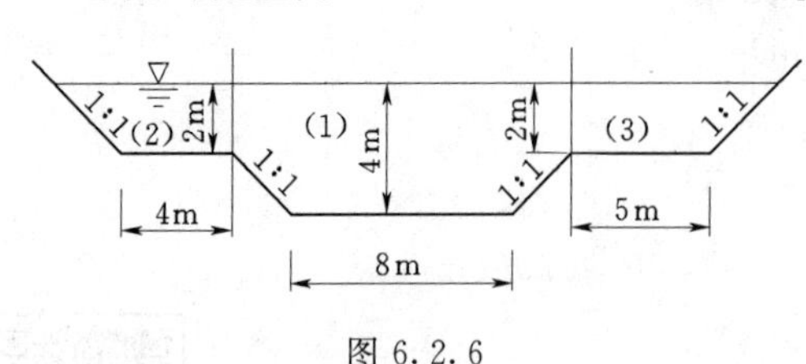

图 6.2.6

【例 6.2.4】 一复式断面渠道，各部分尺寸如图 6.2.6 所示。渠道底坡 $i=1/4000$，主槽部分糙率 $n_1=0.02$，边滩部分糙率 $n_2=0.025$，各部分边坡系数都为 1.0，试求渠道所通过的流量。

解： 用垂线将断面分成：(1) 主槽、(2) 左边滩和 (3) 右边滩三部分，分别计算每部分的水力要素和泄流量。

(1) 第 1 部分（主槽）。

面积 $$A_1=(8+1\times2\times2)\times2+(8+1\times2\times2+8)\times\frac{2}{2}=44(\text{m}^2)$$

湿周 $$\chi_1=8+2\times2\sqrt{1+1^2}=13.66(\text{m})$$

水力半径 $$R_1=\frac{A_1}{\chi_1}=\frac{44}{13.66}=3.22(\text{m})$$

谢才系数 $$C_1=\frac{1}{n}R_1^{1/6}=\frac{1}{0.02}\times3.22^{1/6}=60.76(\text{m}^{1/2}/\text{s})$$

流量 $$Q_1=A_1C_1\sqrt{R_1 i}=44\times60.76\times\sqrt{3.22\times\frac{1}{4000}}=75.9(\text{m}^3/\text{s})$$

(2) 第 2 部分（左边滩）。

面积 $$A_2=(4+1\times2+4)\times\frac{2}{2}=10(\text{m}^2)$$

湿周 $$\chi_2=4+2\times\sqrt{1+1^2}=6.83(\text{m})$$

水力半径 $$R_2=\frac{A_2}{\chi_2}=\frac{10}{6.83}=1.46(\text{m})$$

谢才系数 $$C_2=\frac{1}{n}R_2^{1/6}=\frac{1}{0.025}\times1.46^{1/6}=42.60(\text{m}^{1/2}/\text{s})$$

流量 $$Q_2=A_2C_2\sqrt{R_2 i}=10\times42.60\times\sqrt{1.46\times\frac{1}{4000}}=8.1(\text{m}^3/\text{s})$$

(3) 第 3 部分（右边滩）。

面积 $$A_3=(5+1\times2+5)\times\frac{2}{2}=12(\text{m}^2)$$

湿周 $$\chi_3=5+2\times\sqrt{1+1^2}=7.83(\text{m})$$

水力半径 $$R_3=\frac{A_3}{\chi_3}=\frac{12}{7.83}=1.53(\text{m})$$

谢才系数 $C_3=\frac{1}{n}R_3^{1/6}=\frac{1}{0.025}\times 1.53^{1/6}=42.94(m^{1/2}/s)$

流量 $Q_3=A_3C_3\sqrt{R_3 i}=12\times 42.94\times\sqrt{1.53\times\frac{1}{4000}}=10.1(m^3/s)$

(4) 总流量为

$$Q=Q_1+Q_2+Q_3=75.9+8.1+10.1=94.1(m^3/s)$$

6.2.6 渠道的糙率分析

渠道的糙率 n 值主要反映边壁粗糙程度对水流的影响。n 值大，表明边壁的表面比较粗糙；n 值小，表明边壁的表面比较光滑。由曼宁公式和巴甫洛夫斯基公式可知，谢才系数 C 是 n 和 R 的函数，且 C 值直接影响渠道的流速和流量。理论分析表明，糙率 n 值对谢才系数 C 的影响比水力半径 R 对 C 的影响大得多。因此，根据实际情况正确地选定糙率，对渠道的计算将有重要的意义。

人工渠道的断面形状一般是规则的。在设计渠道时，若糙率 n 值选用偏小，计算所得的断面也偏小，过水能力达不到设计要求，在通过设计流量时将造成水流漫溢，挟带泥沙的水流还会引起淤积；若 n 值选用偏大，与前面刚好相反，不仅会因断面尺寸偏大造成浪费，还会引起冲刷。人工渠道的糙率，可根据渠道的流量、材料、施工质量、养护情况以及使用时间的长短，参考表 6.2.1 选用。对一些特殊的大型水利工程，其糙率 n 值也可通过模型试验确定。

天然河道的断面形状一般不规则，长度比较长，糙率 n 值的影响因素很多，且沿程糙率常常是改变的，因此糙率的取值复杂得多。除了受河槽的粗糙程度的影响外，河道的断面形状、水深、水流的含泥沙量，甚至季节等都会对糙率产生影响。

任务解析单

针对本节任务单中提出的问题，现就泾惠渠北干渠渠道流量问题进行求解。

查阅表 6.2.1，取渠道表面槽率为 0.014。

过水断面面积 $A=(b+mh)h=(1.5+0.7\times 1.6)\times 1.6=4.19(m^2)$

湿周 $\chi=b+2h\sqrt{1+m^2}=1.5+2\times 1.6\times\sqrt{1+0.7^2}=5.41(m)$

水力半径 $R=\frac{A}{\chi}=\frac{4.19}{5.41}=0.78(m)$

谢才系数 $C=\frac{1}{n}R^{1/6}=\frac{1}{0.014}\times 0.78^{1/6}=68.46(m^{1/2}/s)$

设计流量 $Q_0=AC\sqrt{Ri}=4.19\times 68.46\times\sqrt{0.78\times\frac{1}{2500}}=5.05(m^3/s)$

工作单

6.2.1 糙率选得大了，设计出的渠道断面是大还是小？会产生什么后果？

6.2.2 渠道在设计断面尺寸时是否都应按水力最佳断面设计？为什么？

6.2.3 某干渠为梯形土渠，通过流量 $Q=35m^3/s$，边坡系数 $m=1.5$，底坡 $i=1/5000$，糙率 $n=0.020$。试按水力最佳断面原理设计渠道断面。

6.2.4 矩形渠槽，底宽 $b=4\text{m}$，水深 $h=1.5\text{m}$，槽底糙率 $n_1=0.0225$，槽壁两边的糙率分别为 $n_2=0.02$ 和 $n_3=0.025$，试计算综合糙率。

6.2.5 一复式断面河道，$i=0.0001$，深槽糙率 $n_1=0.025$，滩地糙率 $n_2=0.030$，洪水位及其他尺寸如图 6.2.7 所示。求洪水流量。

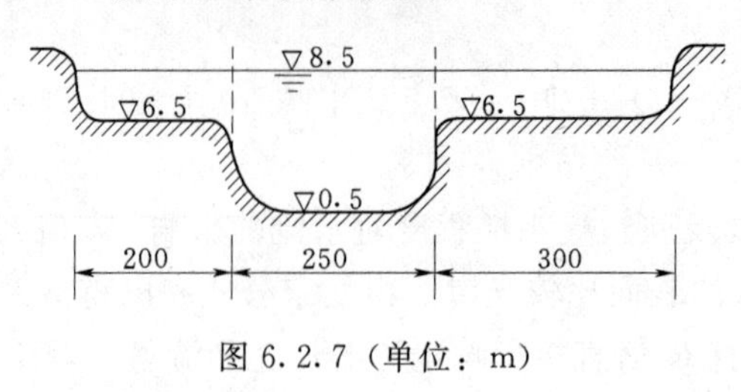

图 6.2.7（单位：m）

任务6.3　明渠均匀流水力计算

任务单

谢才公式是解决明渠均匀流水力计算的基本公式，但明渠水流的问题是比较复杂的，除了流量计算之外，还有渠道断面设计的问题，因此在学习过程中，还要学会举一反三，融会贯通，在水利水电工程、农业灌溉工程的渠道设计中，才能够得心应手。

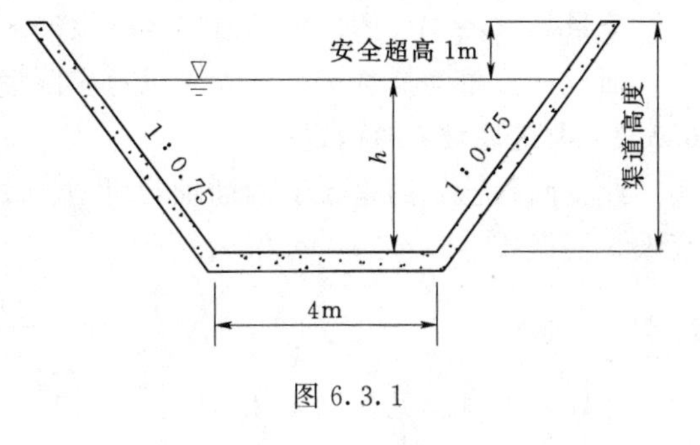

图 6.3.1

如图 6.3.1 所示，“关中八惠”的渭惠渠南干渠某段拟进行衬砌改造，设计渠道底宽 $b=4\text{m}$，用混凝土板衬砌，糙率 $n=0.014$，边坡系数为 0.75，改造后渠道断面如图 6.3.1 所示，$i=1/2000$，渠道加大流量为 $40\text{m}^3/\text{s}$，渠道安全超高 1m，请分析渠道的垂向高度。

学习单

梯形断面渠道在工程中应用最为广泛，下面主要讨论它的水力计算。将梯形的面积、湿周和水力半径代入明渠均匀流计算公式（6.3.1），整理后得

$$Q=AC\sqrt{Ri}=\frac{A}{n}R^{2/3}i^{1/2}=\frac{\sqrt{i}}{n}\frac{[(b+mh)h]^{5/3}}{(b+2h\sqrt{1+m^2})^{2/3}} \tag{6.3.1}$$

由上式很容易看出，梯形渠道的过流量 Q 是底宽 b、边坡系数 m、水深 h、糙率 n 以及底坡 i 的函数，即 $Q=f(b,\ m,\ h,\ n,\ i)$，此计算式中存在 Q、b、m、h、n、i 六个变量，通常边坡系数 m 根据表 6.1.1 选取，糙率 n 根据表 6.2.1 选取。这样，六个变量只剩下四个，只要知道其中三个，就可求出另一个。

6.3.1　渠道过水能力的确定

6.5　明渠均匀流水力计算——渠道过水能力及底坡确定

工程中为保证渠道的正常运行，往往需要对已经修建好的渠道进行计算，校核其流量或流速是否满足设计要求。这类问题已知的是渠道的断面尺寸 b、m、h、底坡 i 及糙率 n，要求计算通过渠道的实际流速或流量，校核其是否满足允许流速或流量的要求。

【例 6.3.1】 某梯形排水渠道，长 $L=1.0\text{km}$，底宽 $b=3\text{m}$，边坡系数 $m=2.5$，底部落差为 0.5m，设计流量 $Q=9.0\text{m}^3/\text{s}$。试验算当实际水深 $h=1.5\text{m}$ 时，渠道能否满足设计流量的要求（糙率 n 取 0.025）。

解： 根据已知条件，用明渠均匀流公式 $Q=AC\sqrt{Ri}$ 求解。

过水断面面积　$A=(b+mh)h=(3+2.5\times1.5)\times1.5=10.125(\text{m}^2)$

湿周　$\chi=b+2h\sqrt{1+m^2}=3+2\times1.5\times\sqrt{1+2.5^2}=11.078(\text{m})$

水力半径 $$R=\frac{A}{\chi}=\frac{10.125}{11.078}=0.914(\mathrm{m})$$

谢才系数 $$C=\frac{1}{n}R^{1/6}=\frac{1}{0.025}\times0.914^{1/6}=39.405(\mathrm{m}^{1/2}/\mathrm{s})$$

底坡 $$i=\frac{Z_1-Z_2}{L}=\frac{0.5}{1000}=0.0005$$

流量 $Q=AC\sqrt{Ri}=10.125\times39.405\times\sqrt{0.914\times0.0005}=8.53(\mathrm{m}^3/\mathrm{s})$

而设计流量为 9.0m^3/s，大于渠道实际通过的流量，计算结果表明可以满足要求。

6.3.2 渠道底坡 *i* 的确定

此类问题已知的是渠道的断面尺寸 b、m、h、糙率 n 以及流量 Q，要求设计渠道的底坡。根据式（6.2.1），可得

$$i=\frac{Q^2}{A^2C^2R} \tag{6.3.2}$$

计算具体过程见［例 6.3.2］。

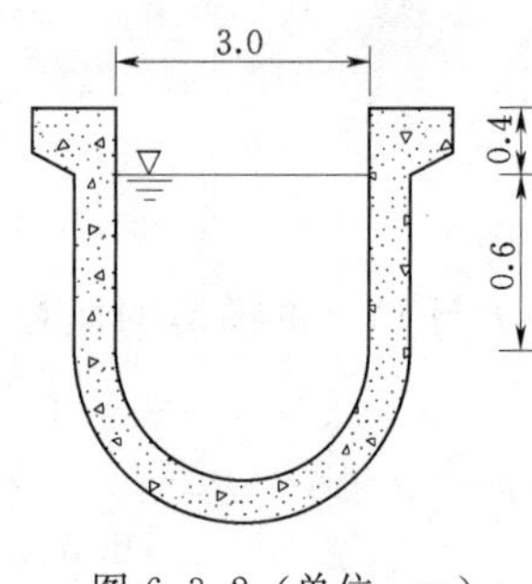

图 6.3.2（单位：m）

【例 6.3.2】 某灌溉渠道上拟修建一钢筋混凝土 U 形渡槽（糙率 $n=0.014$），如图 6.3.2 所示，已知底部半圆直径 $d=3.0$m，上部垂直侧墙高 1.0m（包括超高 0.4m），设计流量 $Q=6.0\mathrm{m}^3/\mathrm{s}$，试计算渡槽的底坡。

解：水深 $h=\frac{d}{2}+0.6=\frac{3}{2}+0.6=2.1(\mathrm{m})$

面积 $A=d\times0.6+\frac{1}{2}\pi\left(\frac{d}{2}\right)^2=3\times0.6+\frac{1}{2}\times3.14\times1.5^2=5.33(\mathrm{m}^2)$

湿周 $\chi=2\times0.6+\pi\left(\frac{d}{2}\right)=2\times0.6+3.14\times1.5=5.91(\mathrm{m})$

水力半径 $$R=\frac{A}{\chi}=\frac{5.33}{5.91}=0.90(\mathrm{m})$$

由曼宁公式 $$C=\frac{1}{n}R^{1/6}=\frac{1}{0.014}\times0.90^{1/6}=70.19(\mathrm{m}^{1/2}/\mathrm{s})$$

底坡 $$i=\frac{Q^2}{A^2C^2R}=\frac{6^2}{5.33^2\times70.19^2\times0.90}=0.00029\approx\frac{1}{3500}$$

则所求底坡为 $$i=\frac{1}{3500}$$

6.6 明渠均匀流水力计算——渠道断面尺寸的确定

6.3.3 渠道断面尺寸的确定

根据所求未知量的不同，此类问题又可分为以下三种情形：

（1）已知渠道的设计流量 Q、底坡 i、糙率 n、边坡系数 m 以及底宽 b，求明渠均匀流时的正常水深 h_0。此类问题在渠道的水力计算中是比较多见的。因为对于已经修建好的渠道，底宽、边坡、糙率、底坡等一般没有特殊情况是不会产生变化的，只有水深随着流量的改变而变化。

根据式（6.3.1），当 Q、i、n、m、b 已知时，该式变成一个关于 h 的一元高次方程，非常复杂，难以直接求解答案，只有试算求解，也可根据流量与水深之间的关系，绘出关系曲线来查图求解，具体推导及计算步骤见［例6.3.3］，这里不再详细说明，也可直接用计算机求解。

【例6.3.3】 某土渠拟设计为梯形断面，采用浆砌块石衬砌。已知设计流量 $Q=17\text{m}^3/\text{s}$，底宽 $b=4\text{m}$。根据地形地质情况，底坡 i 取1/2500，边坡系数 m 取2.0，试按均匀流设计渠道的正常水深 h_0。

解： 查表6.2.1，浆砌石 $n=0.025$。

1）用试算法求 h_0。

假设一系列的正常水深 h_0 值，代入明渠均匀流公式 $Q=AC\sqrt{Ri}$，计算出相应的流量 Q 值。根据水深和流量值绘出 h_0-Q 关系曲线，然后根据已知流量 Q，在曲线上查出需求解的均匀流水深 h_0。

设 h_0 分别为1.8m、2.0m、2.2m、2.4m，分别计算出相应的面积 A、湿周 χ、水力半径 R、谢才系数 C 及流量 Q 值，列于表6.3.1。

表6.3.1　　**水深试算表**

h_0/m	A/m^2	χ/m	R/m	$C/(\text{m}^{1/2}/\text{s})$	$Q=AC\sqrt{Ri}/(\text{m}^3/\text{s})$
1.8	13.68	12.05	1.14	40.88	11.94
2.0	16.00	12.94	1.24	41.46	14.77
2.2	18.48	13.84	1.34	42.00	17.97
2.4	21.12	14.73	1.43	42.46	21.45

由上表绘出 h_0-Q 曲线，如图6.3.3所示。根据设计流量 $Q=17\text{m}^3/\text{s}$，在曲线上查得渠道的正常水深 $h_0=2.16\text{m}$。

2）用查图法求 h_0。

令 $K=\frac{Q}{\sqrt{i}}$，代入式（6.3.1），化简后得

$$\frac{b^{2.67}}{nK}=\frac{\left(\frac{b}{h}+2\sqrt{1+m^2}\right)^{2/3}}{\left(\frac{b}{h}+m\right)^{5/3}\left(\frac{h}{b}\right)^{8/3}} \qquad (6.3.3)$$

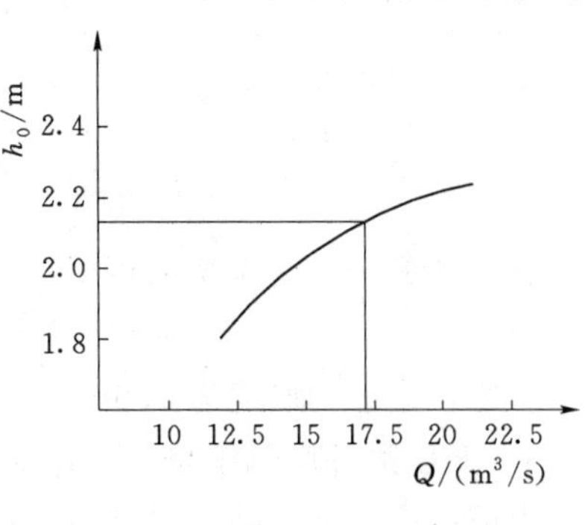

图6.3.3

以边坡系数 m 为参数，绘出 $\frac{b^{2.67}}{nK}=f\left(\frac{h}{b}\right)$ 曲线图（附图1）。根据已知的 Q、i、n、m、b 值，就可求解正常水深。

本题流量模数　$K=\frac{Q}{\sqrt{i}}=\frac{17}{\sqrt{1/2500}}=850(\text{m}^3/\text{s})$

则　$\frac{b^{2.67}}{nK}=\frac{4^{2.67}}{0.025\times 850}=1.933$

查附图 1，根据$\frac{b^{2.67}}{nK}=1.933$，及 $m=2.0$，查得 $h/b=0.54$。

故 $$h_0=0.54\times4=2.16(\text{m})$$

上述结果与试算结果完全相同。

(2) 已知渠道的设计流量 Q、底坡 i、糙率 n、边坡系数 m 以及正常水深 h_0，求底宽 b。此类问题也需求解高次方程，求解方法与第一类相似，也要试算或查附图 2 求解，这里不再举例说明。

(3) 已知渠道的设计流量 Q、底坡 i、糙率 n、边坡系数 m，给定宽深比 β，要求设计渠道的断面尺寸（即确定底宽 b 和水深 h）。此类问题要求求解两个未知量：b 和 h，用一个方程是无法求解的，所以需先将 b 用 βh 代替后，再代入明渠均匀流公式（6.3.1），就可以得到一个关于 h 的一元高次方程，用此方程可直接解出水深 h，然后才能求出底宽 b，具体求解方法见［例 6.3.4］。

【例 6.3.4】 在黏土地区计划建一灌溉渠道，采用喷浆混凝土护面。渠道需要通过的流量 $Q=4.0\text{m}^3/\text{s}$，底坡 $i=1/5000$，拟选用梯形断面，宽深比 β 取 2.0，边坡系数 m 取 1.5，试设计渠道的底宽和水深。

解：查表 6.2.1，得喷浆混凝土护面的糙率 $n=0.018$。

因宽深比 $\beta=\frac{b}{h}=2.0$，则 $b=2h$，分别代入梯形断面的水力要素计算式：

面积 $$A=(b+mh)h=(2h+1.5h)h=3.5h^2$$

湿周 $$\chi=b+2h\sqrt{1+m^2}=2h+2h\sqrt{1+1.5^2}=5.606h$$

水力半径 $$R=\frac{A}{\chi}=\frac{3.5h^2}{5.606h}=0.624h$$

由曼宁公式，谢才系数 $$C=\frac{1}{n}R^{1/6}=\frac{1}{0.018}\times(0.624h)^{1/6}=51.356h^{1/6}$$

将上面结果代入 $Q=AC\sqrt{Ri}$，得到

$$4=3.5h^2\times51.356h^{1/6}\times\sqrt{0.624h\times\frac{1}{5000}}=2.008h^{8/3}$$

解上面的一元高次方程可得

$$h=1.3\text{m},\quad b=2h=2\times1.3=2.6(\text{m})$$

所以，渠道的底宽为 2.6m，水深为 1.3m。

6.3.4 无压圆管均匀流的水力计算

由前面水力最佳断面的学习可以知道，圆形断面水力条件最优，所以圆形或半圆形输水设施在工程中得到广泛应用。污水排水管、雨水排水管、无压涵洞等，都是按无压圆管均匀流设计的，下面讨论无压圆管均匀流的水力计算。

1. 直接计算法

直径不变的长直无压圆管，计算公式与明渠均匀流相同，即 $Q=AC\sqrt{Ri}$。

圆形断面无压均匀流的过流断面如图 6.3.4 所示，水流在管中的充满程度可用水深 h 与管径 d 的比值来表示，即充满度 $\alpha=h/d$。θ 称为充满角，根据圆形断面的几何关系，

可以得到以下各水力要素：

过水断面面积 $A=\dfrac{d^2}{8}(\theta-\sin\theta)$ (6.3.4)

过水断面湿周 $\chi=\dfrac{1}{2}\theta d$ (6.3.5)

水力半径 $R=\dfrac{d}{4}\left(1-\dfrac{\sin\theta}{\theta}\right)$ (6.3.6)

水面宽度 $B=d\sin\dfrac{\theta}{2}$ (6.3.7)

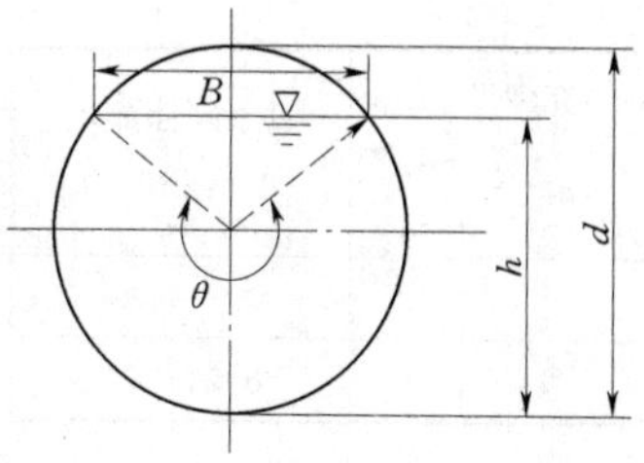

图 6.3.4

流速 $$v=\frac{C}{2}\sqrt{d\left(1-\frac{\sin\theta}{\theta}\right)i} \tag{6.3.8}$$

流量 $$Q=\frac{C}{16}d^{5/2}i^{1/2}\left[\frac{(\theta-\sin\theta)^3}{\theta}\right]^{1/2} \tag{6.3.9}$$

充满度 $$\alpha=\frac{h}{d}=\sin^2\left(\frac{\theta}{4}\right) \tag{6.3.10}$$

不同充满度时无压圆管过水断面的水力要素见表6.3.2。

2. *查图表法*

由上述公式可以看出，无压圆管均匀流直接计算比较烦琐，一般制成图表求解比较方便，下面介绍查图法。

由满流、不满流流量公式可得

相对流速 $$\frac{v}{v_0}=\frac{C\sqrt{Ri}}{C_0\sqrt{R_0 i}}=\left(\frac{R}{R_0}\right)^{2/3}=f_v\left(\frac{h_0}{d}\right)=f_v(\alpha) \tag{6.3.11}$$

相对流量 $$\frac{Q}{Q_0}=\frac{AC\sqrt{Ri}}{A_0C_0\sqrt{R_0 i}}=\frac{A}{A_0}\left(\frac{R}{R_0}\right)^{2/3}=f_Q\left(\frac{h_0}{d}\right)=f_Q(\alpha) \tag{6.3.12}$$

式中 v、C、R、Q、A——同一管道内不满流（$\alpha<1$）时的各量；

v_0、C_0、R_0、Q_0、A_0——恰好满流（$\alpha=1$）且仍为无压流时对应的各量。

表6.3.2 不同充满度时无压圆管过水断面的水力要素

充满度 $\alpha=\dfrac{h}{d}$	过水断面面积 A/m^2	水力半径 R/m	充满度 $\alpha=\dfrac{h}{d}$	过水断面面积 A/m^2	水力半径 R/m
0.05	$0.0147d^2$	$0.0326d$	0.45	$0.3428d^2$	$0.2331d$
0.10	$0.0408d^2$	$0.0635d$	0.50	$0.3927d^2$	$0.2500d$
0.15	$0.0739d^2$	$0.0929d$	0.55	$0.4426d^2$	$0.2649d$
0.20	$0.1118d^2$	$0.1206d$	0.60	$0.4920d^2$	$0.2776d$
0.25	$0.1535d^2$	$0.1466d$	0.65	$0.5404d^2$	$0.2881d$
0.30	$0.1982d^2$	$0.1709d$	0.70	$0.5872d^2$	$0.2962d$
0.35	$0.2450d^2$	$0.1935d$	0.75	$0.6319d^2$	$0.3017d$
0.40	$0.2934d^2$	$0.2142d$	0.80	$0.6736d^2$	$0.3042d$

续表

充满度 $\alpha=\frac{h}{d}$	过水断面面积 A/m^2	水力半径 R/m	充满度 $\alpha=\frac{h}{d}$	过水断面面积 A/m^2	水力半径 R/m
0.85	$0.7115d^2$	$0.3033d$	0.95	$0.7707d^2$	$0.2865d$
0.90	$0.7445d^2$	$0.2980d$	1.00	$0.7854d^2$	$0.2500d$

注 d 以 m 计。

由式（6.3.11）、式（6.3.12）可以看出：相对流速、相对流量都是关于充满度的函数，可以绘成关系曲线，如图 6.3.5 所示。

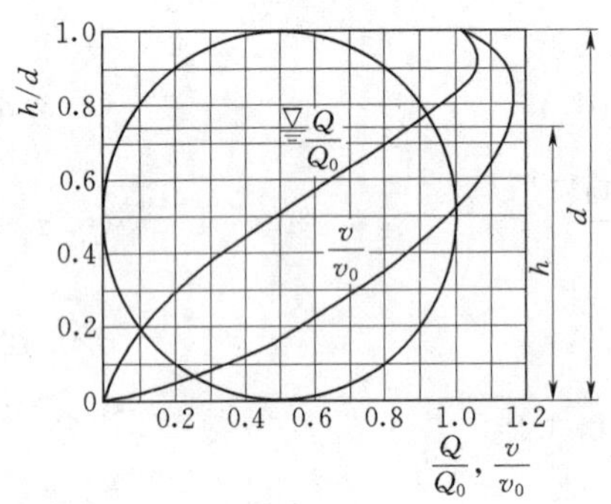

图 6.3.5

由图 6.3.5 可以看出：当 $\alpha=\frac{h}{d}=0.81$ 时，$\frac{v}{v_0}$ 值最大，且 $\left(\frac{v}{v_0}\right)_{max}=1.16$。此时，管中流速超过满管流时流速的 16%；当 $\alpha=\frac{h}{d}=0.95$ 时，$\frac{Q}{Q_0}$ 值最大，且 $\left(\frac{Q}{Q_0}\right)_{max}=1.087$。此时，管中流量超过满管流时流量的 8.7%。因此，无压圆管均匀流的最大流速和最大流量都不是发生在满管流条件下。

在进行无压管道的水力计算时，还需要注意参考国家颁发的《室外排水设计标准》(GB 50014—2021)。其中污水管按不满流计算时，最大设计充满度见表 6.3.3；雨水管道与合流管道应按满流计算。

表 6.3.3　　无压管道最大设计充满度

管径 d 或暗渠深 H/mm	最大设计充满度 $\left(\alpha=\frac{h}{d}或\frac{h}{H}\right)$	管径 d 或暗渠深 H/mm	最大设计充满度 $\left(\alpha=\frac{h}{d}或\frac{h}{H}\right)$
150～300	0.6	500～900	0.75
350～450	0.7	≥1000	0.80

【例 6.3.5】 一钢筋混凝土圆形污水管的直径 $d=600\text{mm}$，管壁糙率 $n=0.014$，管道坡度 $i=0.001$。求最大设计充满度下的流速和流量。

解： 查表 6.3.3 得，$d=600\text{mm}$ 污水管的最大设计充满度 $\alpha=0.75$，再查表 6.3.2，当充满度 $\alpha=0.75$ 时

管道面积 $$A=0.6319d^2=0.6319\times0.6^2=0.2275(\text{m}^2)$$

水力半径 $$d=0.3017d=0.3017\times0.6=0.1810(\text{m})$$

管中流速 $$v=C\sqrt{Ri}=\frac{1}{n}R^{2/3}i^{1/2}=\frac{1}{0.014}\times0.1810^{2/3}\times0.001^{1/2}=1.12(\text{m/s})$$

流量 $$Q=vA=1.12\times0.2275=0.2548(\text{m}^3/\text{s})$$

任务解析单

对任务单中提到的渭惠渠干渠深度问题，采用如下办法求解。

渠道深度应为加大流量对应的正常水深加上超高，故首先应该计算渠道正常水深。采用试算法，假设 $h=2.0$m、2.5m、3.0m、3.6m 等，通过谢才公式分别计算它们所对应的流量，见表 6.3.4。

表 6.3.4 宝鸡峡渠道水深试算表

序号	水深 h /m	底宽 b /m	边坡系数 m	底坡 i	糙率 n	过水断面面积 A /m^2	湿周 χ /m	水力半径 R/m	谢才系数 C /($m^{1/2}$/s)	流量 Q /(m^3/s)
1	2.0	4.0	0.75	0.0005	0.014	11.00	9.00	1.22	73.86	20.08
2	2.5	4.0	0.75	0.0005	0.014	14.69	10.25	1.43	75.84	29.82
3	3.0	4.0	0.75	0.0005	0.014	18.75	11.50	1.63	77.49	41.49
4	3.6	4.0	0.75	0.0005	0.014	24.12	13.00	1.86	79.18	58.17

绘制 $Q-h$ 关系曲线，如图 6.3.6 所示。

从 $Q-h$ 关系曲线上可以查得，当加大流量为 40m^3/s 时，对应的正常水深为 2.95m。

考虑 1m 的渠道超高，则渠道深度为 2.95+1=3.95(m)。

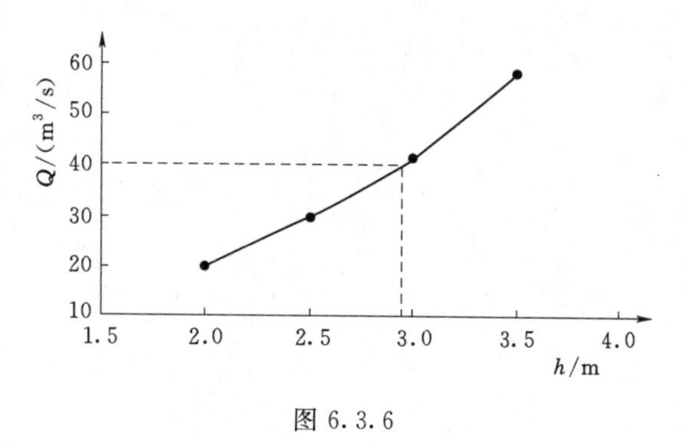

图 6.3.6

工作单

6.3.1 一梯形断面渠道，底坡 $i=0.008$，糙率 $n=0.030$，边坡系数 $m=1.0$，底宽 $b=4$m，水深 $h=2.0$m，求此渠道的流速和流量。

6.3.2 一半圆混凝土 U 形渠槽，如图 6.3.7，宽 $b=1.2$m，渠道底坡 $i=1/1000$，糙率 $n=0.017$，当槽内均匀流水深 $h_0=0.8$m 时，求此渠槽的过水能力。

6.3.3 有一环山渠道如图 6.3.8 所示，底坡 $i=0.002$。靠山一边按 1∶0.5 的边坡开挖，$n_1=0.0275$；另一边为直立的混凝土边墙，$n_2=0.017$；渠底宽度 $b=2.0$m，$n_3=0.020$。试求 $h=1.5$m 时输送的流量。

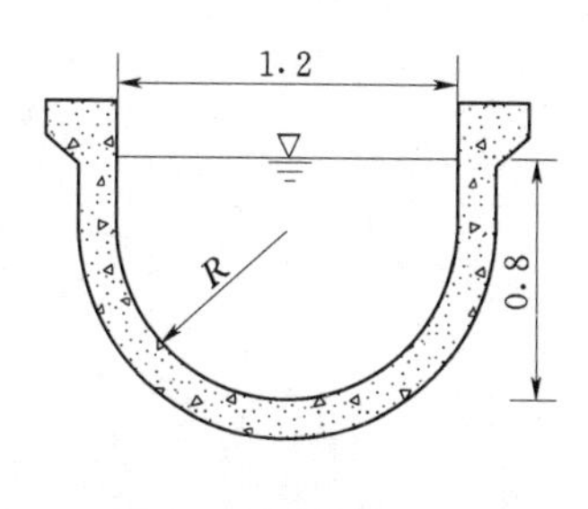

图 6.3.7（单位：m）

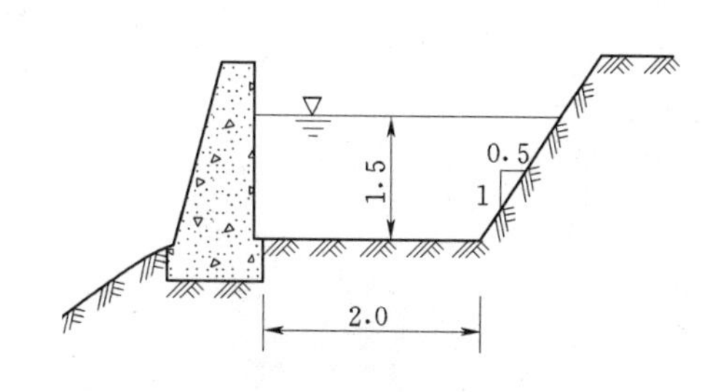

图 6.3.8（单位：m）

6.3.4 一条黏土渠，需要输送的流量为 2.0m^3/s，初步确定渠道底坡 i 取 0.007，

$m=1.5$，$n=0.025$，$b=2.0\text{m}$，求渠中的正常水深，并校核渠中流速。

6.3.5　渠道的流量 $Q=30\text{m}^3/\text{s}$，底坡 $i=0.009$，边坡系数 $m=1.5$，糙率 $n=0.025$，已知宽深比 $\beta=1.6$，求水深 h 和底宽 b。

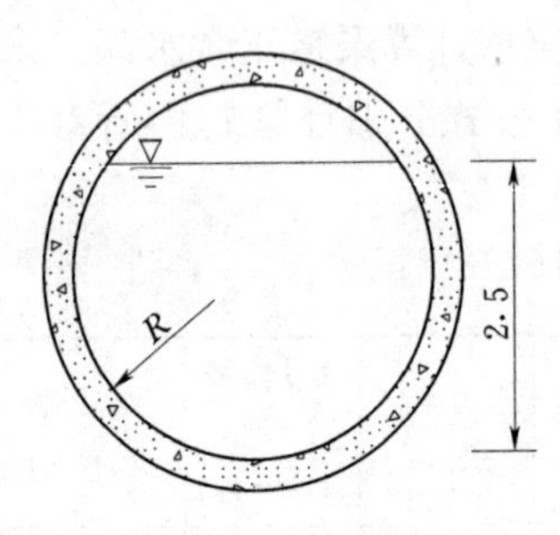

图 6.3.9（单位：m）

6.3.6　有一混凝土圆形排水管道（$n=0.014$），如图 6.3.9 所示。已知半径 $R=2.0\text{m}$，管中均匀流水深为 2.5m，要求通过设计流量 $Q=4\text{m}^3/\text{s}$，试求管道底坡。

任务6.4 明渠非均匀流认知

任务单

6.7 明渠非均匀流认知

河流是生态环境的重要载体，“像保护眼睛一样保护生态环境，像对待生命一样对待生态环境”是我们党推进“五位一体”总体布局的重要观点。天然河道和大多数人工渠道由于受地形、地质及施工条件的限制，渠道的横断面尺寸、粗糙度或底坡往往沿程是改变的，把这种过水断面水力要素沿程改变的水流，称为明渠非均匀流，明渠中的水流多数属于非均匀流。认识河流、开发河流、治理河流，更多是我们与非均匀流在“打交道”。

有人说，某一个固定的顺坡渠道，要么是缓坡渠道，要么是陡坡渠道，其渠道属性是固定不变的，是否正确？

学习单

6.4.1 明渠水流的三种流态

明渠水流有缓流、临界流和急流3种流态，下面先用比较水流流速与微波波速关系的方法来判别水流流态。

若在静水中沿铅直方向丢下一块石子，水面将产生一个微小波动，这个波动以石子落水点为中心，以一定的速度 c 向四周传播，在水面上形成一连串的同心圆，如图6.4.1（a）所示，c 称为微波的相对波速。如果没有水流摩阻力的存在，这种波动就可以传到无穷远处，并保持波形和波速不变。但实际上水流存在摩阻力，波在传播过程中将逐渐衰退乃至消失。

若在流动的明渠水流中，同样沿铅直方向丢下一块石子，则微波传播的绝对速度应是水流流速 v 与微波相对波速 c 的矢量和，此时可能出现以下三种情况：

（1）水流流速 v 小于微波相对波速 $c(v<c)$，在顺水流方向，微波传播的速度 $w=v+c$，在逆水流方向，微波传播的速度 $w=c-v$，说明微波可以同时向上游和下游传播，如图6.4.1（b）所示，这种水流称为缓流。

（2）水流流速 v 等于微波相对波速 $c(v=c)$，在顺水流方向，微波传播的速度 $w=2c$，在逆水流方向，微波传播的速度 $w=0$，说明微波可以向下游传播，向上游传播的干扰波停滞在干扰源处，如图6.4.1（c）所示，这种水流称为临界流。

（3）水流流速 v 大于微波相对波速 $c(v>c)$，在顺水流方向，微波传播的速度 $w=v+c$，在逆水流方向，微波传播的速度 $w=c-v<0$，说明微波可以向下游传播，但不能向上游传播，干扰波对上游水流不产生影响，如图6.4.1（d）所示，这种水流称为急流。

由以上分析可知，明渠水流有缓流、急流、临界流三种流态，可以通过比较明渠水流的断面平均流速 v 与微波传播的相对波速 c 之间的大小关系来判别：

当 $v<c$ 时，水流为缓流。

当 $v=c$ 时，水流为临界流。

当 $v>c$ 时，水流为急流。

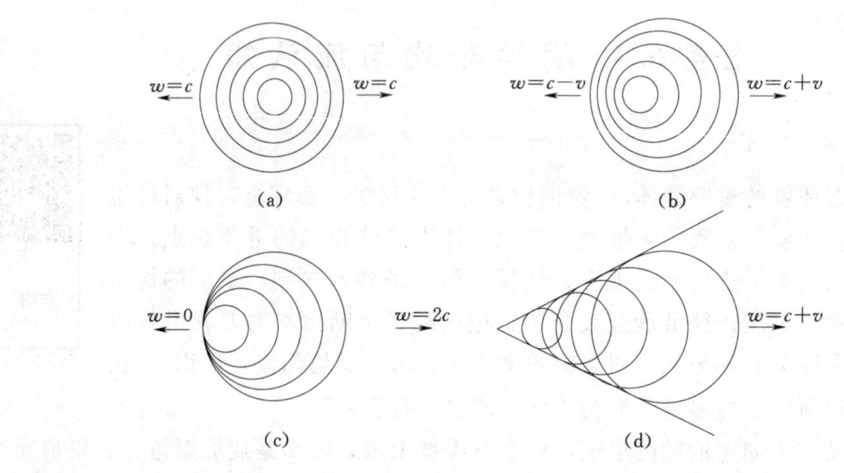

图 6.4.1

6.4.2 明渠水流的流态判别

1. 微波传播的相对波速 c

根据拉格朗日波速方程（推导略），对于明渠中波高较小的微波，波速可用下式计算：

$$c=\sqrt{g\overline{h}} \tag{6.4.1}$$

其中

$$\overline{h}=\frac{A}{B}$$

式中 $\overline{h}$——断面平均水深；

A——过水断面面积；

B——水面宽度。

显然，对于矩形明渠，$\overline{h}=\frac{A}{B}=\frac{bh}{h}=h$，故 $c=\sqrt{gh}$。

2. 弗劳德数 Fr

由以上分析可知，明渠水流的流态通过比较流速 v 与波速 c 之间的大小关系来判别，所以也可以用两者比值判别。把流速与波速的比称为弗劳德（Froude）数，用符号 Fr 表示，即

$$Fr=\frac{v}{c}=\frac{v}{\sqrt{g\overline{h}}} \tag{6.4.2}$$

弗劳德数是一个无量纲数，可用其判别明渠水流的流态：

当 $Fr<1$ 时，水流为缓流。

当 $Fr=1$ 时，水流为临界流。

当 $Fr>1$ 时，水流为急流。

下面从能量观点分析一下弗劳德数的物理意义，将弗劳德数的表达式改写为

$$Fr=\frac{v}{\sqrt{g\overline{h}}}=\sqrt{\frac{2\frac{v^2}{2g}}{\overline{h}}} \tag{6.4.3}$$

由上式可以看出，弗劳德数 Fr 反映了过水断面上单位重量液体所具有的平均动能$\frac{v^2}{2g}$与平均势能$\bar{h}$之比。当水流的平均势能刚好等于平均动能的 2 倍时，$Fr=1$，水流为临界流。缓流时平均势能大于 2 倍的平均动能，而急流时平均势能则小于 2 倍的平均动能。

6.4.3　断面比能（断面单位能量）

下面从能量角度来分析水流的流态。

1. 断面比能（断面单位能量）

图 6.4.2 所示为一明渠渐变流，任选一过水断面，其断面平均流速为 v，水深为 h，断面最低点至基准面 0—0 的位置高度为 Z_0，则过水断面上单位重量水体所具有的总能量为

$$E=Z_0+h\cos\theta+\frac{\alpha v^2}{2g} \tag{6.4.4}$$

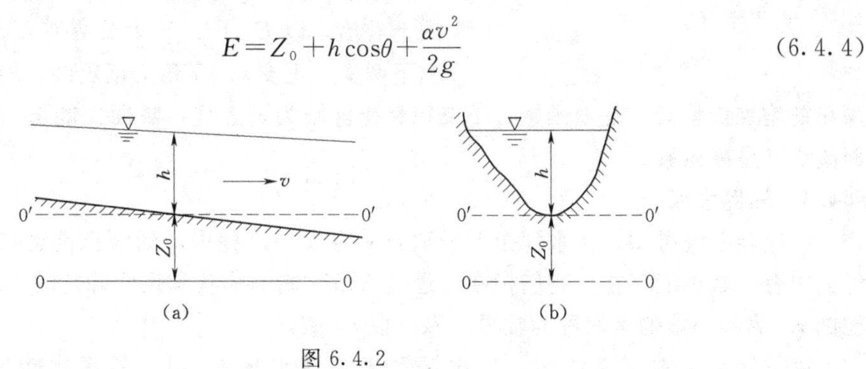

图 6.4.2

实际上，一般明渠底坡都很小，可认为渠底线与水平面的夹角 $\theta\approx0$，即 $\cos\theta\approx1.0$，所以有

$$E=Z_0+h+\frac{\alpha v^2}{2g} \tag{6.4.5}$$

若将基准面选在渠底 0′—0′位置，计算所得到的单位能量称为断面比能，又称为断面单位能量，用 E_s 表示，则

$$E_s=h+\frac{\alpha v^2}{2g}=h+\frac{\alpha Q^2}{2gA^2} \tag{6.4.6}$$

断面比能 E_s 是以断面最低点为基准面的单位重量水体所具有的总能量。对于沿渠道流动的水流，断面比能没有反映渠底高程变化所引起的位能转化值，因此其大小及沿程改变规律都与单位重量水体的总能量不同。例如明渠均匀流，水深 h 和断面平均流速 v 均沿程不变，故断面比能沿程不变，但单位总能量由于能量损失的存在，却是沿程减小的。而明渠非均匀流因为水深 h 和断面平均流速 v 均沿程改变，故断面比能 E_s 也沿程改变。

2. 比能曲线

由式（6.4.6）可知，当流量 Q 及过水断面的形状、尺寸一定时，断面比能仅是水深 h 的函数，即 $E_s=f(h)$，按照此函数绘出的断面比能 E_s 与水深 h 关系曲线，称为比能曲线。

令 $E_h = h$，代表断面比能中势能所占部分；令 $E_v = \frac{\alpha v^2}{2g} = \frac{\alpha Q^2}{2gA^2}$，代表断面比能中动能所占部分，则 $E_s = E_h + E_v$。分别以 E_h 和 E_v 为横坐标，以 h 为纵坐标，可绘出它们之间的关系曲线。$E_h - h$ 是一条与坐标轴成 45°角的斜直线，$E_v - h$ 的变化规律如下：

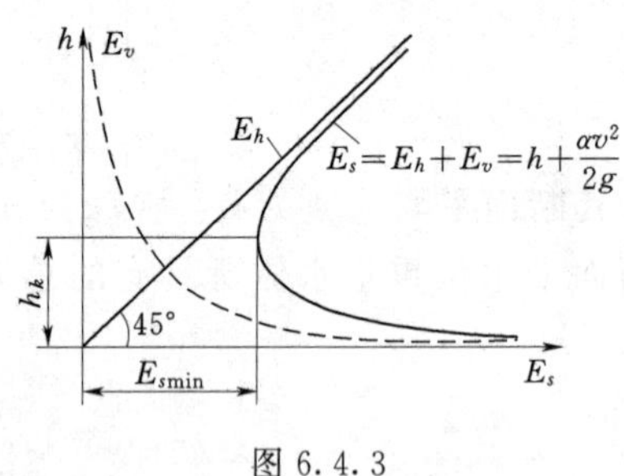

图 6.4.3

当 $h \to 0$ 时，$A \to 0$，$E_v \to \infty$；当 $h \to \infty$ 时，$A \to \infty$，$E_v \to 0$，故 $E_v - h$ 是一条两端分别以横轴和纵轴为渐近线的曲线。

将 $E_h - h$ 和 $E_v - h$ 两条曲线叠加，即可得图 6.4.3 所示的 $E_s - h$ 关系曲线，也就是比能曲线。由图上看出，以 $E_s = E_{smin}$ 为分界点，比能曲线被分为上下两支：上支以 45°角为渐近线，断面比能 E_s 随水深 h 的增加而增加，是增函数；下支以横坐标轴为渐近线，断面比能 E_s 随水深 h 的增加而减小，是减函数。

6.4.4 临界水深

从比能曲线可知，在水深由零增加到无穷大的过程中，断面比能也在随水深而改变，但其中有一最小值存在。我们把在渠道的流量、断面形状和尺寸确定的情况下，相应断面比能 E_s 为最小值的水深称为临界水深，以 h_k 表示。

由临界水深的定义可知，当水深等于临界水深 h_k 时，断面比能具有最小值，即 $\frac{dE_s}{dh} = 0$，由式（6.4.6）得

$$\frac{dE_s}{dh} = \frac{d}{dh}\left(h + \frac{\alpha Q^2}{2gA^2}\right) = 1 - \frac{\alpha Q^2}{gA^3} \cdot \frac{dA}{dh} = 0 \tag{6.4.7}$$

在水深为 h 的明渠中，对某一确定的断面而言，当水深 h 增加 dh 时，过水断面面积 A 相应增加 dA，如图 6.4.4 中阴影部分所示，$dA = B dh$，即 $\frac{dA}{dh} = B$，代入式（6.4.7），得

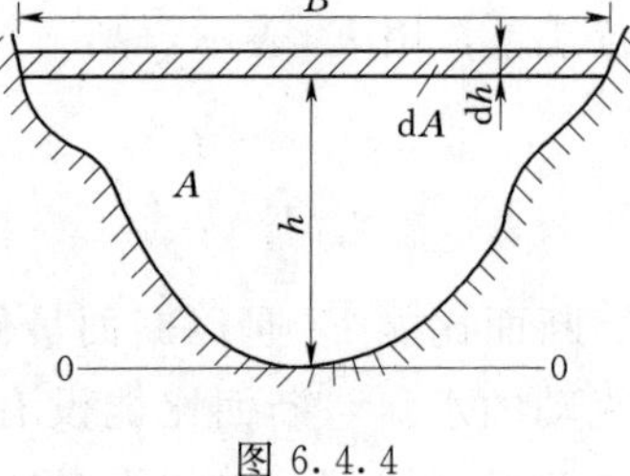

图 6.4.4

$$\frac{dE_s}{dh} = 1 - \frac{\alpha Q^2}{gA^3} B \tag{6.4.8}$$

若以角标"k"表示与临界水深 h_k 相应的水力要素，则有

$$\frac{\alpha Q^2}{g} = \frac{A_k^3}{B_k} \tag{6.4.9}$$

上式就是临界水深 h_k 应满足的条件，又称为临界流方程。

当取 $\alpha = 1$ 时，因为 $\frac{Q^2}{gA^3} B = \frac{v^2}{g\frac{A}{B}} = \left(\frac{v}{\sqrt{g\bar{h}}}\right)^2 = Fr^2$，式（6.4.8）可改写为

$$\frac{dE_s}{dh} = 1 - Fr^2 \tag{6.4.10}$$

因为水深为临界水深时$\frac{dE_s}{dh}=0$，此时弗劳德数$Fr=1$，水流是临界流。断面比能曲线的上支$h>h_k$，$Fr<1$，水流是缓流。断面比能曲线的下支$h<h_k$，$Fr>1$，水流是急流。

1. 矩形断面明渠临界水深的计算

对矩形断面，式（6.4.9）可简化为$\frac{\alpha Q^2}{g}=\frac{A_k^3}{B_k}=\frac{b^3h_k^3}{b}$，所以有

$$h_k=\sqrt[3]{\frac{\alpha q^2}{g}} \tag{6.4.11}$$

其中

$$q=\frac{Q}{b}$$

式中　q——单宽流量，$m^3/(s \cdot m)$。

$$E_{smin}=h_k+\frac{\alpha Q^2}{2gA_k^2}=h_k+\frac{\alpha q^2}{2gh_k^2}=h_k+\frac{1}{2}\cdot\frac{h_k^3}{h_k^2}=\frac{3}{2}h_k$$

所以

$$h_k=\frac{2}{3}E_{smin} \tag{6.4.12}$$

2. 任意断面明渠临界水深的计算

若明渠的断面形状不规则，例如等腰梯形或圆形断面渠道，其过水断面面积A与水深h之间的函数关系比较复杂，一般不能由临界流方程式（6.4.9）直接求出临界水深h_k，需采用试算法或图解法求解。

试算法求解临界水深的思路是：当给定渠道的断面形状、尺寸及流量时，临界流方程式（6.4.9）的左端$\frac{\alpha Q^2}{g}$可直接求出，而右端$\frac{A^3}{B}$仅是水深的函数。可假设若干个水深，分别求出与之对应的$\frac{A^3}{B}$值，当某一水深下的$\frac{A^3}{B}$值刚好与$\frac{\alpha Q^2}{g}$相等时，此水深就是所求的临界水深h_k。也可只假设几个水深，绘出$h-\frac{A^3}{B}$关系曲线，在曲线上查出满足$\frac{A^3}{B}=\frac{\alpha Q^2}{g}$的水深，就是所求的临界水深$h_k$，计算过程见［例6.4.1］。

图解法求等腰梯形或圆形断面渠道的临界水深，就是查附图3求解。

【例6.4.1】　某梯形断面渠道，底宽$b=2.0m$，边坡系数$m=1.5$。当通过流量$Q=4.0m^3/s$时，渠道中的实际水深$h=1.0m$。试用试算法和图解法计算渠道的临界水深。

解：（1）用试算法求h_k。

计算公式为

$$\frac{\alpha Q^2}{g}=\frac{A^3}{B}\quad B=b+2mh\quad A=(b+mh)h$$

首先计算出已知值

$$\frac{\alpha Q^2}{g}=\frac{1\times 4^2}{9.8}=1.63$$

然后假设不同的水深h，计算出相应的$\frac{A^3}{B}$，结果见表6.4.1。

表 6.4.1 临界水深试算表

水深 h/m	面积 A/m²	水面宽度 B/m	A^3/B	水深 h/m	面积 A/m²	水面宽度 B/m	A^3/B
0.5	1.375	3.5	0.743	0.7	2.135	4.1	2.374
0.6	1.740	3.8	1.386	0.8	2.560	4.4	3.813

根据上表数据，绘出 $h-\frac{A^3}{B}$ 曲线，如图 6.4.5 所示。由已知量 $\frac{\alpha Q^2}{g}=1.63$，在图中曲线上可查得渠道的临界水深 $h_k=0.64$m。

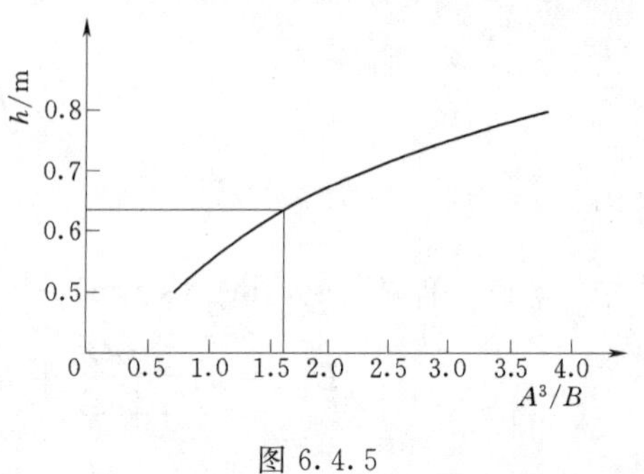

图 6.4.5

(2) 用图解法求 h_k。

计算 $\frac{Q}{b^{2.5}}=\frac{4}{2^{2.5}}=0.707$，由 $\frac{Q}{b^{2.5}}=0.707$ 及 $m=1.5$，查附图 3 的临界水深求解图，得 $\frac{h_k}{b}=0.32$，则临界水深为

$$h_k=0.32\times2=0.64(\text{m})$$

6.4.5 缓坡、陡坡、临界坡

根据明渠均匀流计算公式 $Q=AC\sqrt{Ri}$ 可知，对于流量、断面形状和尺寸、糙率都不变的棱柱体明渠，均匀流正常水深 h_0 因底坡 i 的改变而变化，h_0-i 关系曲线如图 6.4.6 所示。由图中看出，底坡越陡（i 越大），正常水深 h_0 越小；反之，底坡越缓（i 越小），正常水深 h_0 越大。当均匀流正常水深 h_0 恰好与临界水深 h_k 相等时，相应的底坡 i_k 就称为临界底坡。

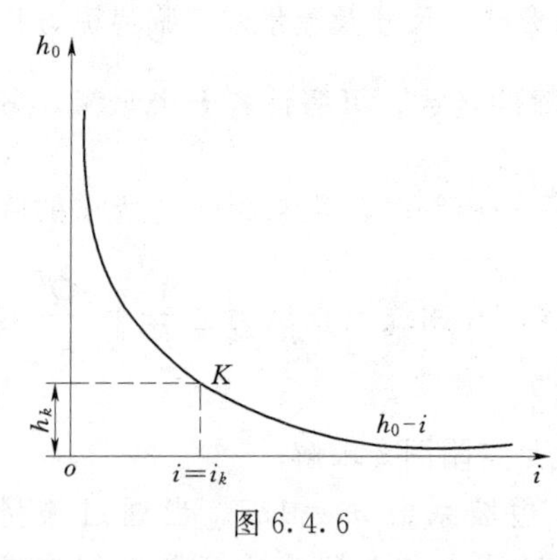

图 6.4.6

当明渠中的水流既是均匀流又是临界流时，不但要满足均匀流公式 $Q=A_kC_k\sqrt{R_ki_k}$，还要满足临界流方程 $\frac{\alpha Q^2}{g}=\frac{A_k^3}{B_k}$，联立求解以上两式可得临界底坡的计算公式：

$$i_k=\frac{g\chi_k}{\alpha C_k^2B_k} \tag{6.4.13}$$

式中 A_k、B_k、C_k、R_k、χ_k——水深为临界水深时对应的面积、水面宽度、谢才系数、水力半径和湿周。

式（6.4.13）表明，明渠的临界底坡与渠道的断面形状、尺寸、糙率以及流量有关，而与渠道的实际底坡无关。

对于 $i>0$ 的顺坡渠道，比较 i 与其对应（断面形状尺寸、糙率以及流量均相同）的临界底坡大小关系，可将明渠底坡分为三类：$i<i_k$，为缓坡；$i=i_k$，为临界坡；$i>i_k$，为陡坡。另外需要注意，一条渠道在流量不变时，属于哪一种底坡是确定的。但在流量改变时，到底属于哪一种底坡需重新判别。

水流在上述三种底坡上流动时，可能是均匀流，也可能是非均匀流。如果是均匀流，则有以下关系：

对缓坡渠道（$0<i<i_k$），正常水深>临界水深（$h_0>h_k$），均匀流一定为缓流。

对临界坡渠道（$i=i_k$），正常水深=临界水深（$h_0=h_k$），均匀流一定为临界流。

对陡坡渠道（$i>i_k$），正常水深<临界水深（$h_0<h_k$），均匀流一定为急流。

【例 6.4.2】 有一矩形断面明渠，流量 $Q=10\text{m}^3/\text{s}$，底宽 $b=4.0\text{m}$，糙率 $n=0.02$，底坡 $i=0.005$。(1) 求临界水深 h_k；(2) 求临界底坡 i_k，并说明渠道中发生均匀流时的流态；(3) 若渠道中的实际水深 $h=0.6\text{m}$，试分别用临界水深 h_k、弗劳德数 Fr 及微波传播的相对波速 c 判别水流流态。

解：(1) 求临界水深。

$$q=\frac{Q}{b}=\frac{10}{4}=2.5[\text{m}^3/(\text{s}\cdot\text{m})]$$

则

$$h_k=\sqrt[3]{\frac{\alpha q^2}{g}}=\sqrt[3]{\frac{2.5^2}{9.8}}=0.86(\text{m})$$

(2) 临界底坡 i_k。

$$A_k=bh_k=4\times0.86=3.44(\text{m}^2)$$

$$\chi_k=b+2h_k=4+2\times0.86=5.72(\text{m})$$

$$R_k=\frac{A_k}{\chi_k}=\frac{3.44}{5.72}=0.60(\text{m})$$

$$C_k=\frac{1}{n}R_k^{1/6}=\frac{1}{0.02}\times0.60^{1/6}=45.92(\text{m}^{1/2}/\text{s})$$

$$i_k=\frac{g\chi_k}{\alpha C_k^2B_k}=\frac{9.8\times5.72}{45.92^2\times4}=0.0066>i$$

属于缓坡渠道，渠道中的均匀流为缓流。

(3) 判别水流流态。

$$v=\frac{Q}{A}=\frac{10}{4\times0.6}=4.17(\text{m/s})$$

$$c=\sqrt{gh}=\sqrt{9.8\times0.6}=2.43(\text{m/s})$$

$$Fr=\frac{v}{\sqrt{gh}}=\frac{4.17}{\sqrt{9.8\times0.6}}=1.72$$

因为 $h<h_k$，$Fr>1$，$v>c$，所以，当水深 $h=0.6\text{m}$ 时，水流为急流。

任务解析单

关于任务单中提出的问题，对某一条固定渠道来说，其缓坡、临界坡、陡坡的属性是由其实际坡度 i 与临界坡度 i_k 的大小来共同决定的。而其临界坡的确定，应采用式(6.4.13)来计算，从该公式可以看出，临界坡受流量的影响，当通过渠道的流量发生变化时，其湿周、水力半径等因素也会随着发生变化，进而造成临界底坡 i_k 的变化。那么该渠道的缓坡、临界坡、陡坡的属性（结论）也可能会变。

工作单

6.4.1 有一矩形断面长直渠道，底宽 $b=5\text{m}$，水深 $h=1.3\text{m}$，糙率 $n=0.018$，底坡 $i=0.001$，通过的流量 $Q=10\text{m}^3/\text{s}$，试分别用不同方法判别渠中水流的流态。

任务6.5 水 跃 水 力 计 算

6.8 水跃水力计算

任务单

自然状态下，水流总是从能量大的地方流向能量小的地方，水流的总机械能是水流运动的动力，但是并非水的能量总是越多越好，比如在水工建筑物的下游，高能量的水流往往具有较高的流速，水流进入下游河道之前需要进行消能，而水跃是一种可以消能的水力现象，这体现了自然界物质之间“相生相克”朴素唯物主义原理。

本任务我们学习水跃这种水力现象。水流行进过程中只要发生了水面有壅高或跃起的现象，就可以断定发生了水跃，这种说法对不对？

又如，某泄水建筑物单宽流量 $q=15\text{m}^3/(\text{s}\cdot\text{m})$，在下游渠道产生水跃，渠道断面为矩形。已知跃前水深 $h'=0.8\text{m}$，(1) 求跃后水深 h''；(2) 计算水跃长度 L_j；(3) 计算水跃消能效率。

学习单

水跌与水跃是明渠水流流态发生转换时产生的一种局部水力现象，属于明渠急变流。

6.5.1 水跌与水跃现象

在水流流态为缓流的明渠中，由于底坡突然变为陡坡引起水面急剧降落，水深由大于临界水深（缓流）变为小于临界水深（急流）。水力计算中把这种水流由缓流过渡到急流时发生的水面急剧降落的局部水力现象，称为水跌。

图 6.5.1 所示为水流在垂直跌坎处的水力现象。在上游较远处，渠道中的水流为均匀流，流态为缓流，水深大于临界水深。由于末端有跌坎而使渠道对水流的阻力消失，靠近跌坎上游的水流在重力作用下作加速运动，在跌坎处自由跌落。由实验观测可知，临界水深 h_k 发生在跌坎上游 $(3\sim4)h_k$ 的位置。

渠道底坡由缓坡变为陡坡时，产生的水跌现象如图 6.5.2 所示。

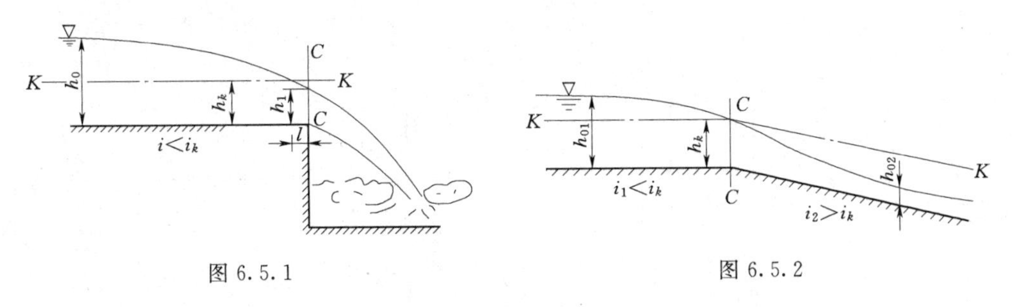

图 6.5.1　　　　图 6.5.2

水跃是明渠水流由急流过渡到缓流时发生的水面突然跃起的局部水力现象，属于明渠急变流。在图 6.5.3 所示水闸、图 6.5.4 所示溢流坝等泄水建筑物的下游，常有水跃产生。

水跃的内部结构大体上可分为上下两部分：上部是一个做剧烈回旋运动的表面旋滚，

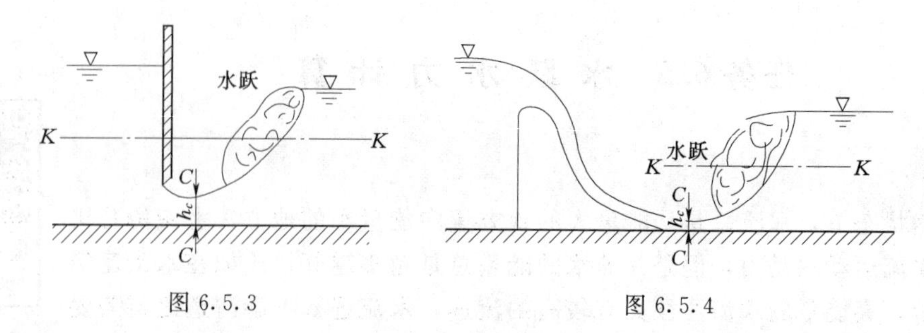

图 6.5.3　　图 6.5.4

水流翻腾滚动，掺入大量气泡；下部是急剧扩散的主流。表面旋滚区和下部主流区的液体质点不断混掺，水流紊动剧烈，运动要素急剧变化，旋滚与主流间质量不断交换，使水跃产生了较大的能量损失。因此，工程中常利用水跃来消除泄水建筑物下游水流的巨大动能，以保护建筑物和下游河道免受冲刷。

如图 6.5.5 所示棱柱体平底明渠中发生的水跃，表面旋滚起点的过水断面 1—1 称为跃前断面，该断面处的水深 h'称为跃前水深。表面旋滚末端的过水断面 2—2 称为跃后断面，该断面处的水深 h''称为跃后水深。跃后水深与跃前水深之差，即 $h''-h'=a$，称为水跃高度。水跃前、后两断面之间的水平距离称为水跃长度，以 L_j 表示。水跃的水力计算主要是确定跃前水深 h'、跃后水深 h''以及水跃长度 L_j。

6.5.2 水跃共轭水深与水跃函数

1. 水跃的共轭水深

由于水跃属于明渠非均匀急变流，水跃段能量损失很大，不能忽略，但又是未知的，没有确定水跃能量损失的计算公式，所以不能用能量方程来推导水跃基本方程，只能用动量方程推导。

图 6.5.6 所示棱柱体平底明渠中的完全水跃，取跃前断面 1—1 与跃后断面 2—2 之间的水体为研究对象，列动量方程有

$$P_1-P_2-F_f=\frac{\gamma Q}{g}(\beta_2 v_2-\beta_1 v_1) \tag{6.5.1}$$

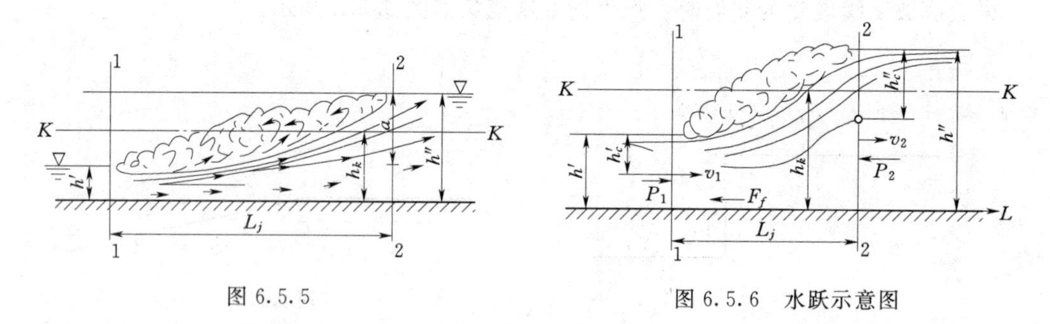

图 6.5.5　　图 6.5.6 水跃示意图

为简化计算，根据水跃实际情况做如下假设：

(1) 跃前断面和跃后断面处的水流均为渐变流，作用在两断面上的动水压强符合静水压强分布规律，所以有

$$P_1=\gamma h'_c A_1,\ P_2=\gamma h''_c A_2$$

式中　A_1、A_2——跃前断面和跃后断面的过水断面面积；

h_c'、h_c''——跃前断面和跃后断面形心处的水深。

（2）水跃段摩擦阻力 F_f 相对于跃前、跃后断面的动水压力 P_1 和 P_2 要小得多，故可忽略不计。

（3）动量修正系数 $\beta_1=\beta_2=1.0$。

由连续性方程

$$v_1=\frac{Q}{A_1},v_2=\frac{Q}{A_2}$$

将以上各条件代入式（6.5.1），整理后得

$$\frac{Q^2}{gA_1}+h_c'A_1=\frac{Q^2}{gA_2}+h_c''A_2 \tag{6.5.2}$$

上式就是棱柱体水平明渠中完全水跃的基本方程式。该式表明：单位时间内由跃前断面流入的水流动量和该断面上的动水压力之和，等于单位时间内由跃后断面流出的水流动量和跃后断面的动水压力之和。

2. 水跃函数

由水跃方程可知，当明渠的断面形状、尺寸及流量一定时，方程的左右两边都是水深 h 的函数，此函数称为水跃函数，用 $J(h)$ 表示，即

$$J(h)=\frac{Q^2}{gA}+h_cA \tag{6.5.3}$$

于是，水跃方程式（6.5.2）也可写成如下形式

$$J(h')=J(h'') \tag{6.5.4}$$

上式表明，当棱柱体水平明渠中发生水跃时，跃前水深 h' 与跃后水深 h'' 具有相同的水跃函数值，所以也称这两个水深为共轭水深，其中跃前水深 h' 为第一共轭水深，跃后水深 h'' 为第二共轭水深。对断面形状、尺寸及流量一定的渠道，水跃函数 $J(h)$ 是水深 h 的函数。以水深 h 为纵坐标轴，水跃函数 $J(h)$ 为横坐标轴，绘出 $h-J(h)$ 关系曲线，称为水跃函数曲线，如图 6.5.7 所示。水跃函数曲线具有以下特性：

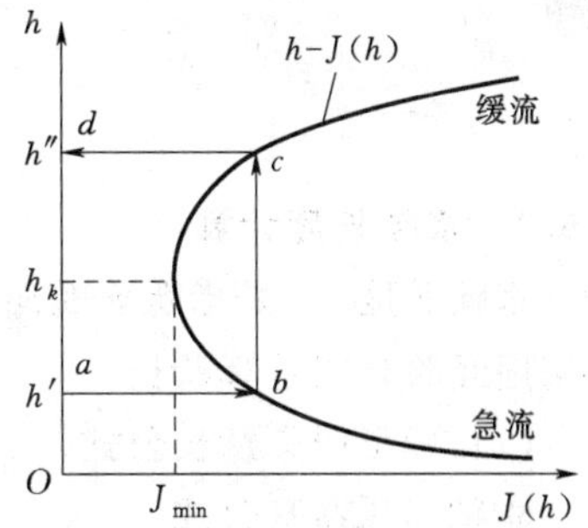

图 6.5.7　水跃函数曲线

（1）水跃函数 $J(h)$ 有一极小值 $J(h)_{\min}$。与 $J(h)_{\min}$ 相应的水深就是临界水深 h_k。

（2）水跃函数曲线有上下两支。上支：$h>h_k$，水流为缓流，水跃函数 $J(h)$ 随跃后水深的增加而增加；下支：$h<h_k$，水流为急流，水跃函数 $J(h)$ 随跃前水深的增加而减小。

（3）跃前水深越小，跃后水深越大；反之，跃前水深越大，则跃后水深越小。

3. 水跃共轭水深的计算

通常计算共轭水深的方法有以下几种：

（1）利用水跃基本方程求解。当明渠的断面形状、尺寸及流量给定时，可利用水跃基本方程式（6.5.2），由已知的一个共轭水深 h'（或 h''）来计算另一未知的共轭水深

h''（或 h'）。但是，除了矩形断面明渠外，其他断面明渠水跃方程中的 A 和 h_c 一般都是共轭水深的复杂函数，不能直接解出。因此，需试算求解。思路是先根据已知条件算出水跃方程一端的函数值，然后假设一个共轭水深，算出方程另一端的函数值，若方程两端的函数值相等，所设水深即为所求。否则需重新假设，直至方程两端的函数值相等为止。

（2）利用水跃函数曲线求解。先作出 $h-J(h)$ 关系曲线，然后由已知的跃前或跃后水深，利用式（6.5.3）求出相应的水跃函数值，根据水跃方程 $J(h')=J(h'')$ 即可从水跃函数曲线上查到相应的共轭水深值。

（3）矩形断面明渠共轭水深的计算。矩形断面明渠的共轭水深可直接由水跃方程求解。设明渠的宽度为 b，则 $A=bh$，单宽流量 $q=\dfrac{Q}{b}$，$h_c=\dfrac{h}{2}$，式（6.5.2）可改写为

$$\frac{q^2}{gh'}+\frac{1}{2}h'^2=\frac{q^2}{gh''}+\frac{1}{2}h''^2$$

上式就是矩形断面水平明渠的水跃方程。整理化简后得

$$h'h''^2+h'^2h''-\frac{2q^2}{g}=0$$

这是一个关于 h' 和 h'' 的一元二次方程，它的解为

$$h'=\frac{h''}{2}\left(\sqrt{1+8\frac{q^2}{gh''^3}}-1\right) \tag{6.5.5}$$

$$h''=\frac{h'}{2}\left(\sqrt{1+8\frac{q^2}{gh'^3}}-1\right) \tag{6.5.6}$$

因 $Fr^2=\dfrac{v^2}{gh}=\dfrac{q^2}{gh^3}$，故式（6.5.5）和式（6.5.6）可改写为以下形式

$$h'=\frac{h''}{2}(\sqrt{1+8Fr_2^2}-1) \tag{6.5.7}$$

$$h''=\frac{h'}{2}(\sqrt{1+8Fr_1^2}-1) \tag{6.5.8}$$

6.5.3　水跃长度计算

水跃长度 L_j 是指跃前断面与跃后断面间的水平距离，由于水跃运动非常复杂，目前多采用经验公式估算跃长。

（1）矩形明渠跃长公式。

欧勒弗托斯基公式　　$L_j=6.9(h''-h')$　　（6.5.9）

吴持恭公式　　$L_j=10(h''-h')Fr_1^{-0.32}$　　（6.5.10）

式中　Fr_1——跃前断面的弗劳德数。

（2）梯形明渠跃长公式。

$$L_j=5h''\left(1+4\sqrt{\frac{B_2-B_1}{B_1}}\right) \tag{6.5.11}$$

式中　B_1、B_2——跃前、跃后断面的水面宽度。

6.5.4　水跃形式的判别

下面以图6.5.8所示溢流坝为例说明水跃发生的位置。

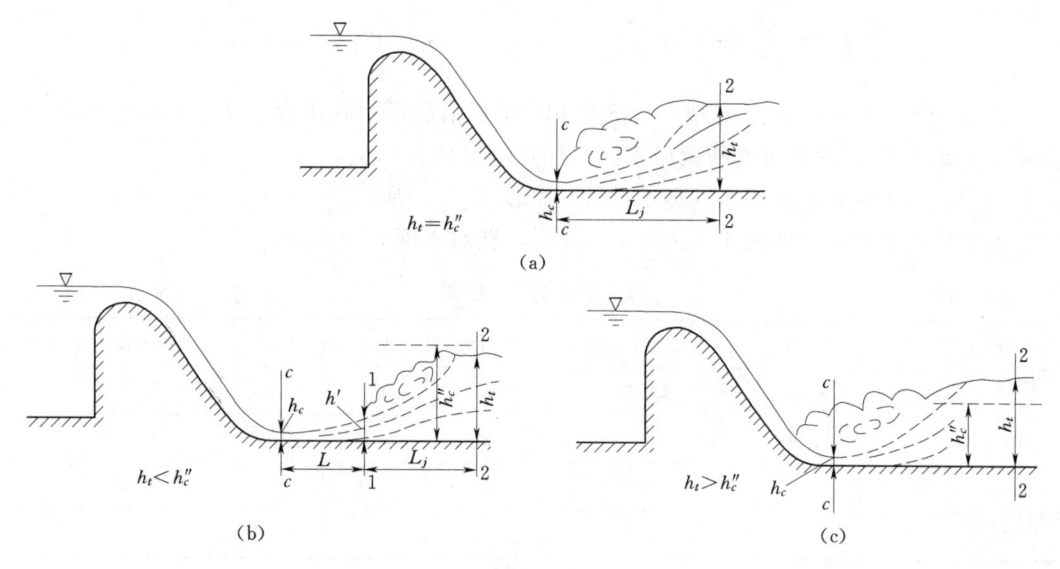

图 6.5.8

水流自坝顶下泄时，势能转化为动能，水深减小，流速加大。到达坝址的 $c—c$ 断面时，水深最小，流速为最大值，这个断面称为收缩断面，相应水深称为收缩水深，以 h_c 表示。由于 h_c 一般小于临界水深 h_k，为急流；而下游河渠的水流一般为缓流，因此，坝后水流由急流过渡到缓流，产生水跃。水跃位置决定于 h_c 的共轭水深 h_c'' 与下游水深 h_t 的相对大小，可能出现以下三种情况：

（1）当 $h_t=h_c''$，跃前断面正好在收缩断面，这种水跃称为临界式水跃［图 6.5.8 (a)］。

（2）当 $h_t<h_c''$，由共轭水深的关系可知，在一定流量下跃前水深越小，跃后水深越大，因此水流从收缩断面起要流动一段距离，至水深由 h_c 增至 h_t，才发生水跃。由于水跃发生在收缩断面下游，这种水跃称为远离（远驱）式水跃［图 6.5.8 (b)］。

（3）当 $h_t>h_c''$，这时下游水深 h_t 要求一个比 h_c 更小的跃前水深与之对应。从理论上讲，此时水跃的起始断面应在收缩断面的上游，整个水跃将被推向上游，使收缩断面处于水跃旋滚之下，这种水跃称为淹没式水跃［图 6.5.8 (c)］。

以上对水跃发生位置和水跃形式的判别方法，同样适用于其他建筑物。

【例 6.5.1】 一梯形灌溉渠道受地形限制，有一陡坡段，在陡坡的下游平底渠道中发生水跃。已知渠道底宽 $b=4.0$m，边坡系数 $m=1.0$。当通过流量 $Q=10\text{m}^3/\text{s}$ 时，水跃的跃前水深 $h'=0.4$m。试求跃后水深 h''。

解： 采用图解法求 h''。

$$A_1=(b+mh')h'=(4+1\times0.4)\times0.4=1.76(\text{m}^2)$$

$$h_c'=\frac{h'}{6}\times\frac{3b+2mh'}{b+mh'}=\frac{0.4}{6}\times\frac{3\times4+2\times1\times0.4}{4+1\times0.4}=0.19(\text{m})$$

则跃前断面的水跃函数为

$$J(h')=\frac{Q^2}{gA_1}+h'_cA_1=\frac{10^2}{9.8\times1.76}+0.19\times1.76=6.13(\mathrm{m}^3)$$

假设一系列的跃后水深 h'' 值，计算出相应的跃后断面水跃函数 $J(h'')$，满足 $J(h')=J(h'')$ 的那个 h''，就是所求的跃后水深，计算过程见表 6.5.1。

用表 6.5.1 的数据绘出水跃函数曲线，如图 6.5.9 所示。

由图中可查得，当跃前水深 $h'=0.4\mathrm{m}$ 时，跃后水深 $h''=1.4\mathrm{m}$。

表 6.5.1　　跃后水深试算表

h/m	A/m	h_c/m	水跃函数 $J(h)$/m³	h/m	A/m	h_c/m	水跃函数 $J(h)$/m³
0.2	0.84	0.10	12.23	1.0	5.00	0.47	4.39
0.4	1.76	0.19	6.13	1.2	6.24	0.55	5.07
0.6	2.76	0.29	4.50	1.4	7.56	0.64	6.19
0.8	3.84	0.38	4.35				

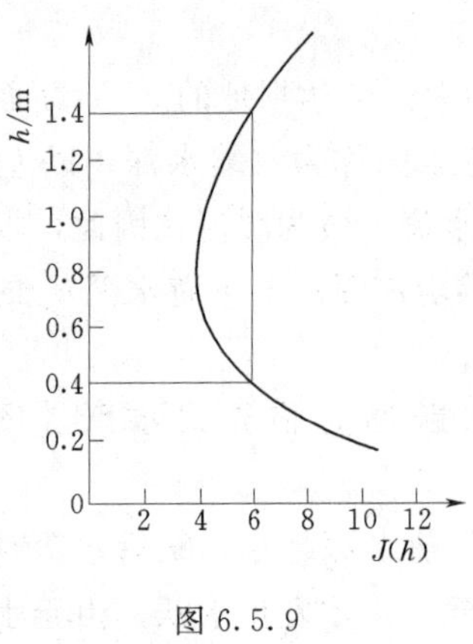

图 6.5.9

【例 6.5.2】 某矩形断面渠道上修建有一水闸。当闸门局部开启时，流量 $Q=30\mathrm{m}^3/\mathrm{s}$，水流出闸后在收缩断面处发生水跃，已知收缩断面水深 $h_c=0.5\mathrm{m}$，渠道宽度 $b=5.0\mathrm{m}$。闸后下游渠道水深 $h_t=3.0\mathrm{m}$。试求：(1) 跃后水深 h''_c；(2) 水跃长度 L_j；(3) 判断水闸下游将产生何种水跃。

解：(1) 通过水闸的单宽流量为

$$q=\frac{Q}{b}=\frac{30}{5}=6\mathrm{m}^3/(\mathrm{s}\cdot\mathrm{m})$$

则跃后水深为

$$h''_c=\frac{h_c}{2}\left(\sqrt{1+8\frac{q^2}{gh_c^3}}-1\right)=\frac{0.5}{2}\times\left(\sqrt{1+8\times\frac{6^2}{9.8\times0.5^3}}-1\right)$$
$$=3.59(\mathrm{m})$$

(2) 跃长为

$$L_j=6.9(h''_c-h_c)=6.9\times(3.59-0.5)=21.32(\mathrm{m})$$

(3) 判断水闸下游水跃形式。

因为 $h_t<h''_c$，所以水闸下游将产生远离式水跃。

6.5.5 水跃能量损失计算

水跃可以消耗大量的能量，工程中把水跃段的能量损失 ΔE 与跃前断面的断面比能 E_1 之比，称为水跃的消能系数，用 K_j 表示，即

$$K_j=\frac{\Delta E}{E_1} \tag{6.5.12}$$

消能系数 K_j 值越大，水跃消能效率越高。

棱柱体矩形水平明渠的消能系数可按下式计算：

$$K_j=\frac{(\sqrt{1+8Fr_1^2}-3)^3}{8(\sqrt{1+8Fr_1^2}-1)(2+Fr_1^2)} \tag{6.5.13}$$

由上式可知，消能系数 K_j 是跃前断面弗劳德数 Fr_1 的函数，Fr_1 越大，消能效率越高。

当 $Fr_1=9.0$ 时，K_j 可达 70%。

当 $Fr_1>9.0$ 时，虽然消能效率可进一步提高，但实验表明，此时跃后水面波动很大，并且一直传播到下游，称为强水跃。

当 $4.5\leqslant Fr_1\leqslant 9.0$ 时，水跃的消能效率高（$K_j=44\%\sim70\%$），同时水跃稳定，跃后水面也较平静，称为稳定水跃。因此，如利用水跃消能，最好将 Fr_1 控制在此范围内。

当 $2.5\leqslant Fr_1<4.5$ 时，$K_j<44\%$，同时水跃不稳定；水跃段中的高速底流间歇地向水面蹿升，跃后水面波动大并向下游传播，称为不稳定水跃。

当 $1.7\leqslant Fr_1<2.5$ 时，虽然此时水跃的上部仍有旋滚存在，但旋滚小而弱，消能效率很低，称为弱水跃。

而当 $1<Fr_1<1.7$ 时，无表面旋滚存在，这种形式的水跃称为波状水跃，消能效率很低。

任务解析单

针对任务单中的问题，通过学习后我们可以看出，并非所有的水面跃起都可以称为水跃，水跃的实质是水流从急流向缓流过渡的水力现象，如果没有流态的转化，即使有水面跃起，也不能称为水跃。水跌亦然。

附加计算题的解决方法：

（1）已知单宽流量 $q=15\text{m}^3/(\text{s}\cdot\text{m})$，设 $\alpha\approx1.0$，则

跃前断面的弗劳德数 $$Fr_1=\sqrt{\frac{\alpha q^2}{gh'^3}}=6.696$$

则跃后水深 $$h''=\frac{h'}{2}(\sqrt{1+8Fr_1^2}-1)=7.19(\text{m})$$

（2）水跃长度的计算。

$$L_j=6.9\times(h''-h')=6.9\times(7.19-0.8)=44.09(\text{m})$$

（3）水跃水头损失。

$$\Delta E_j=E_1-E_2=h'-h''+\frac{q^2}{2g}\left(\frac{1}{h'^2}-\frac{1}{h''^2}\right)=11.32(\text{m})$$

消能系数

$$\begin{aligned}K_j&=\frac{(\sqrt{1+8Fr_1^2}-3)^3}{8(\sqrt{1+8Fr_1^2}-1)(2+Fr_1^2)}\\&=\frac{(\sqrt{1+8\times6.696^2}-3)^3}{8\times(\sqrt{1+8\times6.696^2}-1)\times(2+6.696^2)}\\&=0.606\end{aligned}$$

工作单

6.5.1 某灌溉渠道为矩形断面，底宽 $b=4\text{m}$，通过的流量 $Q=12\text{m}^3/\text{s}$。当渠道中发生水跃时，已知跃前水深 $h'=0.3\text{m}$，求：(1) 跃后水深 h''；(2) 水跃长度 L_j。

6.5.2 在一矩形断面平明渠中，有一水跃发生，当跃前断面的弗劳德数 $Fr_1=3$ 时，问跃后水深 h''为跃前水深 h'的几倍。

任务6.6　明渠水面曲线分析

任务单

我们知道，当水流流态发生变化时，必然会引起水面曲线的变化，古人用“九曲黄河万里沙，浪淘风簸自天涯”“孤帆远影碧空尽，唯见长江天际流”等诗句反映水面曲线变化带给我们的美感。

下面提出一个问题，水面曲线变化过程中，水的能量是如何变化的，发生壅水曲线时，是否违背能量守恒定律？

学习单

渠道底坡、横断面的变化，都会引起水面曲线的变化，本节我们讨论的水面曲线分析，主要针对明渠恒定非均匀渐变流的水面曲线。

6.6.1　明渠水面曲线分析式

明渠恒定非均匀渐变流在工程中是一种常见的水流运动，下面分析建立其基本方程。

如图6.6.1所示，在底坡为 i 的明渠渐变流中，沿水流方向任取一微小流段 dl，其上游断面1—1的水深为 h，水位为 z，渠底高程为 z_0，断面平均流速为 v；由于非均匀流的水力要素沿程是改变的，故微分流段下游断面2—2的水深为 $h+dh$，水位为 $z+dz$，断面平均流速为 $v+dv$，以0—0为基准，对微分流段的上、下游断面列能量方程：

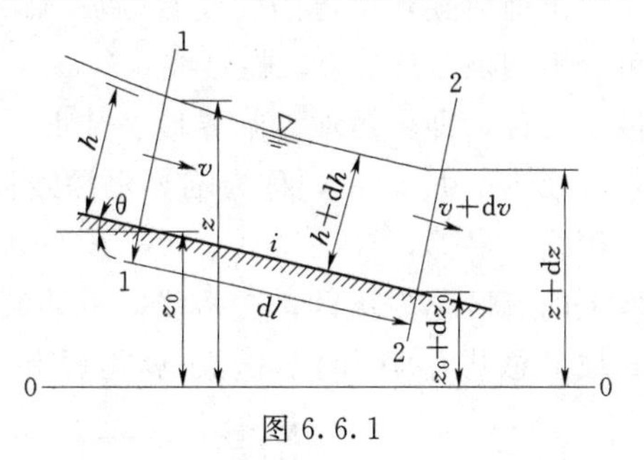

图6.6.1

$$z_0+h\cos\theta+\frac{\alpha_1 v^2}{2g}=(z_0-i\,dl)+(h+dh)\cos\theta+\frac{\alpha_2(v+dv)^2}{2g}+dh_w$$

对上式中各项做如下简化：

(1) 取 $\alpha_1=\alpha_2=\alpha$。

(2) 略去高阶微量后，$\dfrac{\alpha(v+dv)^2}{2g}=\dfrac{\alpha}{2g}[v^2+2v\,dv+(dv)^2]\approx\dfrac{\alpha v^2}{2g}+d\left(\dfrac{\alpha v^2}{2g}\right)$。

(3) 对于棱柱体明渠中的恒定非均匀渐变流，流段内的局部水头损失很小，可忽略不计。沿程水头损失近似用明渠均匀流公式计算：$dh_w\approx dh_f=\dfrac{Q^2}{K^2}dl=J\,dl$。

(4) 因明渠底坡都较小（$\theta<6°$），实用中采用 $\cos\theta=1$。

将以上各式代入上式，并整理后得

$$i\,dl=dh+d\left(\frac{\alpha v^2}{2g}\right)+\frac{Q^2}{K^2}dl \tag{6.6.1}$$

上式就是明渠恒定非均匀渐变流的基本微分方程式。

由于 $d\left(h+\dfrac{\alpha v^2}{2g}\right)=dE_s$，$\dfrac{Q^2}{K^2}=J$，故上式可改写为

$$\frac{\mathrm{d}E_s}{\mathrm{d}l}=i-J \tag{6.6.2}$$

断面单位能量 $E_s=h+\frac{\alpha Q^2}{2gA^2}$，而 $A=f(h,l)$，故$\frac{\mathrm{d}E_s}{\mathrm{d}l}=\frac{\mathrm{d}E_s}{\mathrm{d}h}\cdot\frac{\mathrm{d}h}{\mathrm{d}l}$。由式（6.4.10）可知$\frac{\mathrm{d}E_s}{\mathrm{d}h}=1-Fr^2$，则

$$\frac{\mathrm{d}h}{\mathrm{d}l}=\frac{i-J}{1-Fr^2} \tag{6.6.3}$$

或

$$\frac{\mathrm{d}h}{\mathrm{d}l}=\frac{i-\frac{Q^2}{K^2}}{1-Fr^2} \tag{6.6.4}$$

上式主要用于分析棱柱体明渠渐变流水深的变化规律。

6.6.2 明渠水面曲线类型

当棱柱体明渠中通过一定的流量时，由于渠道沿程底坡、边界条件的差异以及建筑物的干扰，会发生不同的水面曲线。

由前所述，渠道的底坡有顺坡（$i>0$）、平坡（$i=0$）和逆坡（$i<0$）三种。顺坡又可分为缓坡（$i<i_k$）、临界坡（$i=i_k$）和陡坡（$i>i_k$）三种。这样，渠道的实际底坡应该是五种，即：缓坡、临界坡、陡坡、平坡和逆坡，如图6.6.2所示。图中临界水深线以点画线 $K—K$ 表示，称为临界水深线；均匀流正常水深线以虚线 $N—N$ 表示，称为正常水深线。显然，$N—N$ 线、$K—K$ 线和渠底线三者相互平行。把在 $N—N$ 线和 $K—K$ 线以上的流区称为 a 区，在两线以下的流区称为 c 区，而在两线之间的流区称为 b 区。五种底坡上总共有12个流区，也就是说有12种水面曲线。

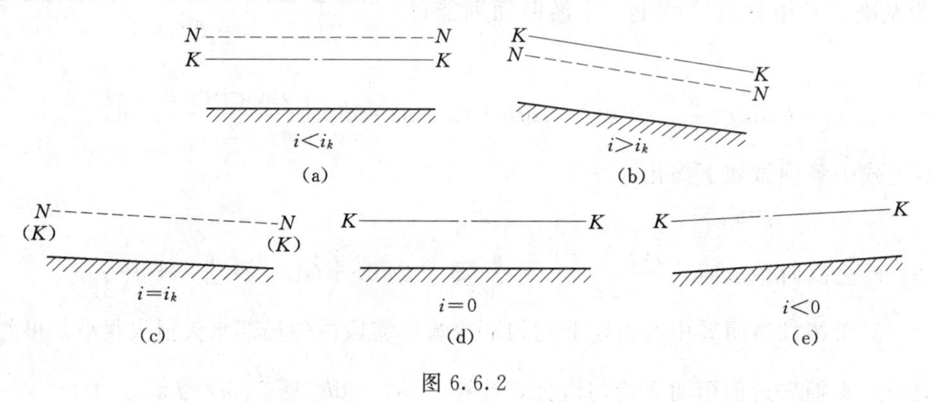

图6.6.2

为便于区分，分别用下角标1、2、3和0表示缓坡、陡坡、临界坡和平坡，用上角标“′”表示逆坡，于是水面曲线的分类如下：

缓坡：水面曲线有 a_1、b_1、c_1 三种类型。

陡坡：水面曲线有 a_2、b_2、c_2 三种类型。

临界坡：水面曲线有 a_3、c_3 两种类型。

平坡：水面曲线有 b_0、c_0 两种类型。

逆坡：水面曲线有 b'、c'两种类型。

6.6.3　水面曲线的定性分析

水面曲线定性分析的内容有：

（1）水深沿程改变情况（壅水还是降水）。

（2）水面曲线的形状（凹或凸）。

（3）水面曲线两端的变化趋势。

（4）产生该水面曲线的工程实例。

在一条充分长的顺坡明渠中，无论发生均匀流还是非均匀流，因为都是恒定流，流量沿程不变。因此式（6.6.4）中的流量可用均匀流的流量 $Q=K_0\sqrt{i}$ 计算，K_0 表示均匀流的流量模数。则式（6.6.4）可改写为

$$\frac{\mathrm{d}h}{\mathrm{d}l}=i\frac{1-\left(\frac{K_0}{K}\right)^2}{1-Fr^2} \tag{6.6.5}$$

水面曲线的定性分析就是依据上式进行的。

1. 缓坡（$i<i_k$）渠道上的水面曲线（a_1、b_1、c_1）

（1）a 区（$h>h_0>h_k$）。因为 $h>h_0$，故 $K>K_0$，$1-\left(\frac{K_0}{K}\right)^2>0$；同时 $h>h_k$，水流为缓流，$Fr<1$，$1-Fr^2>0$，由式（6.6.5）可知 $\frac{\mathrm{d}h}{\mathrm{d}l}>0$，即水深沿流程增加，为壅水曲线，所以该区产生 a_1 型壅水曲线。

a_1 型壅水曲线上游端水深逐渐变小，极限情况为 $h\to h_0$，则 $K\to K_0$，$1-\left(\frac{K_0}{K}\right)^2\to 0$；又 $h>h_k$，水流为缓流，$1-Fr^2>0$，由式（6.6.5）可知 $\frac{\mathrm{d}h}{\mathrm{d}l}\to 0$，即水深沿流程不变，这表明 a_1 型水面曲线的上游以 $N—N$ 为渐近线，在无穷远处与正常水深线重合。

a_1 型壅水曲线下游端水深越来越大，极限情况为 $h\to\infty$，则 $K\to\infty$，$1-\left(\frac{K_0}{K}\right)^2\to 1$；$Fr=\frac{v}{\sqrt{gh}}\to 0$，$1-Fr^2\to 1$，因此 $\frac{\mathrm{d}h}{\mathrm{d}l}\to i$，这表明 a_1 型水面曲线的下游端以水平线为渐近线。

在缓坡渠道上修建闸坝后，其上游的水面曲线一般就是 a_1 型壅水曲线，如图 6.6.3 所示。

（2）b 区（$h_0>h>h_k$）。因为 $h<h_0$，故 $K<K_0$，$1-\left(\frac{K_0}{K}\right)^2<0$；同时 $h>h_k$，水流仍为缓流，$Fr<1$，$1-Fr^2>0$，由式（6.6.5）可知 $\frac{\mathrm{d}h}{\mathrm{d}l}<0$，即水深沿流程减小，为降水曲线，所以该区产生 b_1 型降水曲线。

b_1 型降水曲线上游端水深逐渐增大，极限情况为 $h\to h_0$，则 $K\to K_0$，$1-\left(\frac{K_0}{K}\right)^2\to 0$；

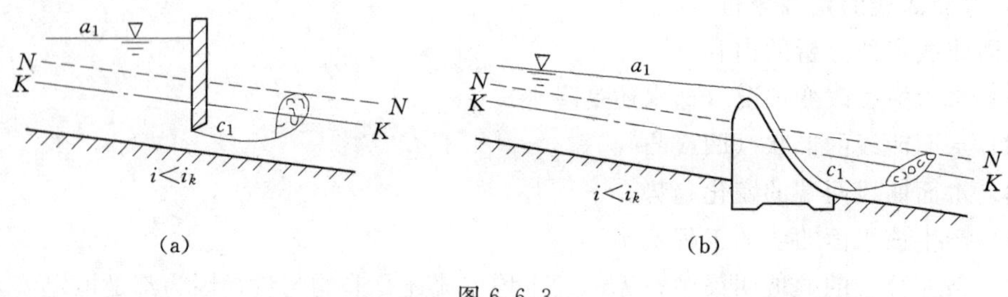

图 6.6.3

又 $h>h_k$，水流为缓流，$1-Fr^2>0$。故 $\frac{dh}{dl}\rightarrow 0$，这表明 b_1 型水面曲线的上游端仍以 $N—N$ 为渐近线。

b_1 型降水曲线下游端水深逐渐变小，极限情况为 $h\rightarrow h_k$。但 $h<h_0$，$K<K_0$，$1-\left(\frac{K_0}{K}\right)^2<0$；又 $h\rightarrow h_k$，$Fr\rightarrow 1$，$1-Fr^2\rightarrow 0$。由式（6.6.5）可知 $\frac{dh}{dl}\rightarrow\infty$，这表明在理论上水面曲线与 $K—K$ 线有正交的趋势。但实际上水流此时已不是渐变流，而是急变流，水面以光滑曲线过渡为急流，发生水跌现象。

当缓坡渠道的末端为跌坎，或与陡坡渠道相接时，缓坡渠道上产生的水面曲线就是 b_1 型降水曲线，如图 6.6.4 所示。

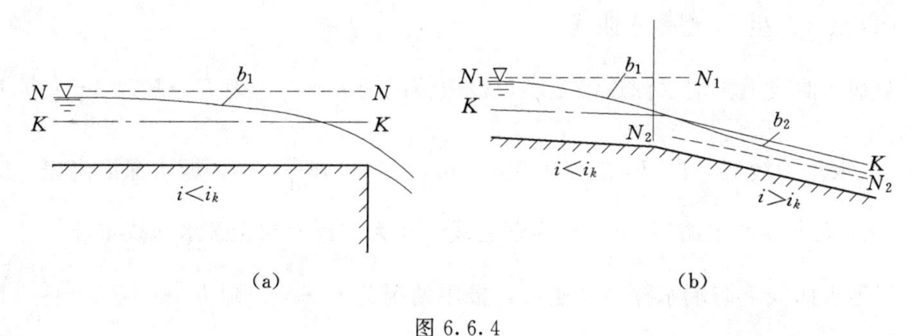

图 6.6.4

（3）c 区（$h_0>h_k>h$）。因为 $h<h_0$，故 $K<K_0$，$1-\left(\frac{K_0}{K}\right)^2<0$；又因为 $h<h_k$，水流为急流，$Fr>1$，$1-Fr^2<0$。由式（6.6.5）可知 $\frac{dh}{dl}>0$，即水深沿流程增加，为壅水曲线，所以该区产生 c_1 型壅水曲线。

c_1 型壅水曲线上游端水深逐渐变小，最小水深受来流条件控制（如闸孔开度）。下游端水深逐渐增加，极限情况为 $h\rightarrow h_k$，$Fr\rightarrow 1$，$1-Fr^2\rightarrow 0$，所以 $\frac{dh}{dl}\rightarrow\infty$，水面曲线与 $K—K$ 线有正交的趋势。但实际水流是急变流，将发生由急流到缓流的水跃现象。

在缓坡渠道上修建闸、坝等水工建筑物时，其下游急流区产生的水面曲线就是 c_1 型壅水曲线，如图 6.6.3 所示。

2. 陡坡（$i>i_k$）渠道上的水面曲线（a_2、b_2、c_2）

（1）a 区（$h>h_k>h_0$）。因为 $h>h_0$，故 $K>K_0$，$1-\left(\frac{K_0}{K}\right)^2>0$；同时 $h>h_k$，水流为缓流，$Fr<1$，$1-Fr^2>0$，由式（6.6.5）可知$\frac{\mathrm{d}h}{\mathrm{d}l}>0$，即水深沿流程增加，为壅水曲线，所以该区产生 a_2 型壅水曲线。

a_2 型壅水曲线上游端水深逐渐变小，极限情况为 $h\rightarrow h_k$，$Fr\rightarrow1$，$1-Fr^2\rightarrow0$，所以$\frac{\mathrm{d}h}{\mathrm{d}l}\rightarrow\infty$，如前所述，水面曲线与 $K—K$ 线有正交的趋势。

a_2 型壅水曲线下游端水深越来越大，极限情况为 $h\rightarrow\infty$，如前 a_1 型水面曲线的下游端所示，此时 a_2 型水面曲线的下游端也以水平线为渐近线。

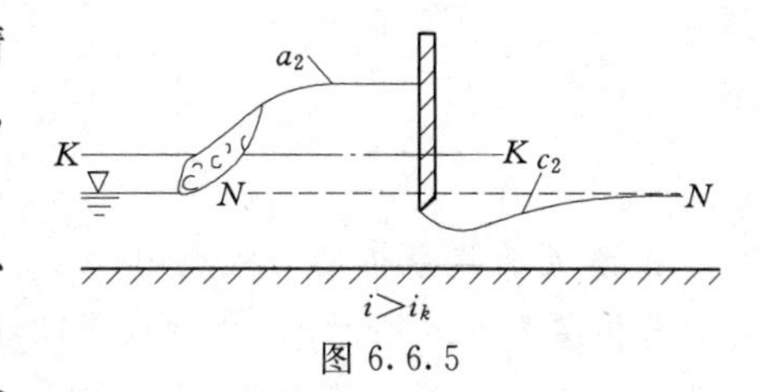

图 6.6.5

a_2 型壅水曲线一般发生在陡坡上修建了闸、坝等水工建筑物的上游，如图 6.6.5 所示。

（2）b 区（$h_k>h>h_0$）。因为 $h>h_0$，故 $K>K_0$，$1-\left(\frac{K_0}{K}\right)^2>0$；同时 $h<h_k$，水流为急流，$Fr>1$，$1-Fr^2<0$。所以$\frac{\mathrm{d}h}{\mathrm{d}l}<0$，即该区产生 b_2 型降水曲线。

b_2 型降水曲线上游端水深逐渐增大，极限情况为 $h\rightarrow h_k$，$Fr\rightarrow1$，$1-Fr^2\rightarrow0$，所以$\frac{\mathrm{d}h}{\mathrm{d}l}\rightarrow\infty$。如前所述，水面曲线与 $K—K$ 线有正交的趋势。

b_2 型降水曲线下游端水深逐渐变小，极限情况为 $h\rightarrow h_0$，则 $K\rightarrow K_0$，$1-\left(\frac{K_0}{K}\right)^2\rightarrow0$。这表明 b_2 型降水曲线的下游端以 $N—N$ 为渐近线。

当陡坡渠道的上游端与缓坡渠道或水库相接时，将产生 b_2 型降水曲线，如图 6.6.4（b）所示。

（3）c 区（$h_k>h_0>h$）。因为 $h<h_0$，故 $K<K_0$，$1-\left(\frac{K_0}{K}\right)^2<0$；又因为 $h<h_k$，水流为急流，$Fr>1$，$1-Fr^2<0$。故$\frac{\mathrm{d}h}{\mathrm{d}l}>0$，即该区产生 c_2 型壅水曲线。

c_2 型壅水曲线的上游端水深最小，受来流条件控制（如闸孔开度）。下游端水深逐渐增加，极限情况为 $h\rightarrow h_0$，则 $K\rightarrow K_0$，$1-\left(\frac{K_0}{K}\right)^2\rightarrow0$。这表明 c_2 型壅水曲线的下游端以 $N—N$ 为渐近线。

在陡坡渠道上修建闸、坝等水工建筑物时，其下游产生的水面曲线就是 c_2 型壅水曲线，如图 6.6.5 所示。

3. 临界坡（$i=i_k$）、平坡（$i=0$）和逆坡（$i<0$）渠道上的水面曲线

临界坡、平坡和逆坡上的水面曲线也可用式（6.6.5）进行分析，这里不再一一推导。各种类型水面曲线的形式参见图 6.6.6。

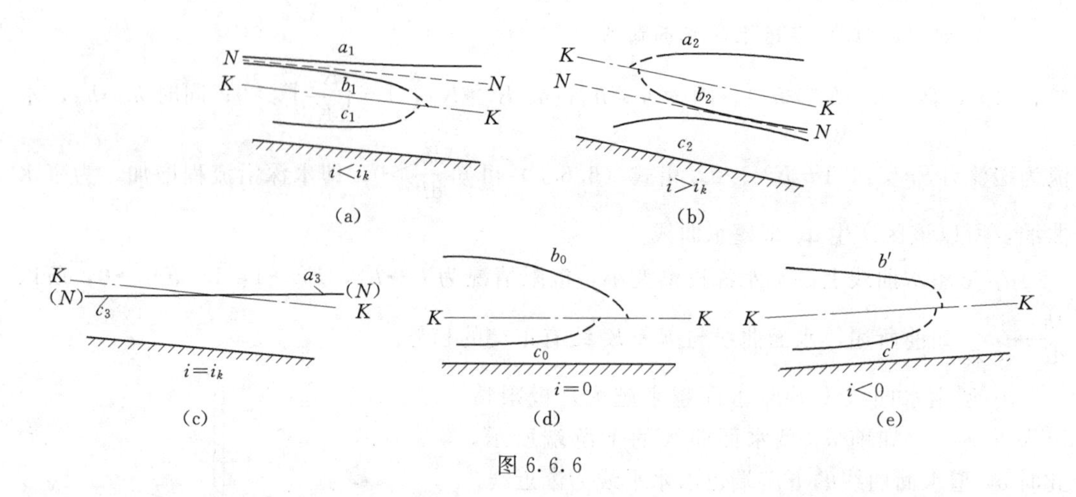

图 6.6.6

4. 水面曲线分析的一般原则

分析图 6.6.6 所示的 12 种水面曲线，可以看出它们之间既有共同的规律，又有各自的特点，具体分析时可遵循以下原则：

(1) 每一个流区只能发生一种类型的水面曲线。凡在 a 区和 c 区，各水面曲线都是壅水曲线，而 b 区的水面曲线都是降水曲线。

(2) 急流过渡为缓流时，必然产生水跃，水面曲线以水跃衔接；缓流过渡为急流时，必然产生水跌，水面曲线以水跌衔接。

(3) 当水深 $h \to h_0$ 时，水面曲线以正常水深线 $N—N$ 为渐近线；水深 $h \to h_k$ 时，水面曲线与临界水深线 $K—K$ 线有正交的趋势；水深 $h \to \infty$ 时，水面曲线以水平线为渐近线。

(4) 在分析和计算水面曲线时，必须从某个确定水深或水位的已知断面开始，这个断面称为控制断面。缓流的控制断面在下游，急流的控制断面在上游。

6.6.4 水面曲线分析实例

【例 6.6.1】 图 6.6.7 所示为一灌溉渠道，因地形变化采用两种底坡连接，其断面形式、尺寸及糙率均相同。已知 $i_1 < i_2 < i_k$，各段渠道均充分长，试分析渠道中可能出现的水面曲线类型。

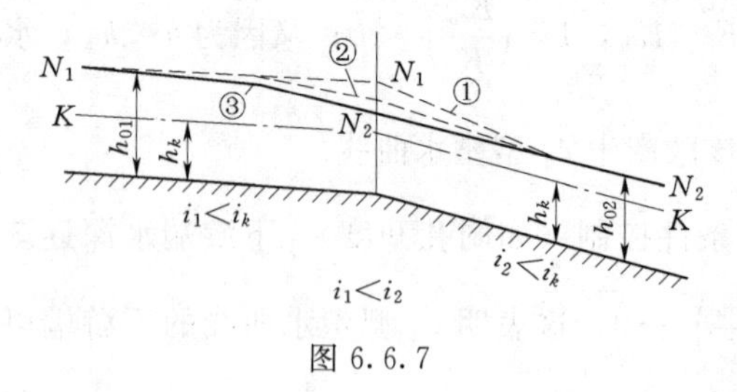

图 6.6.7

解：(1) 根据已知条件 $i_1 < i_2 < i_k$，相应正常水深 $h_{01} > h_{02} > h_k$，画出两渠段的 $N—N$ 线和 $K—K$ 线。

(2) 因两渠道均为缓坡，且渠道充分长，故两渠道的上、下游很远处为均匀流。非均匀流的影响仅局限在底坡发生变化的有限渠段范围内，其水深的变化是由 i_1 渠段的 h_{01} 减小到 i_2 渠段的 h_{02}，渠道中水面曲线一定是降水曲线。

如果 i_1 渠段全部为均匀流，则水流流入 i_2 渠段后，水面曲线位于 i_2 渠段的 a 区，如图 6.6.7 中①所示情况。根据水面曲线分析的原则可知，在 a 区只能是壅水曲线，所以①是不可能的。

图中②所示情况，是在上、下游渠段都产生非均匀流降水曲线，但对 i_2 渠段，此时水面曲线位于 a 区，不可能出现降水曲线，所以也是不可能的。

图中③所示情况，是在 i_1 渠段产生非均匀流，为 b_1 型降水曲线，在 i_2 渠段全部为均匀流，只有它是水面曲线衔接的唯一形式。

【例 6.6.2】 某平底渠道上建有一水闸（图 6.6.8），其开度很小，收缩断面 $c—c$ 处的水深 $h_c<h_k$。闸后接一陡坡段。若两段渠道的断面形式、尺寸及糙率均相同，且均充分长，试分析渠道中可能出现的水面曲线类型。

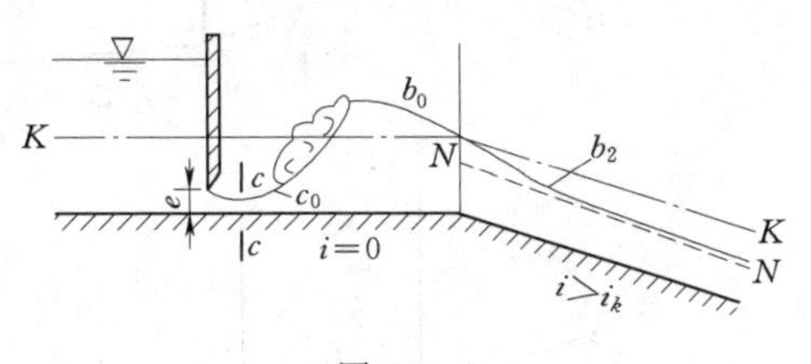

图 6.6.8

解：（1）画出渠道的 $K—K$ 线和下游渠道的 $N—N$ 线。

（2）上游平坡段中，闸下出流为急流，且位于 c 区，为 c_0 型壅水曲线。因为平坡段很长，在平坡段的后段将产生缓流，水深大于临界水深。平坡段上会出现由急流到缓流过渡的现象——水跃。

水流由平坡渠道进入陡坡渠道，要由缓流过渡到急流，产生水跌。因此，上游平坡段水跃以后的水面曲线为 b_0 型降水曲线，至变坡处穿过 $K—K$ 线，和陡坡段的 b_2 型降水曲线连接，在下游充分远处趋近于 $N—N$ 线。

任务解析单

针对任务单中的问题，结合本节学习的知识，可知在没有外界能量输入的情况下，水流水面曲线的变化仍然符合能量定律。以水跌曲线为例，水流在流态发生变化时，水流流速加快，动能增加而势能减少，因存在能量损失，故总能量必然是较少的。产生壅水曲线时，有两种情况：第一种是产生水跃，水面曲线升高；第二种是水面曲线不升高但渠底降低，无论哪种情况，都没有增加水流的总能量。

工作单

6.6.1 定性分析如图 6.6.9 所示流量和糙率都不变的长直棱柱体渠道中可能出现的水面曲线形式，并标注名称（各段均有足够长度）。

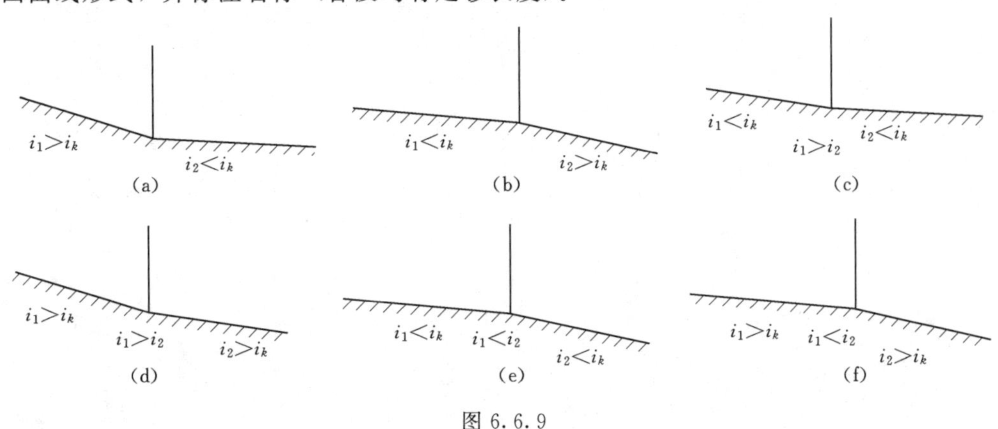

图 6.6.9

6.6.2 定性分析图 6.6.10 所示流量和糙率都不变的长直棱柱体渠道中可能出现的水面曲线形式，并标注名称（各段均有足够长度）。

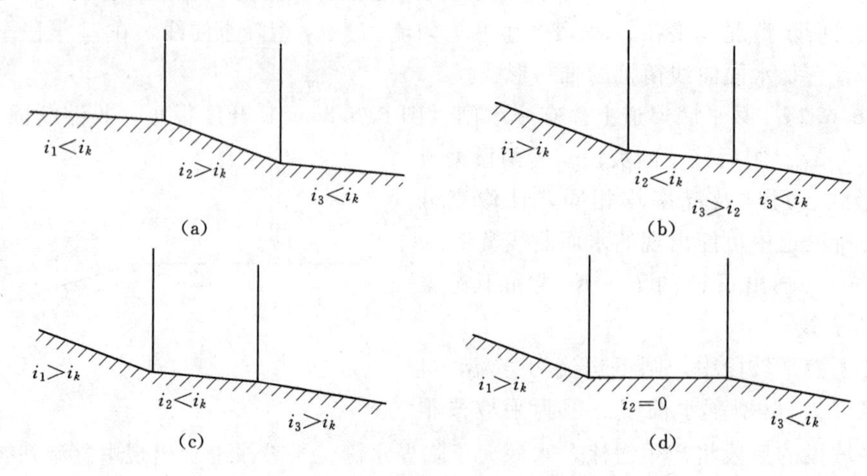

图 6.6.10

任务6.7　明渠水面曲线计算

任务单

党的二十大报告指出，科技是第一生产力、人才是第一资源、创新是第一动力。贯彻新发展理念、推进高质量发展、构建新发展格局、利用科学技术实现第二个百年奋斗目标，是当代青年学子的时代使命。长期以来，我国水利科技工作者立足科学，研发技术，取得了举世瞩目的建设成就。三峡工程是世界最大的水利工程，被习近平总书记誉为“大国重器”，三峡工程是体现我国社会主义优越性的标志性水利工程，修建过程中，重庆、湖北共计113万人在政府组织下离开家园，移居他乡，创造了新的生活。这就要求工程设计师提前计算库区的淹没范围，那么明渠非均匀流的水面曲线应该如何计算确定呢？

我们不妨以这个任务为例，走进今天的课程。

某排水渠如图6.7.1所示，断面为梯形，底宽 $b=8\text{m}$，边坡系数 $m=2$，粗糙系数 $n=0.025$，渠道纵坡 $i=0.0005$，渠道长 L 为3335m，退水流量 $Q=25\text{m}^3/\text{s}$，退入下游河道。退水时由于下游河道排洪，水位上涨，使排水渠末端出口断面水深达3.5m，试计算排水渠入口断面的水深。

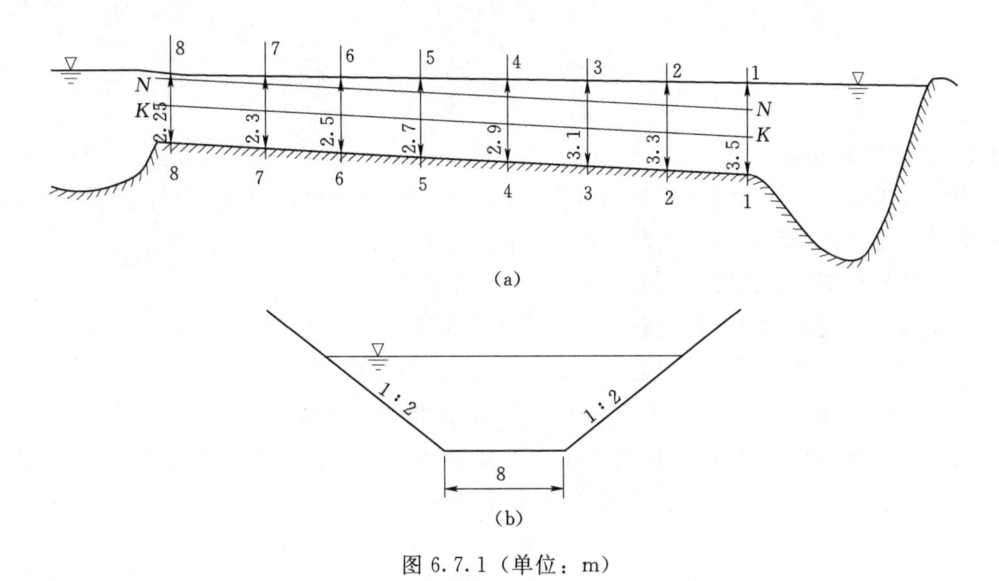

图6.7.1（单位：m）

学习单

6.7.1　水面曲线计算式

明渠水面曲线的计算方法很多，这里主要介绍最基本和常用的方法——分段求和法（逐段试算法）。分段求和法是一种近似解法，对棱柱体和非棱柱体渠道均可适用。

水面曲线计算公式采用如下方法推导：

将明渠恒定非均匀渐变流的基本微分方程式 $\dfrac{\mathrm{d}E_s}{\mathrm{d}l}=i-J$ 改写为以下差分形式

$$\Delta l=\frac{\Delta E_s}{i-\overline{J}}=\frac{E_{s2}-E_{s1}}{i-\overline{J}} \tag{6.7.1}$$

式中　E_{s1}、E_{s2}——流段上、下游断面的断面比能；

$\overline{J}$——流段内的平均水力坡度；

i——渠道的底坡；

Δl——流段长度。

流段的平均水力坡度 $\overline{J}$ 一般采用以下方法计算：

$$\overline{J}=\frac{1}{2}(J_1+J_2) \tag{6.7.2}$$

或

$$\overline{J}=\frac{Q^2}{\overline{K}^2} \tag{6.7.3}$$

流量模数平均值 $\overline{K}$ 或 $\overline{K}^2$ 可用以下三种方法之一计算：

(1)

$$\overline{K}=\overline{A}\ \overline{C}\sqrt{R} \tag{6.7.4}$$

其中

$$\overline{A}=\frac{1}{2}(A_1+A_2),\ \overline{C}=\frac{1}{2}(C_1+C_2),\ R=\frac{1}{2}(R_1+R_2)$$

(2)

$$\overline{K}^2=\frac{1}{2}(K_1^2+K_2^2) \tag{6.7.5}$$

(3)

$$\frac{1}{\overline{K}^2}=\frac{2}{K_1^2+K_2^2} \tag{6.7.6}$$

6.7.2　计算方法步骤

用分段求和法计算水面曲线的基本方法，是先把渠道按水深划分为几个流段，然后对每一流段应用公式（6.7.1），逐段推算。具体步骤如下：

（1）分析判别水面曲线的类型。

（2）确定控制断面，以控制断面的水深作为流段的第一已知水深 h_1。

（3）假设流段另一断面水深为 $h_2=h_1\pm\Delta h$，进行分段。

（4）根据水深 h_1 和 h_2，应用公式（6.7.1）求出第一流段长 Δl_1。

（5）将 h_2 作为下一流段的控制水深，重复以上计算，求出第二流段长 Δl_2；依次类推，可求出 Δl_3、Δl_4、…，最后求得水面曲线全长

$$l=\sum_{i=1}^{n}\Delta l_i \tag{6.7.7}$$

（6）根据计算结果，按比例绘出水面曲线。

详细计算过程见［例 6.7.1］，需要注意的是：分段越多，计算量越大，精度也越高。

【例 6.7.1】 有一长直的梯形断面棱柱体渠道，底宽 $b=20$m，边坡系数 $m=2.5$，糙率 $n=0.0225$，底坡 $i=0.0001$。当通过流量 $Q=160\text{m}^3/\text{s}$ 时，闸前水深 $h=6.0$m。求闸前水面曲线的全长，并绘制水面曲线。

解：（1）计算 h_0、h_k，判别水面曲线类型。

1）用图解法求正常水深 h_0。

$$K_0=\frac{Q}{\sqrt{i}}=\frac{160}{\sqrt{0.0001}}=16000(\text{m}^3/\text{s})$$

$$\frac{b^{2.67}}{nK_0}=\frac{20^{2.67}}{0.0225\times16000}=8.27$$

查附图1的正常水深求解图，由$\frac{b^{2.67}}{nK_0}=8.27$，$m=2.5$在图上查得$\frac{h_0}{b}=0.246$，则$h_0=0.246\times20=4.92(\text{m})$。

2）用图解法求临界水深h_k。

$$\frac{Q}{b^{2.5}}=\frac{160}{20^{2.5}}=0.089$$

查附图3的临界水深求解图，由$\frac{Q}{b^{2.5}}=0.089$，$m=2.5$在图上查得$\frac{h_k}{b}=0.086$，则$h_k=0.086\times20=1.72(\text{m})$。

3）判别水面曲线类型。

因为$h_0>h_k$，渠底坡为缓坡。因为渠道末端水深$h=6.0\text{m}$，满足$h>h_0>h_k$条件，则水面曲线为a_1型壅水曲线。

（2）选控制断面，确定末端水深，进行分段。

因为$h>h_k$，则渠道中的水流为缓流，缓流的控制断面在下游，取闸前断面为控制断面，水深$h=6\text{m}$，水面曲线全长的起始水深为

$$h=1.01h_0=1.01\times4.92=4.97(\text{m})$$

对棱柱体渠道，为避免试算，常按水深分段，分段后各流段的上游断面水深为5.8m、5.6m、5.4m、5.2m、5.1m、5.03m、4.97m，共七段，如图6.7.2所示。

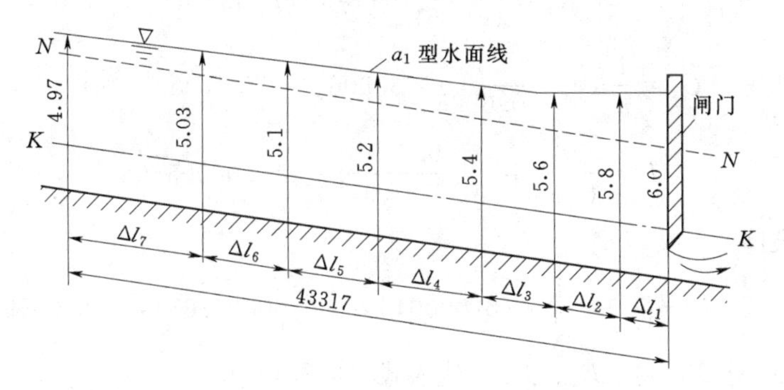

图6.7.2（单位：m）

（3）第一流段的流段长计算。

本流段的水深为$h_1=5.8\text{m}$，$h_2=6.0\text{m}$。

1）计算E_{s1}、E_{s2}、ΔE_s。

下游断面　$A_2=(b+mh_2)h_2=(20+2.5\times6.0)\times6.0=210.0(\text{m}^2)$

$$v_2=\frac{Q}{A_2}=\frac{160}{210}=0.762(\text{m/s})$$

$$E_{s2}=h_2+\frac{\alpha_2v_2^2}{2g}=6.0+\frac{1\times0.762^2}{19.6}=6.030(\text{m})$$

上游断面 $A_1=(b+mh_1)h_1=(20+2.5\times5.8)\times5.8=200.1(m^2)$

$$v_1=\frac{Q}{A_1}=\frac{160}{200.1}=0.800(m/s)$$

$$E_{s1}=h_1+\frac{\alpha_1 v_1^2}{2g}=5.8+\frac{1\times0.800^2}{19.6}=5.833(m)$$

则两段面的断面比能之差为

$$\Delta E_s=E_{s2}-E_{s1}=6.030-5.833=0.197(m)$$

2）计算平均水力坡降 $\overline{J}$。

a_1 型水面曲线计算时，其平均水力坡降 $\overline{J}$ 采用 $\overline{J}=\frac{1}{2}(J_1+J_2)$，$J=\frac{v^2}{C^2R}$计算

下游断面

$$\chi_2=b+2\sqrt{1+m^2}h_2=20+2\times\sqrt{1+2.5^2}\times6.0=52.31(m)$$

$$R_2=\frac{A_2}{\chi_2}=\frac{210.0}{52.31}=4.015(m)$$

$$C_2=\frac{1}{n}R_2^{1/6}=\frac{1}{0.0225}\times4.015^{1/6}=56.03(m^{1/2}/s)$$

$$J_2=\frac{v_2^2}{C_2^2R_2}=\frac{0.762^2}{56.03^2\times4.015}=0.00004607$$

上游断面

$$\chi_1=b+2\sqrt{1+m^2}h_1=20+2\times\sqrt{1+2.5^2}\times5.8=51.23(m)$$

$$R_1=\frac{A_1}{\chi_1}=\frac{200.1}{51.23}=3.906(m)$$

$$C_1=\frac{1}{n}R_1^{1/6}=\frac{1}{0.0225}\times3.906^{1/6}=55.77(m^{1/2}/s)$$

$$J_1=\frac{v_1^2}{C_1^2R_1}=\frac{0.800^2}{55.77^2\times3.906}=0.00005268$$

平均水力坡降

$$\overline{J}=\frac{1}{2}(J_1+J_2)=\frac{1}{2}\times(0.00004607+0.00005268)=0.00004938$$

流段长度 Δl 计算，将 ΔE_s、$\overline{J}$、i 代入式（6.7.1）得

$$\Delta l=\frac{\Delta E_s}{i-\overline{J}}=\frac{0.197}{0.0001-0.00004938}=3892(m)$$

（4）列表计算水面曲线的全长，成果见表 6.7.1。

（5）按比例绘制水面曲线，如图 6.7.2 所示。

任务解析单

1. 判断水面曲线类型

经计算该渠道正常水深 $h_0=1.92$m，临界水深 $h_k=0.921$m。因为 $h_0>h_k$，故渠道底坡为缓坡。又因排水渠末端水深 $h=3.5\text{m}>h_0$，控制水深位于 a 区，所以为 a_1 型壅水曲线。

2. 水面曲线计算

因为水流为缓流，水面曲线应从排水渠末端控制水深 $h=3.5\text{m}$ 开始，从下游向上游按水深分段推算。假设水深变化量 $\Delta h=0.2\text{m}$。则上游各断面的水深分别为 3.3m、3.1m、2.9m、…，求出各相应段的距离 Δl_1、Δl_2、…、Δl_3，然后根据已知渠道的总长度，用试算法求出排水口处的水深。

表 6.7.1　　　　水面曲线计算过程及结果

断面序号	h /m	A /m^2	χ /m	R /m	$C=\frac{1}{n}R^{1/6}$ /($m^{1/2}$/s)	v /(m/s)	$J=\frac{v^2}{C^2R}$ /($\times10^{-5}$)	$\frac{\alpha v^2}{2g}$ /m	$E_s=h+\frac{\alpha v^2}{2g}$ /m	$\Delta E_s=E_{s2}-E_{s1}$ /m	$\overline{J}=\frac{1}{2}(J_1+J_2)$ /($\times10^{-5}$)	$i-\overline{J}$ /($\times10^{-5}$)	$\Delta l=\frac{\Delta E_s}{i-\overline{J}}$ /m	$\Sigma\Delta l$ /m
(1)	(2)	(3)	(4)	(5)	(6)	(7)	(8)	(9)	(10)	(11)	(12)	(13)	(14)	(15)
1	6.0	210.0	52.31	4.015	56.03	0.7619	4.605	0.0296	6.0296					
										0.1970	4.934	5.066	3889	3889
2	5.8	200.1	51.23	3.906	55.77	0.7996	5.263	0.0326	5.8326					
										0.1966	5.650	4.350	4519	8408
3	5.6	190.4	50.16	3.796	55.51	0.8403	6.037	0.0360	5.6360					
										0.1961	6.496	3.504	5596	14004
4	5.4	180.9	49.08	3.686	55.24	0.8845	6.956	0.0399	5.4399					
										0.1955	7.504	2.496	7832	21836
5	5.2	171.6	48.00	3.575	54.96	0.9324	8.051	0.0444	5.2444					
										0.0976	8.366	1.634	5973	27809
6	5.1	167.0	47.46	3.518	54.81	0.9579	8.681	0.0468	5.1468					
										0.0681	8.916	1.084	6282	34091
7	5.03	163.9	47.09	3.481	54.71	0.9765	9.151	0.0487	5.0787					
										0.0584	9.367	0.633	9226	43317
8	4.97	161.2	46.76	3.447	54.63	0.9928	9.583	0.0503	5.0203					

断面 1—1 水力要素（$h_1=3.5\text{m}$）如下：

$$A_1=(b+mh_1)h_1=(8+2\times3.5)\times3.5=52.50(\text{m}^2)$$

$$v_1=\frac{Q}{A_1}=\frac{25}{52.5}=0.476(\text{m/s})$$

$$E_{s1}=h_1+\frac{\alpha_1 v_1^2}{2g}=3.5+\frac{1\times0.476^2}{19.6}=3.512(\text{m})$$

对应地

$$\chi_1=b+2h_1\sqrt{1+m^2}=8+2\times3.5\times\sqrt{1+2^2}=23.652(\text{m})$$

$$R_1=\frac{A_1}{\chi_1}=\frac{52.5}{23.652}=2.22(\text{m})$$

$$C_1=\frac{1}{n}R_1^{1/6}=\frac{1}{0.025}\times2.22^{1/6}=45.686(\text{m}^{1/2}/\text{s})$$

同理，断面 2—2 的水力要素（$h_2=3.3\text{m}$）如下：

$$A_2=(b+mh_2)h_2=(8+2\times3.3)\times3.3=48.18(\text{m}^2)$$

$$v_2=\frac{Q}{A_2}=\frac{25}{48.18}=0.519(\text{m/s})$$

$$E_{s2}=h_2+\frac{\alpha_2 v_2^2}{2g}=3.3+\frac{1\times0.519^2}{19.6}=3.314(\text{m})$$

对应地

$$\chi_2=b+2h_2\sqrt{1+m^2}=8+2\times3.3\times\sqrt{1+2^2}=22.758(\text{m})$$

$$R_2=\frac{A_2}{\chi_2}=\frac{48.18}{22.758}=2.117(\text{m})$$

$$C_2=\frac{1}{n}R_2^{1/6}=\frac{1}{0.025}\times2.117^{1/6}=45.33(\text{m}^{1/2}/\text{s})$$

故综合以上计算可得，断面1—1和断面2—2之间

$$\bar{v}=\frac{1}{2}\times(v_1+v_2)=\frac{1}{2}\times(0.476+0.519)=0.498(\text{m/s})$$

$$\bar{\chi}=\frac{1}{2}\times(\chi_1+\chi_2)=\frac{1}{2}\times(23.652+22.758)=23.21(\text{m})$$

$$\overline{R}=\frac{1}{2}\times(R_1+R_2)=\frac{1}{2}\times(2.22+2.117)=2.168(\text{m})$$

$$\overline{C}=\frac{1}{2}\times(C_1+C_2)=\frac{1}{2}\times(45.686+45.33)=45.51(\text{m}^{1/2}/\text{s})$$

$$\overline{J}=\frac{\bar{v}^2}{\overline{C}^2\overline{R}}=\frac{0.498^2}{45.51^2\times2.168}=0.552\times10^{-4}$$

则断面1—1和断面2—2之间的流程为

$$\Delta l_{1-2}=\frac{\Delta E_{s1-2}}{i-\overline{J}}=\frac{3.512-3.314}{0.0005-0.0000552}=444.7(\text{m})$$

按照此方法，以此求得其余相邻断面 h 之间的距离，见表6.7.2。当水深=2.1m时，Δl 长度已经超过3335m，渠道末端水深可通过内插近似求得。

表6.7.2　　排水渠水面曲线计算表

基本参数：

流量 $Q=25\text{m}^3/\text{s}$；排水渠底宽 $b=8\text{m}$；排水渠边坡系数 $m=2$；排水渠纵坡 $i=0.0005$；表面糙率 $n=0.025$

断面	h /m	A /m²	v /(m/s)	$v^2/2g$ /m	E_s /m	χ /m	R /m	C /(m$^{1/2}$/s)	ΔE_s /m	$\bar{v}$ /(m/s)	$\overline{R}$ /m	$\overline{C}$ /(m$^{1/2}$/s)	$\overline{J}$ /(×10⁴)	ΔL /m	L /m
1—1	3.5	52.500	0.476	0.012	3.512	23.652	2.220	45.685							0
2—2	3.3	48.180	0.519	0.014	3.314	22.758	2.117	45.326	0.198	0.498	2.168	45.506	0.5551	444.70	444.70
3—3	3.1	44.020	0.568	0.016	3.116	21.864	2.013	44.948	0.197	0.543	2.065	45.137	0.7702	458.99	903.69
4—4	2.9	40.020	0.625	0.020	2.920	20.969	1.909	44.549	0.197	0.596	1.961	44.749	0.9055	480.04	1383.73
5—5	2.7	36.180	0.691	0.024	2.724	20.075	1.802	44.126	0.196	0.658	1.855	44.338	1.1868	512.79	1896.52
6—6	2.5	32.500	0.769	0.030	2.530	19.180	1.694	43.675	0.194	0.730	1.748	43.901	1.5820	568.10	2464.62
7—7	2.3	28.980	0.863	0.038	2.338	18.286	1.585	43.191	0.192	0.816	1.640	43.433	2.1525	675.08	3139.70
8—8	2.1	25.620	0.976	0.049	2.149	17.391	1.473	42.668	0.189	0.919	1.529	42.929	2.9988	946.41	4086.11

则渠道末端水深

$$
\begin{aligned}
h &= h_7 + \frac{(h_8 - h_7)(L - L_7)}{L_8 - L_7} \\
&= 2.3 + \frac{(2.1 - 2.3) \times (3335 - 3139.70)}{4086.11 - 3139.70} \\
&= 2.259(\mathrm{m})
\end{aligned}
$$

需要说明的是，本任务的解析过程中，采用在计算平均水力坡降 $\overline{J}$ 时采用的方法与［例 6.7.1］不同，该案例采用了 $\overline{J}=\frac{\bar{v}^2}{\overline{C}^2\overline{R}}$ 计算法，而［例 6.7.1］中采用了 $\overline{J}=\frac{1}{2}(J_1+J_2)$ 的计算法，在本质上是一致的。

工作单

6.7.1 一矩形断面明渠，$b=8\mathrm{m}$，$i=0.00075$，$n=0.025$，当通过流量 $Q=50\mathrm{m}^3/\mathrm{s}$ 时，已知渠道末端水深 $h_2=5.5\mathrm{m}$，若上游进口水深 $h_1=4.2\mathrm{m}$，求渠道长度。

项目7 堰闸水力计算

任务7.1 堰 闸 认 知

7.1 堰闸认知

任务单

堰和闸是泄洪、引水、发电、排涝、灌溉时控制流量的建筑物，广泛应用于水库枢纽工程、堤防工程、灌区工程等。据统计，全国已建成各类水库9万多座，已建成流量$5m^3/s$及以上的水闸10万多座，已建成设计灌溉面积2000亩及以上的灌区共2万多处，堰和闸已成为我国国民经济发展过程中水量控制的主要措施。

在实际水库工程设计过程中，在保证安全的前提下，为提升水库上游水位，增加兴利库容，常在溢洪道上增设闸门，但其不同开度下流态的控制略有不同。例如，某水库溢洪道设计为平底水闸，采用平板闸门。已知：闸门上游水头H为4m，试分析不同闸门开度e下，平底水闸下泄流量及类型。

学习单

7.1.1 堰流和闸孔出流现象

在水利等工程中，为了泄水或引水等目的，常兴建溢流坝和泄水闸等水工建筑物以控制水流的水位及流量。在水力学中，把顶部溢流的水工建筑物称为堰，溢流坝、水闸的底槛、桥孔和无压涵洞的进口都属于堰的范畴。经过堰的水流，当没有受到闸门控制时就是堰流［图7.1.1 (a)、(b)］；当受到闸门控制时，就是闸孔出流［图7.1.1 (c)、(d)］。

堰流和闸孔出流都是由于建筑物将水流的过水断面缩小而形成。堰流多因侧向宽度被缩窄或底部被抬高而形成，闸孔出流则因闸门开度较小使水流受到约束而形成。堰流和闸孔出流是两种不同的水流现象。堰流由于闸门对水流不起控制作用，水面曲线为一条光滑的降落曲线，闸孔出流由于受到闸门的控制，闸门上下游的水面是不连续的。同时，堰流与闸孔出流也存在着许多共同点：首先，堰流和闸孔出流都是因水闸或溢流坝等建筑物壅高了上游水位，在重力作用下形成的水流运动，从能量的观点来看，出流的过程都是一种势能转化为动能的过程；其次，这两种水流都是在较短的距离内流线发生急剧弯曲，出流过程的能量损失主要是局部水头损失。

7.1.2 堰流和闸孔出流的类型及判别

影响堰流的主要特征量有：堰宽、堰上水头、堰顶厚度及剖面形状、下游水深等。这些特征量对堰流的形态和过堰流量都有影响。

(1) 根据堰壁厚度δ和堰上水头H的相对大小，可以将堰分为薄壁堰、实用堰、宽

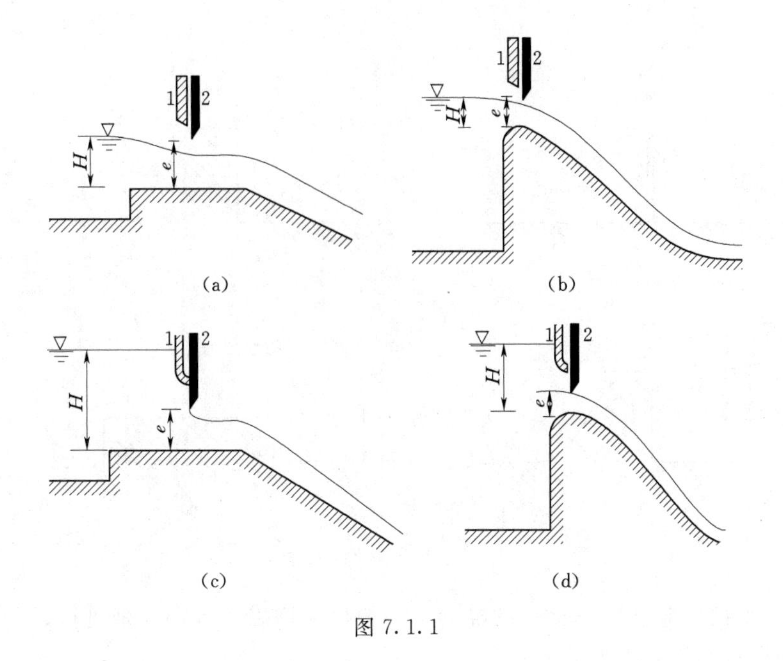

图 7.1.1

顶堰三类。

1）薄壁堰流，$\frac{\delta}{H}<0.67$。当水流趋向堰壁时，由于堰壁的阻挡和导流作用，底部水流沿堰壁向上涌，而表层水流继续前进，同时水面逐渐下降，致使堰壁之后的水流形如舌状，称为溢流水舌，如图 7.1.2（a）所示。根据实验，过堰顶作水平线与水舌下缘相交，交点至上游堰壁的水平距离约为 $0.67H$。因此堰顶厚度小于此值时，堰顶不会触到水舌下缘。溢流水舌与堰顶只有线接触，水流沿流动方向几乎不受堰顶厚度的影响。这种堰常用作实验室和灌溉渠道中量测流量的设备。

2）实用堰流，$0.67<\frac{\delta}{H}<2.5$。当堰壁厚度继续增大，薄壁堰厚度已经影响到了水舌，堰壁对水舌已有一定作用，从而在一定程度上对过水能力产生影响。为了减小阻力，使堰顶形状和水舌下缘形状相吻合，称为曲线型实用堰，如图 7.1.2（c）所示。某些小型水利工程，为了施工的方便，也常采用折线形剖面堰，如图 7.1.2（b）所示。

3）宽顶堰流，$2.5<\frac{\delta}{H}<10$。当堰壁厚度继续增大，水舌受到堰顶的顶托作用加大，堰壁对过水能力的影响也相应加大。进入堰顶的水头受到堰的垂直方向约束，流速加大，势能减小，水面发生明显跌落，以后水面曲线与堰顶成近似平行的流动，若堰下游水位很低，出堰水流又将出现第二次跌落，这种堰流就是宽顶堰流，如图 7.1.2（d）所示。工程上有许多堰流属于宽顶堰流，例如闸门全开时泄水闸上的水流；河渠中通过桥孔、无压涵管的水流。

当堰壁厚度继续增大时，从能量的角度看，沿程水头损失逐渐占据主要地位，这时堰流就逐渐过渡到明渠流了。

（2）堰流和闸孔出流的判别标准：形成堰流和闸孔出流，与闸坝的形式、位置、结构

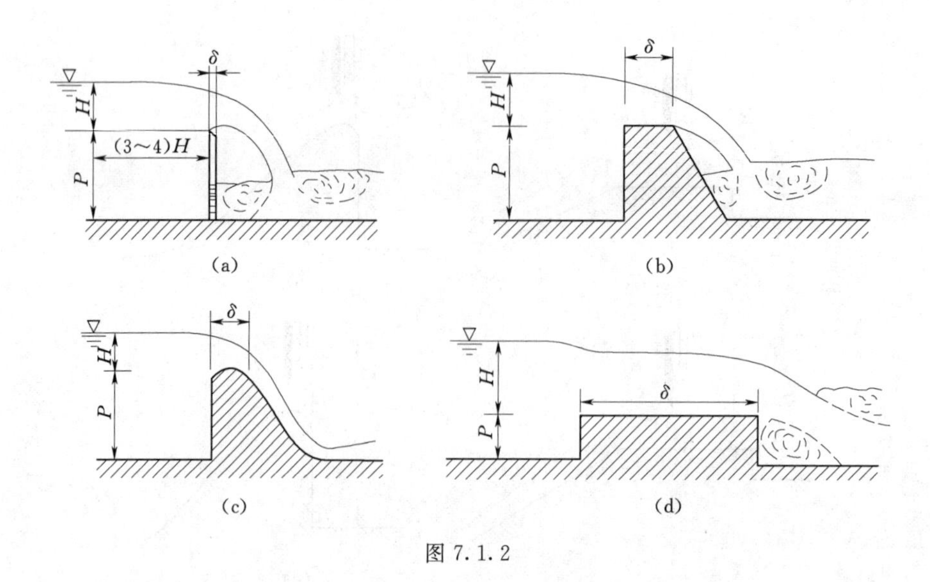

图 7.1.2

形式等有关，根据实验和实际运行的经验，一般可采用以下判别式来进行区分。

1）当闸底坎为平顶堰时：

$$\frac{e}{H}>0.65\text{ 时，为堰流}$$

$$\frac{e}{H}\leqslant 0.65\text{ 时，为闸孔出流}$$

2）当闸底坎为曲线型堰时：

$$\frac{e}{H}>0.75\text{ 时，为堰流}$$

$$\frac{e}{H}\leqslant 0.75\text{ 时，为闸孔出流}$$

式中　e——闸门开启高度；

　　H——堰闸前水头，如图 7.1.1 所示。

从以上判别标准可以看出，即使在同一个建筑物上，在不同运行工况下有时会形成堰流，有时会形成闸孔出流。例如在同一闸坝上，当上游水头 H 一定，闸门开度 e 较大时，闸门下缘不触及水流表面，形成了堰流。若减小闸门开度，闸门下缘约束了水流时形成闸孔出流。同样，当闸门开度一定，上游水头较小时，闸门下缘不触及水流表面，形成堰流。若上游水头增大，水面将触及闸门下缘，水流将受到闸门的约束而形成闸孔出流。

7.1.3　堰流的基本公式

薄壁堰流、实用堰流和宽顶堰流的共同特点决定了堰流具有同一形式的计算过水能力的基本公式。但是不同堰流也有各自特性，它们的局部水头损失以及水舌受到堰顶的顶托程度不同，这个差别是各堰流边界条件不全相同引起的，表现在某些系数的数值有所不同。下面以自由出流无侧收缩的矩形薄壁堰为例，应用能量方程推求堰流的基本公式。

如图 7.1.3 所示，取通过堰顶的水平面为基准面，第一个过水断面选在水面无明显下降的断面 0—0，该断面堰顶以上的水深 H 称为堰上水头，其断面平均流速 v_0 称为行近

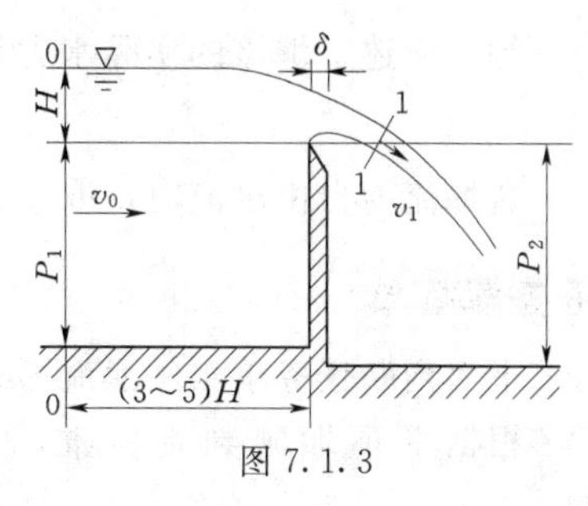

图 7.1.3

流速。实验表明，该断面距堰上游壁面的距离 $L=(3\sim5)H$ 时符合渐变流条件。第二个过水断面选在基准面与水舌中线的交点所在的断面 1—1。

综上所述，断面 0—0 为渐变流断面，其单位势能 $Z+\frac{p}{\gamma}$ 等于常数。而断面 1—1 为急变流断面，其 $Z+\frac{p}{\gamma}$ 不等于常数，故采用平均值 $\overline{\left(Z+\frac{p}{\gamma}\right)}$ 表示其断面单位势能。能量方程形式如下：

$$H+0+\frac{\alpha_0 v_0^2}{2g}=\overline{\left(Z+\frac{p}{\gamma}\right)}+(\alpha_1+\zeta)\frac{v_1^2}{2g} \tag{7.1.1}$$

式中 v_1——断面 1—1 的平均流速；

α_0、α_1——断面 0—0 和 1—1 的动能修正系数；

ζ——局部水头损失系数。

令 $H+\frac{\alpha_0 v_0^2}{2g}=H_0$，称为堰顶全水头；$\overline{\left(Z+\frac{p}{\gamma}\right)}=K_1H_0$，$K_1$ 为一修正系数，称为压强系数；$\varphi=\frac{1}{\sqrt{\alpha_1+\zeta}}$，称为流速系数。

则式（7.1.1）可改写为 $H_0-K_1H_0=\frac{v_1^2}{2g\varphi^2}$，所以有

$$v_1=\varphi\sqrt{2gH_0(1-K_1)} \tag{7.1.2}$$

因为断面 1—1 为矩形，设其宽度为 b；水舌厚度用 K_2H_0 表示，K_2 为反映堰顶水流垂直收缩的系数，称为垂直收缩系数。则断面 1—1 的面积为 $A_1=K_2H_0b$，通过的流量为

$$Q=K_2H_0bv_1=K_2H_0b\varphi\sqrt{2gH_0(1-K_1)}$$

令 $m=K_2\varphi\sqrt{1-K_1}$，称为流量系数。则

$$Q=mb\sqrt{2g}H_0^{3/2} \tag{7.1.3}$$

式（7.1.3）就是堰流水力计算的基本公式。可以看出，过堰流量 Q 与堰顶全水头 H_0 的二分之三次方成正比。

由上述推导过程可知，影响流量系数 m 的因素有：流速系数 φ、压强修正系数 K_1 和垂直收缩系数 K_2，即 $m=f(\varphi,K_1,K_2)$。不同类型、不同尺寸、不同水头的堰流，其流量系数 m 值各不相同。

当下游水位较高，影响到堰的泄流时，堰流为淹没出流，需考虑淹没的影响。解决的方法是给式（7.1.3）的右端乘一个小于 1 的淹没系数 σ_s。另外，实际工程中堰顶一般有边墩和闸墩，使得堰顶宽度小于上游河道或渠道的宽度，过堰水流在平面上受到横向约束，产生局部水头损失，减小过堰流量。因此，还要给式（7.1.3）的右端乘一个小于 1 的侧收缩系数 ε。

综上所述，堰流的实际水力计算基本公式为

$$Q=\sigma_s \varepsilon m b \sqrt{2g} H_0^{3/2} \tag{7.1.4}$$

若堰流为自由出流时，取 $\sigma_s=1$；若堰流无侧收缩时，取 $\varepsilon=1$。

任务解析单

下面判断任务单水闸泄流形式问题。

根据平顶堰闸判别标准，对不同闸门开度的相对开度进行计算，得出结论见表7.1.1。

表7.1.1　不同闸门开度的相对开度

序号	闸门开度 e/m	相对开度 e/H	类型	序号	闸门开度 e/m	相对开度 e/H	类型
1	0.5	0.125	闸孔出流	5	2.5	0.625	闸孔出流
2	1.0	0.250	闸孔出流	6	3.0	0.750	堰流
3	1.5	0.375	闸孔出流	7	3.5	0.875	堰流
4	2.0	0.500	闸孔出流				

工作单

7.1.1　何谓堰流和闸孔出流？

7.1.2　堰流的类型有哪些？它们有哪些特点？如何判别？

7.1.3　堰流计算公式中有哪几个系数？

任务 7.2　薄壁堰水力计算

任务单

由于薄壁堰溢流具有稳定的水头与流量关系，因此广泛应用于实验室和小型灌溉渠道的测流，同时，渠道上的叠梁闸门也可近似按薄壁堰流计算。

7.2　薄壁堰水力计算

某水利研究所研究人员正在进行一水利工程模型试验，为节约开支，使用原已建量水渠道和量水堰。已知原量水渠道宽 0.7m，适用性量水堰为矩形无侧收缩薄壁堰和三角形薄壁堰两种，其中堰高均为 0.4m，堰后为跌落式量水渠道，试验所需最大流量 $Q=45$L/s，所需最小流量 $Q=4$L/s，试分析并帮助完成薄壁堰的选型。

学习单

薄壁堰流由于具有稳定的水头和流量关系，常作为水力模型试验或野外测量中一种有效的量水工具。另外，工程上广泛应用的曲线型实用堰，其外形一般按照矩形薄壁堰流水舌下缘的曲线设计。所以，薄壁堰的研究是具有实际意义的。薄壁堰的堰口形状有矩形、三角形、梯形等，如图 7.2.1 所示。分别称为矩形薄壁堰、三角形薄壁堰和梯形薄壁堰。

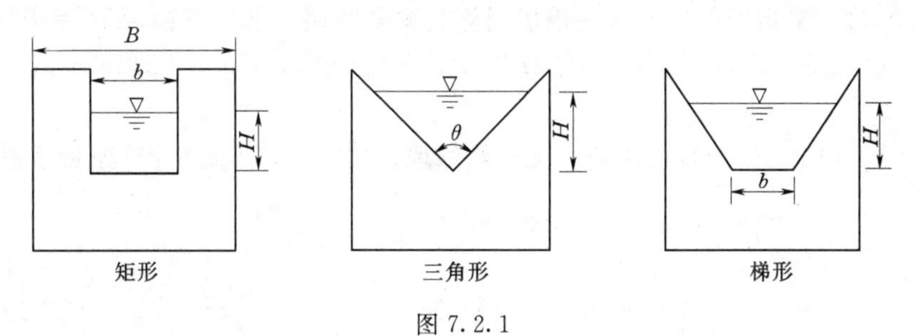

图 7.2.1

7.2.1　矩形薄壁堰流

试验证明，当矩形薄壁堰为无侧收缩，自由出流时，水流最为稳定，量测精度也较高。因此，用来量水的矩形薄壁堰应使上游渠宽与堰宽相同，下游水位低于堰顶。此外，为保证堰流为自由出流，还应满足：

(1) 堰上水头不能太小，一般 $H>2.5$cm（以免除表面张力的影响）。

(2) 水舌下面与大气相通（避免形成真空）。

无侧收缩、非淹没矩形薄壁堰的流量计算，通常用 H 代替式（7.1.4）H_0，则

$$Q=mb\sqrt{2g}H_0^{3/2}=m_0b\sqrt{2g}H^{3/2} \tag{7.2.1}$$

式中　m_0——包含行近流速影响在内的流量系数。

m_0 可按如下雷保克公式计算：

$$m_0=0.403+0.053\frac{H}{P_1}+\frac{0.0007}{H} \tag{7.2.2}$$

式中　P_1——上游堰高。

此式适用条件为：$H \geqslant 0.025\text{m}$，$\frac{H}{P_1} \leqslant 2$，$P_1 \geqslant 0.3\text{m}$。

薄壁堰有侧收缩时通常不单独计算侧收缩系数，而是将侧收缩影响并入流量系数 m 中考虑。

7.2.2 三角形薄壁堰流

当所测流量较小（$Q < 0.1\text{m}^3/\text{s}$）时，应用矩形薄壁堰水头过小，误差增大，一般可采用三角形薄壁堰，堰口夹角常用 90°、60°等。

三角形薄壁堰的流量公式为

$$Q = C_0 H^{5/2} \tag{7.2.3}$$

对于直角三角形薄壁堰，可用如下经验公式计算：

$$C_0 = 1.354 + \frac{0.004}{H} + \left(0.14 + \frac{0.2}{\sqrt{P_1}}\right)\left(\frac{H}{B} - 0.09\right)^2 \tag{7.2.4}$$

式中 H——堰上水头，m；

P_1——上游堰高，m；

B——堰上游引渠宽，m。

适用范围：$0.5\text{m} \leqslant B \leqslant 1.2\text{m}$，$0.1\text{m} \leqslant P_1 \leqslant 0.75\text{m}$，$0.07\text{m} \leqslant H \leqslant 0.26\text{m}$，$H \leqslant B/3$。

粗略计算时取：$C_0 = 1.4$。

【例 7.2.1】 某矩形渠道设有一矩形无侧收缩薄壁堰，上、下游堰 $P_1 = P_2 = 0.55\text{m}$。当通过流量 $Q = 250\text{L/s}$ 时，堰顶水头 $H = 0.35\text{m}$，下游水深 $h_t = 0.45\text{m}$。试求薄壁堰的宽度。

解： 因 $h_t < P_2$，故为自由出流、无侧收缩堰，按式（7.2.2）计算流量系数 m_0。

$$\begin{aligned} m_0 &= 0.403 + 0.053\frac{H}{P_1} + \frac{0.0007}{H} \\ &= 0.403 + 0.053 \times \frac{0.35}{0.55} + \frac{0.0007}{0.35} \\ &= 0.439 \end{aligned}$$

因此，堰顶宽度 $B = \frac{Q}{m_0\sqrt{2g}H^{3/2}} = \frac{0.25}{0.439 \times \sqrt{2 \times 9.8} \times 0.35^{3/2}} = 0.621(\text{m})$

任务解析单

下面解决任务单薄壁堰的选型问题。

因堰后为跌落式量水渠道，故为自由出流。

首先，根据无侧收缩、非淹没矩形薄壁堰公式（7.2.1）和式（7.2.2），通过公式换算分析计算其流量系数 m_0。

$$0.403 + 0.053\frac{H}{P_1} + \frac{0.0007}{H} = \frac{Q}{B\sqrt{2g}H^{3/2}}$$

代入相应数值，通过试算法计算得出 $H_{max} = 0.106\text{m}$，$H_{min} = 0.021\text{m}$。

根据矩形薄壁堰适用条件判断，由于最小流量条件下堰顶水头不符合 $H \geqslant 0.025\text{m}$ 基本条件，因此该试验不宜采用矩形薄壁堰。

其次，根据三角形薄壁堰的流量公式（7.2.3）得

$$H=\left(\frac{Q}{C_0}\right)^{2/5}$$

C_0 取 1.4，计算得出 $H_{max}=0.253m$，$H_{min}=0.096m$，符合三角形薄壁堰 $0.1m \leqslant P_1 \leqslant 0.75m$，$0.07m \leqslant H \leqslant 0.26m$ 的适用范围。

因为 C_0 取 1.4，因此该试验宜采用直角三角形薄壁堰。

工作单

7.2.1　有一无侧收缩的矩形薄壁堰，上游堰高 P_1 为 0.5m，堰宽 b 为 0.8m，堰顶水头 H 为 0.6m，下游水位不影响堰顶出流，求通过堰的流量。

任务7.3　实用堰水力计算

7.3　实用堰水力计算

任务单

实用堰是溢流坝中常见的堰型，剖面形式大体可分为曲线型（图7.3.1）和折线型（图7.3.7）。

某河道水利枢纽工程采用溢流坝段表孔和非溢流坝段底孔联合泄洪方式，设计水位条件下总泄流量为660m³/s，其中底孔分配泄洪流量180m³/s，经核算满足设计要求。泄洪溢流坝段表孔分配泄洪流量480m³/s，采用WES标准剖面实用堰，闸墩的头部为半圆形，边墩的头部为圆弧形，共3孔，每孔净宽14.0m，溢流坝段与非溢流坝段相接，堰高 $P_1=P_2=12$m，下游水深 $h_t=13$m，设计水头 $H_d=3.11$m，请核算闸门全开堰前设计水头下通过溢流堰的流量 Q 是否满足设计要求。

学习单

7.3.1　曲线型实用堰的剖面形状

合理的剖面具有过水能力大，堰面不出现过大负压并且经济、稳定的优点。一般情况下，曲线型实用堰由下列几个部分组成（图7.3.1）：①上游直线段 AB：常是垂直的，有时也是倾斜的，其坡度由坝体的稳定和强度要求选定；②下游直线段 CD：其坡度也是由坝体的稳定和强度要求选定；③反弧段 DE：使直线段 CD 与下游河底平滑连接，避免水流直冲河床，并有利于下游的消能；④堰顶曲线段 BC：对水流特性的影响最大，是设计曲线型实用堰剖面的关键。

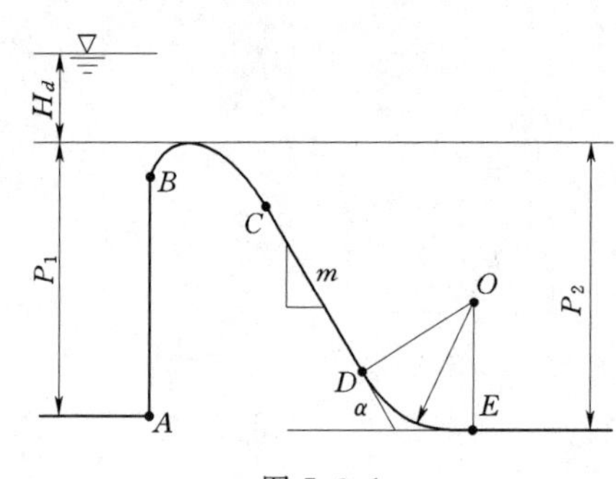

图7.3.1

曲线 BC 与薄壁堰自由出流的水舌下缘吻合，水舌不受堰面形状影响，堰面压强为大气压；曲线 BC 突出于水舌下缘，堰面将顶托水流，水舌不能保持原有形状，堰面压强大于大气压，过水能力降低；曲线 BC 低于水舌下缘，脱离处空气被水流带走，堰面形成负压区，过水能力增大。由于液体质点在堰面附近除有重力作用外，还有惯性力作用，因而水舌形状与理论值有差异。因此，实际采用的剖面形状都是按薄壁堰水舌下缘曲线适当修改。

目前国内外采用的实用堰剖面形状有许多种，最常见的是美国陆军工程兵团水道实验站（Waterways Experiment Station）提出的WES剖面。此外，还有克-奥剖面、渥奇剖面等。过去我国采用较多的是克-奥剖面，但该剖面肥大，且剖面的数据点较少，不便施工。现在大多采用WES堰，曲线用方程表示，便于控制，剖面较瘦节省工程量，且压强分布合理。下面主要讨论WES剖面实用堰的形状及水力计算。

（1）堰顶 O 点的下游部分采用幂曲线，按以下方程控制：

$$x^n=kH_d^{n-1}y \tag{7.3.1}$$

式中　H_d——堰剖面的定型设计水头，工程设计中一般选用 $H_d=(0.75\sim$

0.95)H_{max}（H_{max}为相应于最高洪水位时的堰顶水头）；

x、y——O点下游堰面的横、纵坐标；

k、n——与上游堰面坡度有关的参数，取值见表7.3.1。

表7.3.1　WES标准剖面曲线方程参数表

上游堰面坡度	k	n	R_1	R_2	a	b
垂直	2.000	1.850	$0.50H_d$	$0.20H_d$	$0.175H_d$	$0.282H_d$
3∶1	1.936	1.836	$0.68H_d$	$0.21H_d$	$0.139H_d$	$0.237H_d$
1.5∶1	1.939	1.810	$0.48H_d$	$0.22H_d$	$0.115H_d$	$0.214H_d$
1∶1	1.873	1.776	$0.45H_d$	0	$0.119H_d$	0

（2）堰顶O点的上游部分可采用以下三种曲线：

1）三圆弧形曲线（图7.3.2）。

2）两圆弧形曲线（图7.3.3），图中k、n、R_1、R_2、a、b取值见表7.3.1。

3）椭圆形曲线，椭圆方程为

$$\frac{x^2}{(aH_d)^2}+\frac{(bH_d-y)^2}{(bH_d)^2}=1.0 \tag{7.3.2}$$

式中　aH_d、bH_d——椭圆的长半轴和短半轴。

当$P_1/H_d\geqslant 2$时，$a=0.28\sim0.3$，$a/b=0.87+3a$；当$P_1/H_d<2$时，$a=0.215\sim0.28$，$b=0.127\sim0.163$。

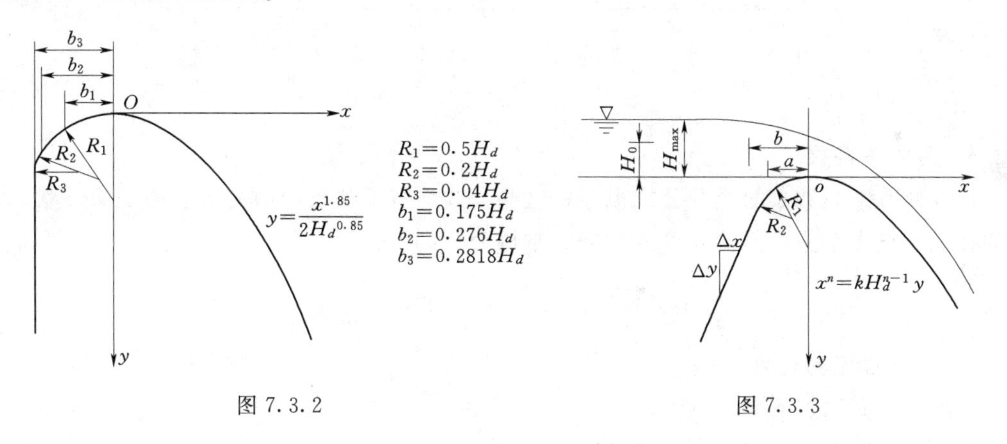

图7.3.2　　　　图7.3.3

7.3.2　流量系数

对于不同堰型，流量系数不同，水力计算时可参考有关文献，对于重要工程需要通过模型试验确定。实验研究表明，曲线型实用堰的流量系数主要决定于上游堰高P_1和设计水头H_d之比、堰顶全水头H_0与设计水头H_d之比以及堰上游面的坡度。对于堰上游面垂直的WES剖面：

若$P_1/H_d\geqslant1.33$，称为高堰，不考虑行近流速水头。在这种情况下，当实际工作全水头等于设计水头，即$H_0=H_d$时，流量系数$m=m_d=0.502$；当$H_0<H_d$时，$m<m_d=0.502$；当$H_0>H_d$时，$m>m_d=0.502$。$m=f(H_0/H_d)$的关系由图7.3.4确定。

若$P_1/H_d<1.33$，称为低堰。行近流速较大，流量系数m随P_1/H_d值的减小而减

小。同时，在相同的 P_1/H_d 情况下，还随着总水头 H_0 与设计水头 H_d 的比值而变化，如图 7.3.4 所示。图 7.3.4 中左上角为考虑上游面坡度影响的修正系数 c。流量系数值为 $c\times\frac{m}{m_d}$ 乘积，其中 $\frac{m}{m_d}$ 的大小由图 7.3.4 右下角的曲线查出。

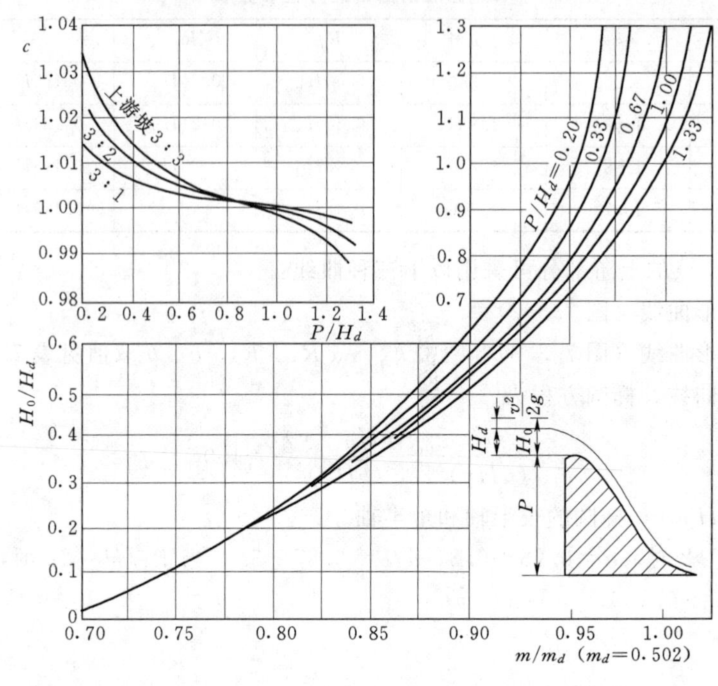

图 7.3.4

7.3.3 侧收缩系数

计算侧收缩系数 ε 的经验公式很多，这些公式均需反映出中墩与边墩的平面形状、溢流的孔数、堰上水头、溢流宽度的影响。常用公式如下：

$$\varepsilon=1-0.2[\zeta_k+(n-1)\zeta_0]\frac{H_0}{nb} \tag{7.3.3}$$

式中 n——溢流的孔数；

b——每孔的净宽；

H_0——堰顶全水头；

ζ_k——边墩形状系数，与边墩几何形状有关，查图 7.3.5 确定；

ζ_0——闸墩形状系数，与墩头形状、墩的平面位置以及淹没程度有关，查表 7.3.2 确定。

式（7.3.3）在应用时，如果 $H_0/b>1$ 时，仍按 $H_0/b=1$ 计算。

7.3.4 淹没系数

流经实用堰后的水流一般为急流，和下游缓流衔接时可能发生远离式水跃、临界式水跃或淹没式水跃。试验表明，当下游发生远离式或临界式水跃时，下游水位不影响堰的过水能力；当下游发生淹没式水跃，但下游水位尚未超过堰顶时，下游水位仍不能影响堰的

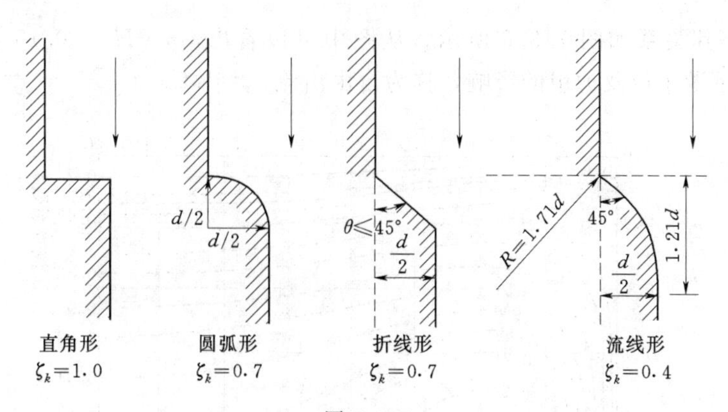

图 7.3.5

表 7.3.2　　　　闸墩形状系数 ζ_0 值

闸墩头部平面形状	h_s/H_0 $\leqslant 0.75$	h_s/H_0 $=0.80$	h_s/H_0 $=0.85$	h_s/H_0 $=0.90$	h_s/H_0 $=0.95$	说　明
直角形	0.80	0.86	0.92	0.98	1.00	h_s 为下游水面超过堰顶的高度
半圆形	0.45	0.51	0.57	0.63	0.69	
尖角形（$\theta\leqslant\frac{\pi}{2}$）						
尖圆形	0.25	0.32	0.39	0.46	0.53	

过水能力；当下游发生淹没式水跃，且下游水位已超过堰顶某一范围（对 WES 剖面 $h_s/H_0>0.15$）时，下游水位将影响堰的过水能力，即所谓淹没出流。当其他条件相同时，下游水位越高，过水能力越小。另外，当下游护坦较高，即下游堰高较小（对 WES 剖面 $P_2/H_0\leqslant 2$）时，即使下游水位低于堰顶，过堰水位受下游护坦的影响，也会产生类似淹没的效果而流量降低。

实际计算时，一般用淹没系数 σ_s 来综合反映下游水位及护坦高程对过水能力的影响。

对 WES 剖面，其关系如图 7.3.6 所示。从图中可以看出，$h_s/H_0 \leqslant 0.15$ 及 $P_2/H_0 \geqslant 2$ 时，出流不受下游水位及护坦的影响，称为自由出流 $\sigma_s = 1.0$。

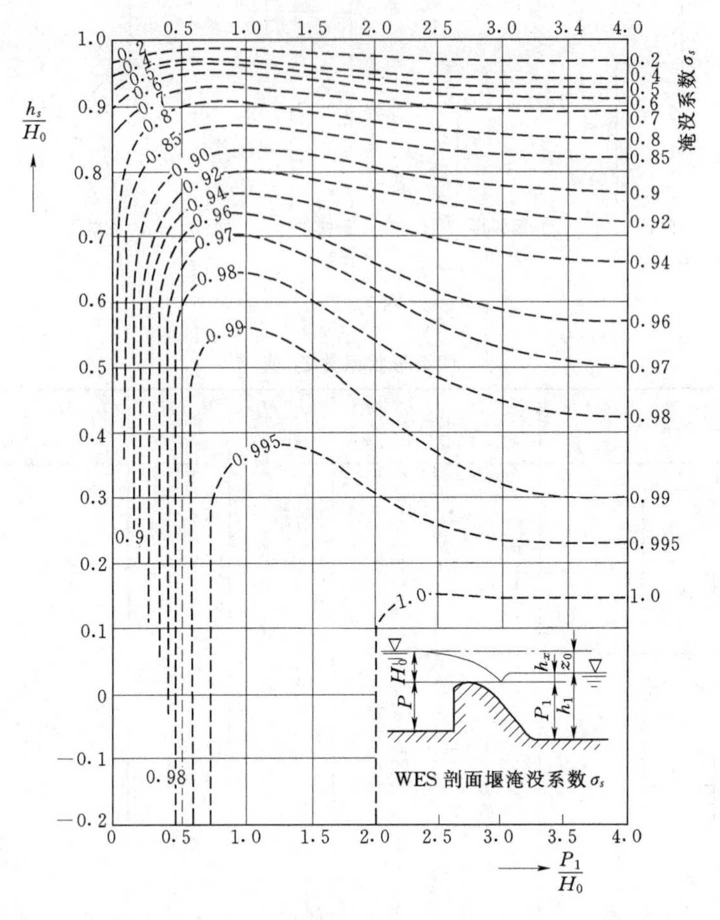

图 7.3.6

中小型水利工程常用当地材料如条石、砖或木材做成折线型低堰，如图 7.3.7 所示，其中以梯形实用堰用得最多。梯形断面堰的流量系数一般介于宽顶堰和曲线型实用堰之间，并随相对堰高（P_1/H）、相对堰宽（δ/H）和前后坡的不同而异。具体应用时可由《水力计算手册》查取。侧收缩系数、淹没系数可近似按曲线型实用堰的方法确定。

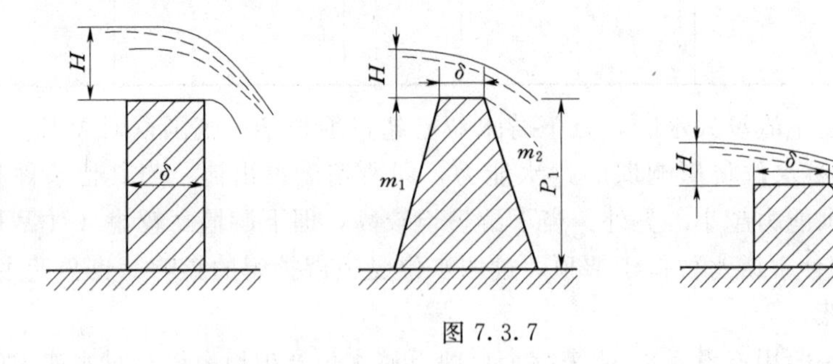

图 7.3.7

【例 7.3.1】 某水利枢纽的溢流坝采用 WES 标准剖面实用堰，闸墩的头部为半圆形，边墩的头部为圆弧形，共 16 孔，每孔净宽 15.0m。已知堰顶高程为 110.0m，下游河床为 30.0m。当上游设计水位为 125.0m 时，相应下游水位为 52.0m，流量系数 $m_d=0.502$，求过堰流量。

解： 因下游水位比堰顶低很多，应为自由出流 $\sigma_s=1.0$。

因 $\frac{P_1}{H_d}=\frac{80}{15}=5.33>1.33$，所以为高堰，$v_0\approx 0$，$H_0\approx H=15\text{m}$。

查图 7.3.5 得圆弧形边墩的形状系数 $\zeta_k=0.7$，查表 7.3.2 得半圆形闸墩的形状系数 $\zeta_0=0.45$，代入式（7.3.3）得侧收缩系数

$$\begin{aligned}\varepsilon &=1-0.2[\zeta_k+(n-1)\zeta_0]\frac{H_0}{nb}\\ &=1-0.2\times[(16-1)\times 0.45+0.7]\times\frac{15}{16\times 15}\\ &=0.907\end{aligned}$$

$$\begin{aligned}Q &=\sigma_s\varepsilon mB\sqrt{2g}H_0^{3/2}\\ &=1.0\times 0.907\times 0.502\times 15\times 16\times\sqrt{2\times 9.8}\times 15^{3/2}\\ &=28105(\text{m}^3/\text{s})\end{aligned}$$

【例 7.3.2】 某河道宽 160m，设有 WES 型实用堰，堰上游面垂直。闸墩头部为圆弧形，边墩头部为半圆形。共 7 孔，每孔净宽 10m。当设计流量为 5500m³/s 时，相应的上游水位为 55.0m，下游水位为 39.2m，上下游河床高程为 20.0m，确定该实用堰堰顶高程。

解： 堰上全水头 $$H_0=\left(\frac{Q}{\sigma_s\varepsilon mB\sqrt{2g}}\right)^{2/3}$$

对于 WES 型实用堰，在设计水头下（$H_0=H_d$ 时），流量系数 $m_d=0.502$；侧收缩系数 ε 与 H_0 有关，应先假定 ε，求出 H_0，再求 ε（即逐次迭代逼近）。先假定 $\varepsilon=0.9$，因堰顶高程 H_0 未知，无法判断堰的出流情况，可先按自由出流计算，即取淹没系数 $\sigma_s=1.0$，然后再校核。

$$H_0=\left(\frac{5500}{0.9\times 0.502\times 70\times\sqrt{2\times 9.8}}\right)^{2/3}=11.55(\text{m})$$

将求得的 H_0 近似值代入式（7.3.3），求 ε 值。

查表 7.3.2 得闸墩形状系数 $\zeta_0=0.45$，查图 7.3.5 得边墩形状系数 $\zeta_k=0.7$。

$$\varepsilon=1-0.2[\zeta_k+(n-1)\zeta_0]\frac{H_0}{nb}=1-0.2\times[(7-1)\times 0.45+0.70]\times\frac{1}{7}=0.903$$

用求得的 ε 近似值代入公式重新计算 H_0：

$$H_0=\left(\frac{5500}{0.903\times0.502\times70\times\sqrt{2\times9.8}}\right)^{2/3}=11.53(\mathrm{m})$$

所求得的 ε 不变，说明所求得的 $H_0=11.53\mathrm{m}$ 是正确的。

已知上游河道宽为 160m，上游设计水位为 55.0m，河床高程为 20.0m，近似按矩形计算上游过水断面面积：

$$A_0=160\times(55.0-20.0)=5600(\mathrm{m}^2)$$

$$v_0=\frac{Q}{A_0}=\frac{5500}{5600}=0.98(\mathrm{m/s})$$

则堰的设计水头 $H_d=H_0-\dfrac{\alpha_0 v_0^2}{2g}=11.53-0.05=11.48(\mathrm{m})$

$$堰顶高程=55.0-11.48=43.52(\mathrm{m})$$

最后校核出流条件：

上游堰高 $P_1=43.52-20.00=23.52(\mathrm{m})$，因下游水位比堰顶低，满足自由出流条件，以上按自由出游计算的结果正确。

任务解析单

下面解决任务单溢流堰的流量 Q 问题。

分析水流现象：闸门全开，水面为无约束的堰流流态，流量计算采用式（7.1.4）堰流计算公式 $Q=\sigma_s\varepsilon mB\sqrt{2g}H_0^{3/2}$ 计算，其中 $B=nb$。

确定流量系数 m：由于 $\dfrac{P_1}{H_d}=\dfrac{12}{3.11}=3.86>1.33$ 为高堰，不考虑行进流速 v_0，则 $H_0=H=H_d$，流量系数 $m=0.502$。

确定侧收缩系数 ε：根据式（7.3.3）$\varepsilon=1-0.2[\zeta_k+(n-1)\zeta_0]\dfrac{H_0}{nb}$，其中闸孔数 $n=3$，边墩形状系数 $\zeta_k=0.7$，闸墩形状系数 $\zeta_0=0.45$，代入公式得 $\varepsilon=0.976$。

确定淹没系数 σ_s：$\dfrac{P_2}{H_0}=\dfrac{12}{3.11}=3.86>2$，因下游水位比堰顶高，$\dfrac{h_s}{H_0}=0.32>0.15$，满足淹没出流条件，淹没系数 $\sigma_s=0.99$。

计算溢流坝段泄水流量

$$Q=\sigma_s\varepsilon mB\sqrt{2g}H_0^{3/2}=0.99\times0.976\times0.502\times3\times14\times\sqrt{2\times9.8}\times3.11^{3/2}=494.66(\mathrm{m}^3/\mathrm{s})$$

经计算得出溢流坝段在设计水位时下泄流量为 $494.66\mathrm{m}^3/\mathrm{s}$，大于设计分配流量，符合设计要求。

工作单

7.3.1　某上游堰面垂直的 WES 标准剖面堰。上下游堰高 $P_1=P_2=40\mathrm{m}$，闸墩头部为半圆形，边墩头部为圆弧形，共6孔，每孔净宽5m。已知堰上实际水头 $H=4\mathrm{m}$（设计

水头 $H_d=4$m)，下游水位超过堰顶的高度 $h_s=2$m，求通过的流量 Q 为多少?

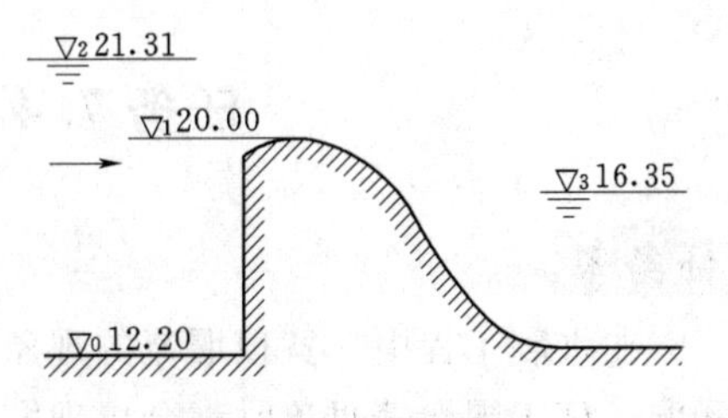

图 7.3.8 (单位：m)

7.3.2　某河中筑有单孔溢流坝如图 7.3.8 所示。剖面按 WES 曲线设计。已知：筑坝处河底高程为 12.20m，坝顶高程为 20.00m，上游设计水位高程为 21.31m，下游水位高程为 16.35m，坝前河道近似矩形，河宽 B 为 100m，边墩头部呈圆弧形。试求上游为设计水位时，通过流量 Q 为 $100\text{m}^3/\text{s}$ 所需的堰顶宽度 b。

任务7.4 宽顶堰水力计算

任务单

在水利工程中，宽顶堰流的现象很多，例如水库溢洪道进口，各种水闸、桥孔、无压涵洞、施工围堰等过流时都会出现宽顶堰流现象，如图 7.4.1 所示。

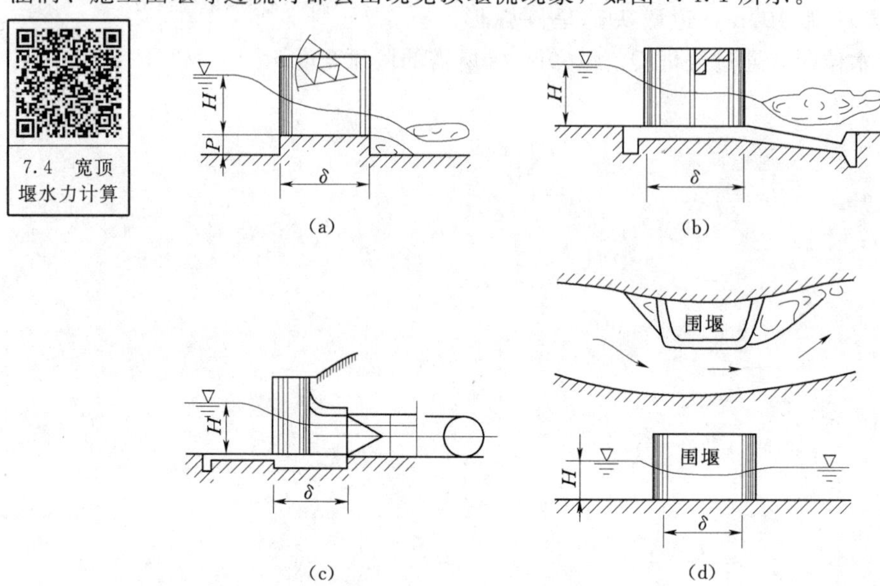

图 7.4.1

某河道小型泄洪排沙闸为单孔闸门，净宽 b 为 14m；闸室地板高程 100m，和上游河床齐平，闸室上游翼墙为八字形，收缩角 θ 为 30°，翼墙计算厚度 Δ 为 4m；闸室上游引水渠道断面近似矩形；闸室下游边一陡坡渠道坡度 i 为 2%，闸底高程为 100m。试计算闸门全开，上游水位高程为 111.0m 时的流量。

学习单

7.4.1 流量系数

宽顶堰的流量系数取决于堰的进口形状和堰的相对高度$\frac{P_1}{H}$，不同的进口堰头形状，可按下列方法确定。

1. 直角前沿进口［图 7.4.1 (a)］

当 $0<\frac{P_1}{H}<3.0$ 时，

$$m=0.32+0.01\frac{3-\frac{P_1}{H}}{0.46+0.75\frac{P_1}{H}} \tag{7.4.1}$$

当$\frac{P_1}{H}\geqslant 3.0$时，$n=0.32$。

2. 边缘修圆的进口［图7.4.2（a）］

当$0<\frac{P_1}{H}<3.0$时，

$$m=0.36+0.01\frac{3-\frac{P_1}{H}}{1.2+1.5\frac{P_1}{H}} \tag{7.4.2}$$

当$\frac{P_1}{H}\geqslant 3.0$时，$m=0.36$。

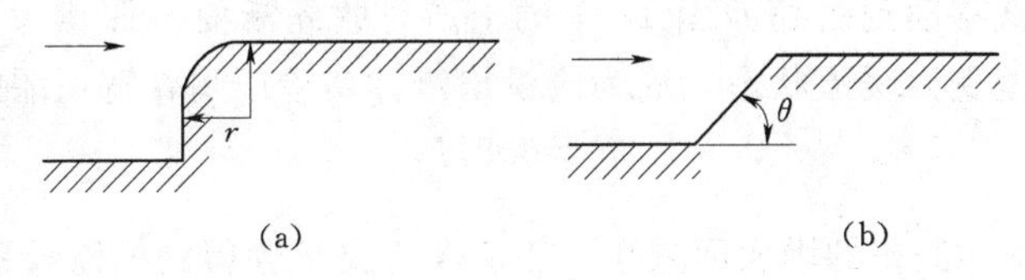

图7.4.2

3. 斜坡和斜角式进口［图7.4.2（b）］

流量系数取决于$\frac{P_1}{H}$及上游堰面倾角，具体数值可由《水力计算手册》查取。

在应用时应注意：

（1）当$P_1=0$时，$m=0.385$为最大值。

（2）当$\frac{P_1}{H}\geqslant 3.0$时，由堰高引起的水流垂向收缩已达到相当充分程度，$m$值不再受$\frac{P_1}{H}$值的影响，计算时以$\frac{P_1}{H}=3.0$代入计算。

比较实用堰和宽顶堰的流量系数，可以看到前者比后者大，对此，可以这样理解：实用堰顶水流是流线向上弯曲的急变流，断面上的动水压强小于按静水压强规律计算的值，即堰顶水流的压强和势能较小，动能和流速较大，所以过水能力较大；宽顶堰则因堰顶水流是流线近似平行的渐变流，其断面动水压强近似按静水压强规律分布，堰顶水流压强和势能较大，动能和流速较小，所以过水能力较小。

7.4.2 侧收缩系数

影响侧收缩的主要因素是闸墩和边墩的头部形状、数目和闸墩在堰上的相对位置及堰上水头等。计算侧收缩系数ε可采用实用堰的计算公式（7.3.3）。

7.4.3 淹没系数

试验证明：如图7.4.3所示，当下游水位较低，宽顶堰为自由出流时，进入堰顶水流因受到堰顶垂直方向的约束，产生进口水面跌落，并在进口后约$2H$处形成收缩断面，收缩断面1—1的水深$h_c<h_k$。此后，堰顶水流保持急流状态，并在出口后产生第二次水面跌落。所以，在自由出流的条件下，水流由堰前的缓流状态变为堰顶上的急流状态。当下游水位升高到足以使收缩断面水深h_c增大时，宽顶堰才会形成淹没出流，降低过水能力。

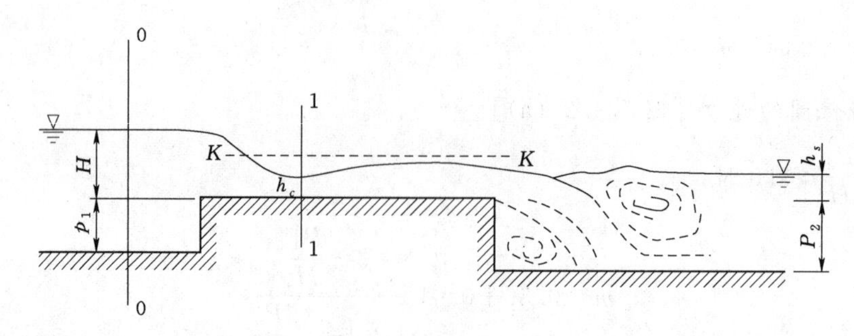

图 7.4.3

当下游水位上升并高于 $K—K$ 线，堰顶将产生波状水跃，水跃位置随下游水深 h_t 的增加而向上游移动。水跃移动到收缩断面 1—1 的上游，收缩断面水深增大为 h，而 $h_c>h_k$，此时，整个堰顶水流变为缓流状态，成为淹没出流。实验证明，宽顶堰的淹没条件为

$$h_s>0.8H_0$$

宽顶堰的淹没系数 σ_s 随 $\dfrac{h_s}{H_0}$ 的增大而减小，表 7.4.1 是试验得到的淹没系数值。

表 7.4.1　　宽顶堰的淹没系数表

h_s/H_0	0.80	0.81	0.82	0.83	0.84	0.85	0.86	0.87	0.88	0.89
σ_s	1.00	0.995	0.99	0.98	0.97	0.96	0.95	0.93	0.90	0.87
h_s/H_0	0.90	0.91	0.92	0.93	0.94	0.95	0.96	0.97	0.98	
σ_s	0.84	0.82	0.78	0.74	0.70	0.65	0.59	0.50	0.40	

【例 7.4.1】 如图 7.4.4 所示直角进口堰，堰顶厚度 $\delta=5$m，堰宽与上游矩形渠道宽度相同，$b=1.28$m，求过堰流量。

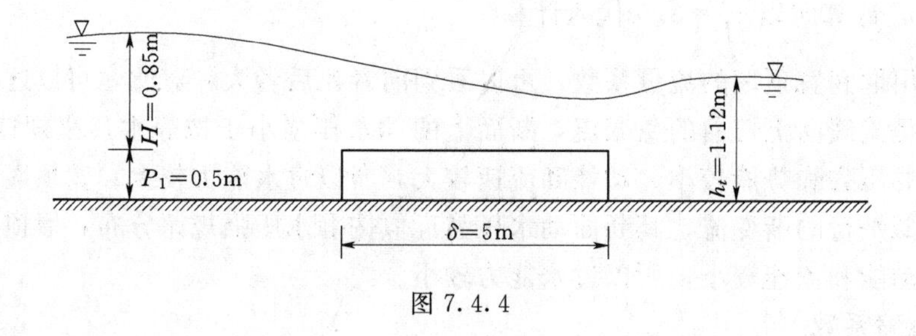

图 7.4.4

解：(1) 判别堰型。

$\dfrac{\delta}{H}=\dfrac{5}{0.85}=5.88$，所以该堰为宽顶堰。

(2) 确定系数。$B=b$，所以 $\varepsilon=1$。

$\dfrac{P_1}{H}=\dfrac{0.5}{0.85}=0.59<3$，所以 $m=0.32+0.01\dfrac{3-\dfrac{P_1}{H}}{0.46+0.75\dfrac{P_1}{H}}=0.3466$

$\frac{h_s}{H_0}\approx\frac{h_s}{H}=\frac{h_t-P_2}{H}=0.73<0.80$，所以 $\sigma_s=1$。

(3) 第一次近似计算流量。

设 $H_{01}=H=0.85\text{m}$，

$$Q_1=mb\sqrt{2g}H_{01}^{3/2}=0.3466\times1.28\times4.43\times0.85^{3/2}=1.54(\text{m}^3/\text{s})$$

(4) 第二次近似计算流量。

$$H_{02}=H+\frac{v_{01}^2}{2g}=H+\frac{Q_1^2}{2gA_0^2}=0.85+\frac{1.54^2}{19.6\times(1.28\times1.35)^2}=0.89(\text{m})$$

$$Q_2=mb\sqrt{2g}H_{02}^{3/2}=0.3466\times1.28\times4.43\times0.89^{3/2}=1.65(\text{m}^3/\text{s})$$

(5) 第三次近似计算流量。

$$H_{03}=H+\frac{v_{02}^2}{2g}=H+\frac{Q_2}{2gA_0^2}=0.85+\frac{1.65^2}{19.6\times(1.28\times1.35)^2}=0.90(\text{m})$$

$$Q_3=mb\sqrt{2g}H_{03}^{3/2}=0.3466\times1.28\times4.43\times0.90^{3/2}=1.68(\text{m}^3/\text{s})$$

$$\left|\frac{Q_3-Q_2}{Q_3}\right|=\left|\frac{1.68-1.65}{1.68}\right|=1.79\%\quad\text{符合要求}$$

(6) 验证出流形式。

$$\frac{h_s}{H_{03}}=\frac{h_t-P_2}{H_{03}}=0.689<0.8$$

仍为自由出流，所以所求流量为 $1.68\text{m}^3/\text{s}$。

7.4.4 无坎宽顶堰流

无坎宽顶堰是由于水流平面上束窄产生的侧向收缩，从而引起水面跌落而形成的水流现象，具有和宽顶堰流类似的性质，因此在计算流量时，仍可用宽顶堰流公式。对于平底单孔闸由翼墙的侧收缩引起的无坎宽顶堰，在计算时不单独考虑侧向收缩的影响，而是把它包含在流量系数中一并考虑。即

$$Q=\sigma_s m'b\sqrt{2g}H_0^{3/2}\tag{7.4.3}$$

式中 $m'=\varepsilon m$，包括侧收缩在内的流量系数，可根据进口翼墙形式（图 7.4.5）及平面收缩程度，由表 7.4.2 查得。

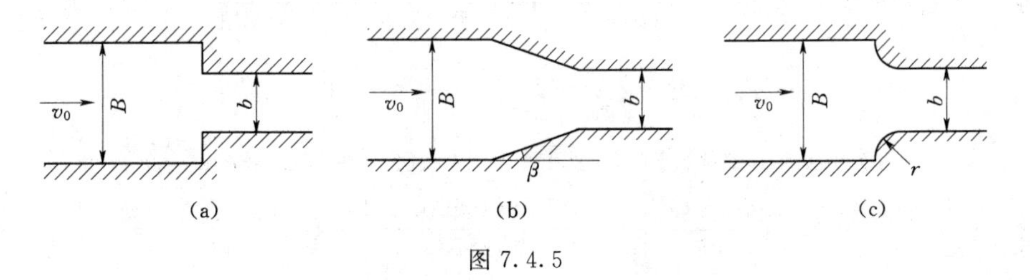

图 7.4.5

表 7.4.2 无坎宽顶堰的流量系数 m' 值

b/B	直角形翼墙	八字形翼墙			圆角形翼墙		
		$c\tan\theta$			r/B		
		0.5	1.0	2.0	0.2	0.3	≥0.5
0	0.320	0.343	0.350	0.353	0.349	0.354	0.360
0.1	0.322	0.344	0.351	0.354	0.350	0.355	0.361
0.2	0.324	0.346	0.352	0.355	0.351	0.356	0.362
0.3	0.327	0.348	0.354	0.357	0.353	0.357	0.363
0.4	0.330	0.350	0.356	0.358	0.355	0.359	0.364
0.5	0.334	0.352	0.358	0.360	0.357	0.361	0.366
0.6	0.340	0.356	0.361	0.363	0.360	0.363	0.368
0.7	0.346	0.360	0.364	0.366	0.363	0.366	0.370
0.8	0.355	0.365	0.369	0.370	0.368	0.371	0.373
0.9	0.367	0.373	0.375	0.376	0.375	0.376	0.378
1.0	0.385	0.385	0.385	0.385	0.385	0.385	0.385

无坎宽顶堰的淹没系数确定方法与普通宽顶堰相同，可近似由表 7.4.1 确定。

任务解析单

下面解决任务单宽顶堰的流量问题。

确定淹没系数：因闸室下游为陡坡渠道，下游为急流。故闸门全开时通过闸室的水流应为多孔无坎宽顶堰自由出流，$\sigma_s=1.0$。

确定流量系数：八字形翼墙 $\cot\theta=1.732$，$b/B=0.636$，通过查阅表 7.4.2 得到无坎宽顶堰的流量系数 $m'=0.364$。

第一次近似计算：假定 $v_{01}=0$，即 $H_{01}=H=11\text{m}$，则

$$Q_1=1\times0.364\times14\times\sqrt{2\times9.8}\times11^{3/2}=823.09(\text{m}^3/\text{s})$$

第二次近似计算：假定 $v_{02}=\dfrac{Q_1}{(b+2\times\Delta)\times11}=\dfrac{823.09}{(14+2\times4)\times11}=3.40$，则

$$H_{02}=H+\frac{v_{02}^2}{2g}=11+\frac{3.40^2}{2\times9.8}=11.59(\text{m})$$

$$Q_2=1\times0.364\times14\times\sqrt{2\times9.8}\times11.59^{3/2}=890.21(\text{m}^3/\text{s})$$

第三次近似计算：假定 $v_{03}=\dfrac{Q_2}{(b+2\times\Delta)\times11}=\dfrac{890.21}{(14+2\times4)\times11}=3.68$，则

$$H_{03}=H+\frac{v_{03}^2}{2g}=11+\frac{3.68^2}{2\times9.8}=11.69(\text{m})$$

$$Q_3=1\times0.364\times14\times\sqrt{2\times9.8}\times11.69^{3/2}=901.78(\text{m}^3/\text{s})$$

$$\left|\frac{Q_3-Q_2}{Q_3}\right|=\left|\frac{901.78-890.21}{901.78}\right|=1.2\%$$

符合要求。

工作单

7.4.1 有一带底坎圆角进口的宽顶堰上有三孔进水闸，如图7.4.6所示。已知当闸门全开时，上游水深3.1m，下游水深2.63m，上游堰高0.6m，下游堰高0.5m，闸孔宽2m，边墩及中墩头部均为半圆形，墩厚1.2m，渠道宽B_0=9.6m。试求过堰流量。

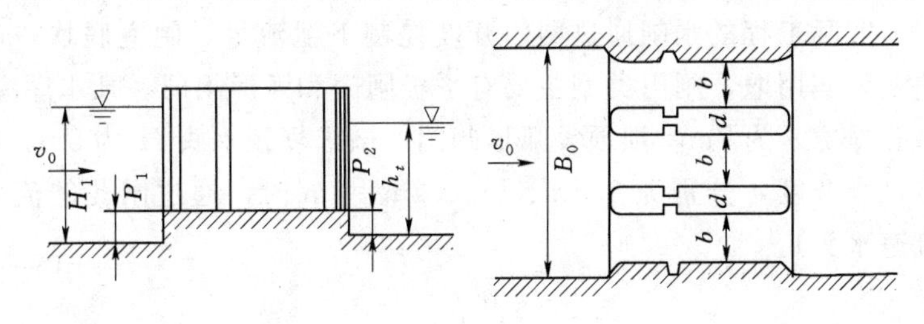

图7.4.6

7.4.2 某平底水闸，采用平板闸门。已知：水头H为4m，闸孔与渠道同宽，b为5m，闸门开度e为3m，行近流速v_0为1.2m/s，试求下游为自由出流时的流量。

7.4.3 某进水闸，闸底坎为具有圆角进口的宽顶堰，堰顶高程为22.0m，渠底高程为21.0m。共10孔，每孔净宽8m，闸墩头部为半圆形，边墩头部为流线形。当闸门全开，上游水位为25.50m，下游水位为23.20m，不考虑闸前行近流速的影响，求流量。

任务7.5　闸孔出流水力计算

7.5　闸孔出流水力计算

任务单

实际工程的水闸通过闸门开度控制下泄流量。闸室底坎一般为宽顶堰和曲线型实用堰，闸门类型主要有平板闸门和弧形闸门。某水库溢流坝共五孔，每孔净宽 b 为 7m，坝顶设弧形闸门。试求坝顶水头 H 为 5m，各闸门均匀开启，当开度 e 分别为 0.5m、1m、2m、3m 时，通过闸孔的流量（不计行近流速水头）。

学习单

7.5.1　宽顶堰上的闸孔出流

如图 7.5.1 所示水平底坎上的平板闸门出流，H 为闸前水头，e 为闸门开度，水流出闸后流线继续收缩，在闸门下游 (0.5～1)e 处形成收缩断面。收缩断面的水深 h_c 小于临界水深，水流呈急流状态，在下游发生水跃。当下游水位较低，$h_t \leqslant h_c''$（收缩断面水深 h_c 的跃后水深），使闸孔发生远离式水跃或临界式水跃，这时下游水位不影响闸孔流量为自由出流；当下游水位较高，$h_t > h_c''$，使闸孔下游发生淹没式水跃，影响闸孔出流时，为淹没出流。

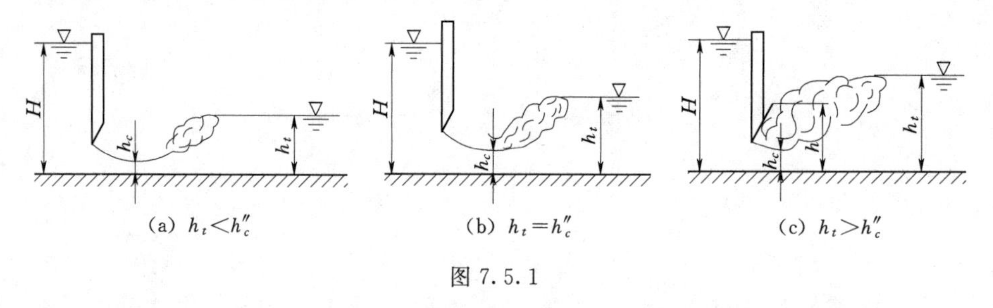

(a) $h_t < h_c''$　(b) $h_t = h_c''$　(c) $h_t > h_c''$

图 7.5.1

1. 自由出流

如图 7.5.2 所示，列闸前断面与收缩断面的能量方程：

$$H+\frac{\alpha_0 v_0^2}{2g}=h_c+\frac{\alpha_c v_c^2}{2g}+h_w$$

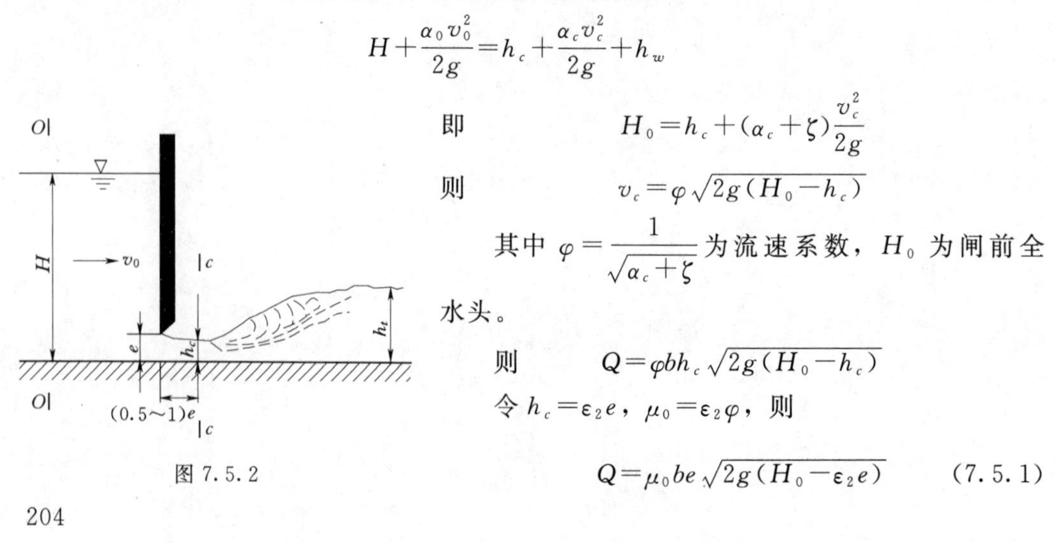

图 7.5.2

即
$$H_0=h_c+(\alpha_c+\zeta)\frac{v_c^2}{2g}$$

则
$$v_c=\varphi\sqrt{2g(H_0-h_c)}$$

其中 $\varphi=\dfrac{1}{\sqrt{\alpha_c+\zeta}}$ 为流速系数，H_0 为闸前全水头。

则
$$Q=\varphi b h_c\sqrt{2g(H_0-h_c)}$$

令 $h_c=\varepsilon_2 e$，$\mu_0=\varepsilon_2\varphi$，则

$$Q=\mu_0 be\sqrt{2g(H_0-\varepsilon_2 e)} \qquad (7.5.1)$$

令 $\mu=\mu_0\sqrt{1-\varepsilon_2\dfrac{e}{H_0}}$，则

$$Q=\mu be\sqrt{2gH_0} \tag{7.5.2}$$

μ_0 和 μ 均为闸孔自由出流的流量系数。流量系数的影响因素有：闸底坎的形式、闸门的类型和闸门的相对开度 e/H。φ 与闸孔入口的边界条件有关。对于平板闸门，垂直收缩系数 ε_2 与相对开度 e/H 有关，其值见表7.5.1；对于弧形闸门，ε_2 主要取决于弧形闸门底缘的切线和水平线的夹角 θ，如图7.5.3所示，ε_2 的数值见表7.5.2。

表7.5.1　　平板闸门垂直收缩系数

闸门相对开度 e/H	0.10	0.15	0.20	0.25	0.30	0.35	0.40	0.45	0.50	0.55	0.60	0.65
ε_2	0.615	0.618	0.620	0.622	0.625	0.628	0.630	0.638	0.645	0.650	0.660	0.675

表7.5.2　　弧形闸门垂直收缩系数

$\theta/(°)$	35	40	45	50	55	60	65	70	75	80	85	90
ε_2	0.789	0.766	0.742	0.720	0.698	0.678	0.662	0.646	0.635	0.627	0.622	0.620

夹角 θ 可以用下式计算：

$$\cos\theta=\frac{C-e}{R} \tag{7.5.3}$$

式中　C——弧形门转轴与闸门关闭时落点高差；

　　R——弧形门的半径。

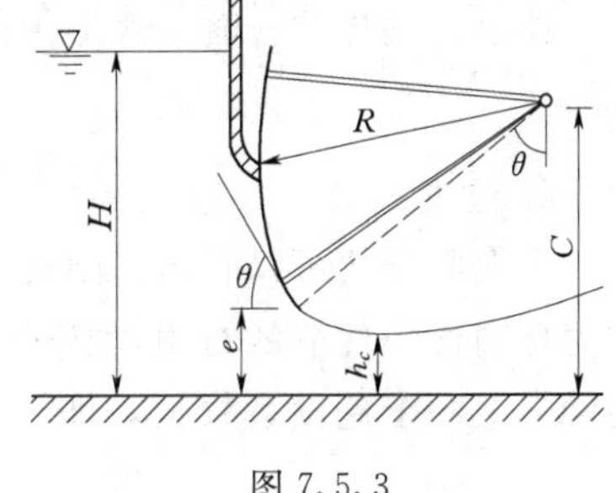

图7.5.3

由于闸孔出流时，边墩及闸墩对流量的影响很小，因此不单独考虑其影响。

(1) 平板闸门。用式（7.5.1）计算闸孔出流的流量时，其流量系数为

$$\mu_0=\varepsilon_2\varphi \tag{7.5.4}$$

式中　ε_2——垂直收缩系数，可查表7.5.1；

　　φ——流速系数，可查表7.5.3。

表7.5.3　　流速系数 φ 值

闸门孔口型式	图　形	φ
闸底板与引水渠道底齐平，无坎		0.95～1.00
闸底板高于引水渠底，有平顶坎		0.85～0.95

续表

闸门孔口型式	图形	φ
无坎跌水处		0.97～1.00

用式（7.5.2）计算闸孔出流的流量时，其流量系数为

$$\mu=0.60-0.176\frac{e}{H} \tag{7.5.5}$$

应用范围：$0.1<\frac{e}{H}<0.65$。

（2）弧形闸门。用式（7.5.2）计算闸孔出流的流量时，其流量系数为

$$\mu=\left(0.97-0.81\frac{\theta}{180°}\right)-\left(0.56-0.81\frac{\theta}{180°}\right)\frac{e}{H} \tag{7.5.6}$$

式中 θ——闸门下缘切线与水平线的夹角。

适用于：$25°<\theta<90°$，$0.1<\frac{e}{H}<0.65$。

注意：同样的$\frac{e}{H}$时，弧形闸门的流量系数大于平板闸门，因为弧形闸门更接近于流线形状。

2. 淹没出流

由上面分析可以看出，闸孔淹没出流的条件为 $h_t>h''_c$。当闸孔为淹没出流时，泄流能力比同样条件下的自由出流小，在实际计算时，是将平底闸孔自由出流的式（7.5.2）右端乘上一个淹没系数 σ_s，即

$$Q=\sigma_s\mu be\sqrt{2gH_0} \tag{7.5.7}$$

式中 σ_s——淹没系数，可由$\frac{e}{H}$及$\frac{\Delta z}{H}$可查图 7.5.4 得到，Δz 为闸上、下游水位差。

【例 7.5.1】 矩形渠道中修建一水闸，闸底板与渠底齐平，闸孔宽等于渠道宽度 b 为 3m，闸门为平板门。今已知闸前水深 H 为 5m，闸孔开度 e 为 1m。求下游水深 h_t 为 3.5m 时通过闸孔的流量。

解：因为$\frac{e}{H}=\frac{1}{5}=0.2<0.65$，故为闸孔出流。

判别闸孔出流的性质：

由表 7.5.1，当$\frac{e}{H}=0.2$时，$\varepsilon_2=0.620$，则

收缩水深　　　　$h_c=\varepsilon_2 e=0.620\times1=0.620(\text{m})$

收缩断面 h_c 的共轭水深 h''_c，由下式计算：

$$h''_c=\frac{h_c}{2}\left(\sqrt{1+8\frac{v_c^2}{gh_c}}-1\right)$$

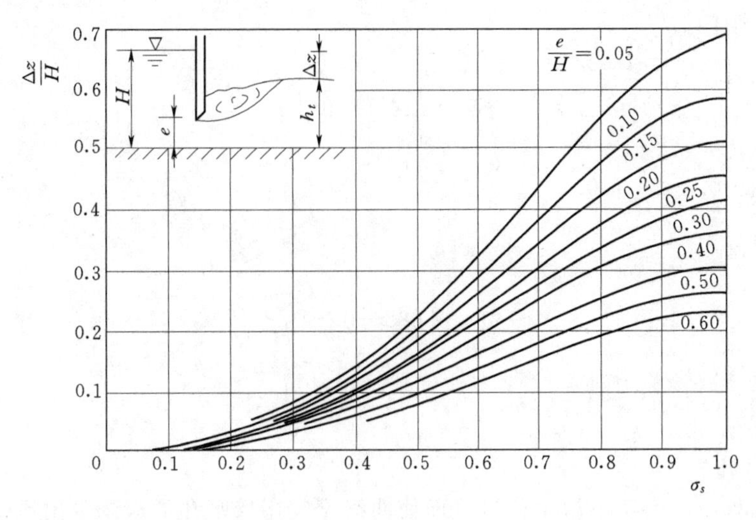

图 7.5.4

收缩断面的流速
$$v_c=\frac{Q}{bh_c}=\frac{\mu be\sqrt{2gH_0}}{be\varepsilon_2}=\frac{\mu}{\varepsilon_2}\sqrt{2gH_0}$$

若忽略行近流速的影响，则

$$v_c=\frac{0.60-0.176\times0.2}{0.620}\times4.43\times\sqrt{5}=9.04(\mathrm{m/s})$$

收缩断面的共轭水深 $h_c''=\frac{0.620}{2}\times\left(\sqrt{1+8\times\frac{9.04^2}{9.80\times0.620}}-1\right)=2.91(\mathrm{m})$

因为
$$h_t=3.5\mathrm{m}>h_c''=2.91\mathrm{m}$$

故闸孔为淹没出流，流量根据式（7.5.5）计算。查图 7.5.4 可得淹没系数 $\sigma_s=0.72$，所以闸孔出流流量为

$$Q=0.72\times(0.6-0.176\times0.2)\times3\times1\times4.43\times\sqrt{5}=12.1(\mathrm{m^3/s})$$

7.5.2 曲线型实用堰上的闸孔出流

曲线型实用堰上的闸孔出流也有自由出流和淹没出流两种情况（图 7.5.5）。

1. 自由出流

曲线型实用堰闸孔自由出流的流线受堰面曲线影响，当水流由闸前趋近闸孔时，流线在闸前的整个深度内向闸孔集中，因此水流的收缩比平底闸孔充分和完善很多。出闸后，下泄水流在重力作用下，紧贴溢流面，不像平底闸孔那样存在明显的收缩断面。所以，曲线型实用堰闸孔出流不同于宽顶堰闸孔出流，它们有不同的流量系数。

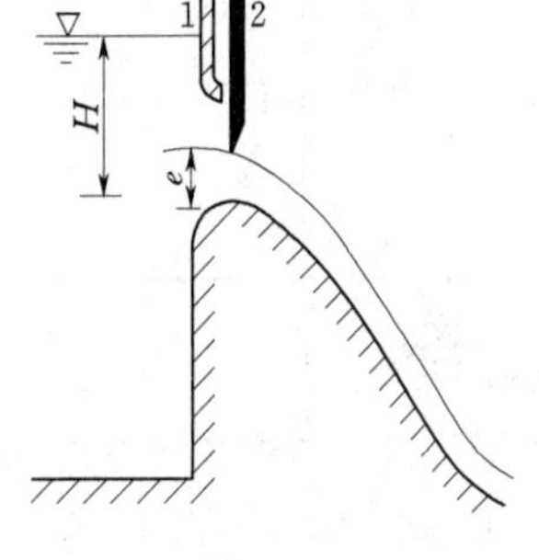

图 7.5.5

曲线型实用堰单孔自由出流流量按式（7.5.2）计算，即

$$Q=\mu be\sqrt{2gH_0}$$

式中 μ——实用堰闸孔自由出流流量系数，可用下列经验公式计算。

(1) 平板闸门。

$$\mu=0.745-0.274\frac{e}{H} \tag{7.5.8}$$

应用范围：$0.1<\frac{e}{H}<0.75$。

(2) 弧形闸门。

$$\mu=0.685-0.19\frac{e}{H} \tag{7.5.9}$$

应用范围：$0.1<\frac{e}{H}<0.75$。

2. 淹没出流

在实际工程中，由于下游水位过高而使曲线型实用堰闸孔形成淹没出流的情况是十分少见的。实用堰上单孔闸孔淹没出流流量可近似按下式计算：

$$Q=\mu be\sqrt{2g(H_0-h_s)} \tag{7.5.10}$$

式中 μ——实用堰闸孔自由出流流量系数；

h_s——下游水位超过堰顶的高度。

任务解析单

下面解决任务单水闸的泄流量问题。

因为该工程所设最大闸门开度为 3m，其$\frac{e}{H}=\frac{3}{5}=0.6<0.75$，故为闸孔出流，流量按公式 $Q=\mu be\sqrt{2gH_0}$，流量系数按式（7.5.9）计算 $\mu=0.685-0.19\frac{e}{H}$，可得出计算表格见表 7.5.4。

表 7.5.4 闸孔流量计算表

序号	闸门开度/m	闸门相对开度 e/H	流量系数 μ	流量 Q/(m^3/s)
1	0.5	0.1	0.666	115.38
2	1	0.2	0.647	224.17
3	2	0.4	0.609	422.02
4	3	0.6	0.571	593.52

工作单

7.5.1 某水利枢纽设平底冲沙闸如图 7.5.6 所示，用弧形闸门控制流量。闸孔宽 b 为 10m，弧门半径 R 为 15m，门轴高程为 16.0m，上游水位高程为 18.0m，闸底板高程为 6m。试计算：闸孔开度 e 为 2m，下游水位高程为 8.5m 及 14.0m 时，通过闸孔的流量（不计行近流速的影响）。

7.5.2 一溢流坝为曲线型实用堰，在坝顶设弧形闸门。已知：上游水头 H 为 3m，

闸门孔净宽 b 为 5m，下游为自由出流，不计行近流速。试求闸孔开度 e 为 0.9m 时的流量。

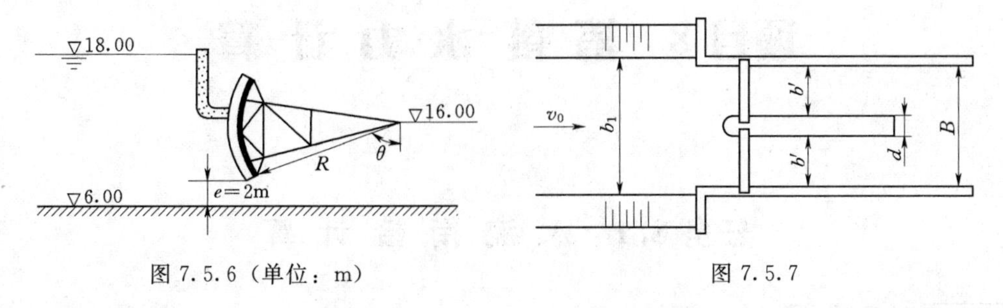

图 7.5.6（单位：m）　　　图 7.5.7

7.5.3　如图 7.5.7 所示，在底宽 b_1 为 6.8m，边坡系数 m 为 1 的梯形渠道中，设置有两孔水闸，用平板闸门控制流量。闸坎高度为零，闸孔为矩形断面，闸墩头部为半圆形，墩厚 d 为 0.8m，边墩头部为矩形。试求闸孔开度 e 为 0.6m、闸前水深 H 为 1.6m 时，保证通过流量 Q 为 $9m^3/s$ 时所需的闸宽 B（下游为自由出流）。

项目8　消能水力计算

任务8.1　水流衔接计算

8.1　水流衔接计算

任务单

在水利工程中，为了实现各种水利目标，常在河、渠上修建闸、溢流坝等泄水建筑物。泄水建筑物的修建改变了原来天然水流的状态，表现在以下两个方面：①闸坝拦蓄河水，使上游水位抬高，水流的势能增大，当闸坝泄水时，势能转换成巨大的动能；②闸坝的泄水宽度一般小于原河宽，单宽泄流量较原河道大得多。所以闸、坝的下泄流量往往多为流速高、单宽流量大、能量集中的急流，会引起河床及岸坡的严重冲刷，甚至对闸坝建筑物的安全构成威胁。下泄水流的能量随着冲刷距离的延长和冲刷深度的增加而不断地减少，直到和下游河道中水流的能量相一致为止。而下游天然河道一般为缓流。因此，通过怎样的形式、采取什么工程措施使下泄水流和下游河道中的正常水流互相衔接起来，才不影响建筑物的安全？这是工程中必须解决的问题。

某溢流坝为WES剖面，上、下游坝高均为10m，坝顶部设闸门控制流量。今保持坝顶水头 $H=3.2$m，调节闸门开度，使单宽流量 $q=6\text{m}^3/(\text{s}\cdot\text{m})$，相应的下游水深 $h_t=3.4$m。试判别坝下游水跃的衔接形式，并判断是否需要修建消力池？

学习单

8.1.1　泄水建筑物下游水流衔接消能形式

目前，建筑物下游常用的衔接与消能措施，大致有下列三种类型。

1. 底流式消能

由前述可知，急流向缓流过渡时必然发生水跃，并且消除很大一部分能量。所谓底流式消能就是人为地修建消力池，使水跃发生在消力池内，把急流段限制在消力池中，从而实现急流与缓流的自然衔接，如图8.1.1所示。因水跃区高流速的主流在底部，故称为底流式消能。底流式消能历史悠久，技术成熟，流态稳定，适应性强，特别是雾化影响小。但是在水头和流量较大时，消力池过分庞大，因此多用于中低水头泄水建筑物的下游。

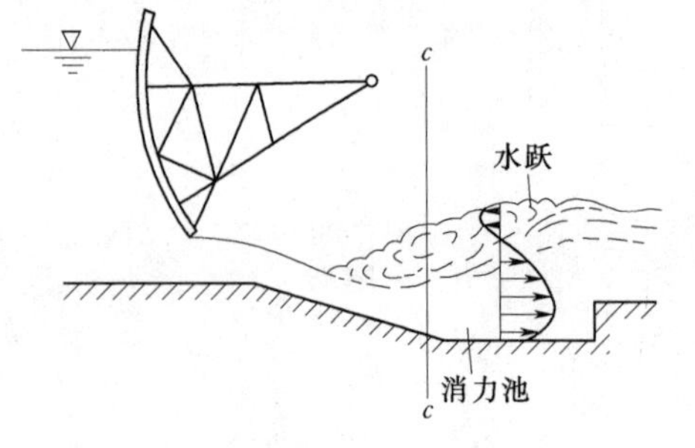

图8.1.1

2. 挑流式消能

在泄水建筑物末端修建挑坎，利用下泄水流

本身的巨大动能因势利导将水流挑射入空中，使其扩散并与空气摩擦，消除部分动能，然后水流落入下游水垫中时，又在下游水流中紊动消能，由于这种消能方式是将高速水流抛射至远离建筑物的下游，使下落水流对河床的冲刷不危及建筑物的安全，故称为挑流式消能，如图 8.1.2 所示。这种消能方式结构简单，投资节省，消能效果好，易于检修。但是雾化现象明显，一般雾化区内电气设备要密封。

3. 面流式消能

一般在下游水位比较大比较稳定，且上下游水位落差不大的丰水河流上，利用建筑物末端的跌坎，将下泄的高速急流导入尾水的表面，使主流与河床之间由巨大的底部旋滚隔开，避免了主流冲刷河床，如图 8.1.3 所示。由于高流速的主流在下游水流的表面，故称为面流式消能。影响面流流态演变过程的因素复杂，流态多变，下游水面扰动传播较远，对下游岸坡和护岸边坡稳定有影响，因此对河岸和边坡要进行保护。

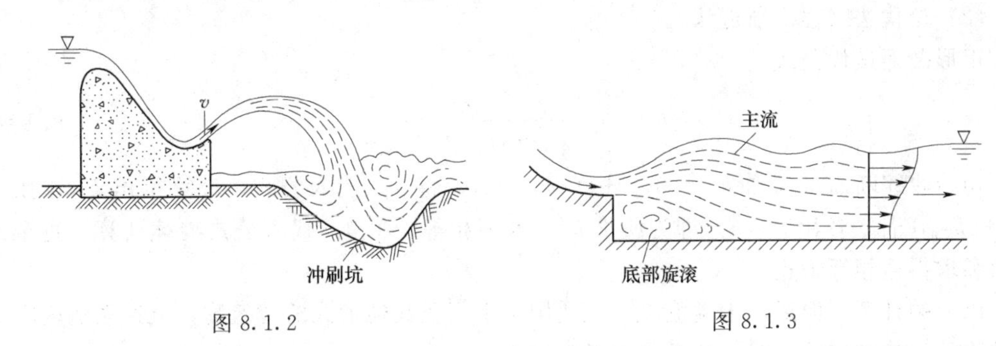

图 8.1.2　　　　图 8.1.3

在实际工程中，消能形式的选择是一个非常复杂的问题，不是单一的形式，也可能是上述三种基本消能方式的结合。本教材主要介绍底流式消能及面流式消能的水力计算方法。

8.1.2　水流衔接计算

在底流式衔接形式的判别中，泄水建筑物下游收缩断面的水深 h_c、h_c 的共轭水深 h_c'' 及下游渠道或河道中的水深 h_t 是三个重要参数，必须首先确定。

1. 收缩断面水深的计算

如图 8.1.4 所示，泄水建筑物下游有一过水断面水深达到最小值，流速达到最大值，这个断面称为收缩断面 c—c。下面推导收缩断面水深的计算公式。以通过收缩断面底部的水平面 $0'$—$0'$ 为基准面，下游坝高为 P_2，列坝前断面 0—0 及收缩断面 c—c 的能量方程：

$$E_0=P_2+H+\frac{v_0^2}{2g}=h_c+\alpha_c\frac{v_c^2}{2g}+\zeta\frac{v_c^2}{2g}$$

$$E_0=P_2+H_0=h_c+(\alpha_c+\zeta)\frac{v_c^2}{2g}\quad(8.1.1)$$

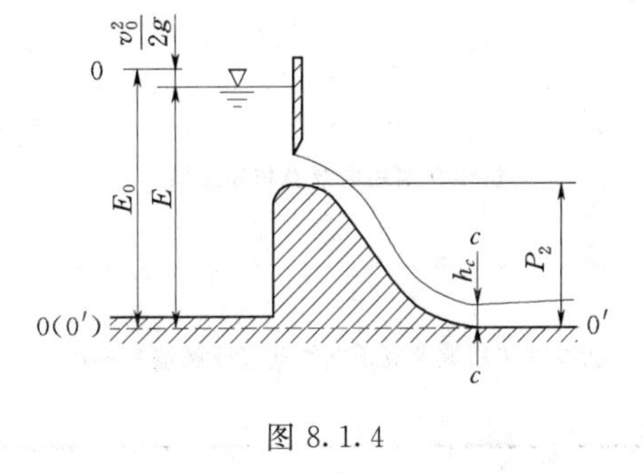

图 8.1.4

式中　ζ——断面 0—0 至 c—c 间的局部水头损失系数；

E_0——收缩断面底部为基准面的坝前水流总能量。

令流速系数 $\varphi=\dfrac{1}{\sqrt{\alpha_c+\zeta}}$，则 $E_0=h_c+\dfrac{v_c^2}{2g\varphi^2}$

即
$$E_0=h_c+\frac{Q^2}{2gA_c^2\varphi^2} \tag{8.1.2}$$

对于矩形断面
$$E_0=h_c+\frac{q^2}{2gh_c^2\varphi^2} \tag{8.1.3}$$

由于式（8.1.2）及式（8.1.3）是一元三次方程，一般可用下述两种方法求解。

（1）试算法。当溢流坝坝前断面总能量 E_0 已知时，假设一个 h_c，计算式（8.1.2）及式（8.1.3）的右边，如果计算值恰好等于给出的 E_0 值，则所设的 h_c 即为所求。否则，重新假设 h_c 计算，直至相等或接近为止。

（2）迭代法（逐次渐近法）。

矩形断面迭代公式：

$$h_{c(i+1)}=\frac{q}{\varphi\sqrt{2g(E_0-h_{c(i)})}} \tag{8.1.4}$$

初始收缩断面水深取 $h_{c1}=0$，计算得出 h_{c2}，将 h_{c2} 代入公式，计算得出 h_{c3}，比较 h_{c2} 和 h_{c3}，若二者相等，h_{c3} 即为所求 h_c。若不相等，将 h_{c3} 代入公式继续计算，直至代入值和求得值相等为止。

以上的计算不但适用于溢流坝，也适用于水闸及其他形式的建筑物，流速系数决定于建筑物的形式和尺寸，对于低坝可参考表 8.1.1 选取。

表 8.1.1　　　　流速系数表

建筑物泄流方式	泄流图形及收缩断面位置	φ
低曲线型实用堰溢流	h_c	0.90～0.95 （中小型建筑物）
低曲线型实用堰顶闸孔（或胸墙）出流	h_c	0.85～0.95
折线型实用堰及宽顶堰溢流	h_c	0.80～0.90
折线型实用堰及宽顶堰闸孔（或胸墙）出流	h_c	0.75～0.85

2. 底流式衔接形式的判断

收缩断面处一般为急流，而下游渠道或河道中的水流为缓流，急流向缓流过渡时必然以水跃的形式相衔接。当下泄流量一定时，随下游水深 h_t 的变化将会产生不同的底流衔接形式。

(1) 当 $h_t = h_c''$时，为临界式水跃衔接。

(2) 当 $h_t < h_c''$时，为远离式水跃衔接。

(3) 当 $h_t > h_c''$时，为淹没式水跃衔接。

以上三种衔接形式虽然都是通过水跃消能，但是它们的消能率、工程上的保护范围以及稳定性都是不相同的，远离式水跃对工程最为不利，因其急流段长，所需加固的河段较长，不经济，所以不采用。临界式水跃虽然消能效果好，保护范围也较短，但是水跃位置不稳定，也不宜采用。对于淹没度较大的淹没式水跃，由于水跃主流扩散较慢，水跃长度较上面两种情况长，且由于表面旋滚潜入底部，紊动强度减弱，故消能效率低。因此，工程上采用稍许淹没的水跃衔接，这时的水跃既稳定又不太长，且消能效果较高。

任务解析单

泄水建筑物的消能设计一方面是水流在摩擦和碰撞中将动能转化为热能耗散掉，另一方面是水流在铅直方向和水平方向得到扩散。通常采用的消能方式有底流式、挑流式、面流式三种。底流式是最常见的一种消能方式，通过建筑物下游产生一定程度的淹没式水跃消能。

下面解决任务单水跃衔接问题。

(1) 收缩断面水深 h_c 的计算。

$$h_{c(i+1)} = \frac{q}{\varphi\sqrt{2g(E_0 - h_{c(i)})}}$$

$$E_0 = P_1 + H + \frac{q^2}{2g(P_1+H)^2} = 10 + 3.2 + \frac{6^2}{2\times 9.8\times(10+3.2)^2} = 13.2(\text{m})$$

取 $\varphi = 0.9$，$h_{c0} = 0$。

第一次迭代计算　$h_{c1} = \dfrac{q}{\varphi\sqrt{2g(E_0 - h_{c0})}} = \dfrac{6}{0.9\times\sqrt{19.6\times(13.2-0)}} = 0.414(\text{m})$

第二次迭代计算　$h_{c2} = \dfrac{q}{\varphi\sqrt{2g(E_0 - h_{c1})}} = \dfrac{6}{0.9\times\sqrt{19.6\times(13.2-0.414)}} = 0.421(\text{m})$

第三次迭代计算　$h_{c3} = \dfrac{q}{\varphi\sqrt{2g(E_0 - h_{c2})}} = \dfrac{6}{0.9\times\sqrt{19.6\times(13.2-0.421)}} = 0.421(\text{m})$

所以取 $h_c = 0.421\text{m}$。

(2) h_c 的共轭水深 h_c''的计算。

$$h_c'' = \frac{h_c}{2}\left(\sqrt{1+\frac{8q^2}{gh_c^3}} - 1\right) = \frac{0.421}{2}\times\left(\sqrt{1+\frac{8\times 6^2}{9.8\times 0.421^3}} - 1\right) = 3.972(\text{m})$$

(3) 底流衔接的判断。

$h_c'' > h_t$，故下游产生远离式水跃，需要修建消力池。

工作单

8.1.1　泄水建筑物下游常采用的水流衔接与消能措施有哪几种？它们各自的消能原

理是什么？各应用在什么条件下？

8.1.2 怎样判别堰、闸下游水流衔接形式（即确定水跃位置），可能有哪三种形式的水跃产生？

8.1.3 某矩形单孔引水闸，闸门宽等于河底宽，闸前水深 $H=8\text{m}$。闸门开度 $e=2.5\text{m}$ 时，下泄单宽流量 $q=12\text{m}^3/(\text{s}\cdot\text{m})$，下游水深 $h_t=3.5\text{m}$，闸下出流的流速系数 $\varphi=0.9$。试判断下游水流的衔接情况。

任务8.2 底流消能水力计算

任务单

8.2 底流消能水力计算

泄水建筑物下泄水流具有强大的动能，可能会对下游河床产生强烈冲击。底流消能的工作原理是在坝址下游设消力池、消力坎等，促使水流在限定范围内产生水跃，通过水流的内部摩擦，掺气和撞击消耗能量。底流式消能的水力计算主要计算哪些参数？如何计算？

某溢流坝为WES剖面，上、下游坝高均为10m，坝顶部设闸门控制流量。今保持坝顶水头$H=3.2$m，调节闸门开度，使单宽流量$q=6\text{m}^3/(\text{s}\cdot\text{m})$，下游水跃跃后水深$h''_c=3.972$m，下游水深$h_t=3.4$m。经过判别坝下游产生的是远离式水跃，试计算消力池的深度和长度。

学习单

底流消能水力计算一般就是消力池的水力计算。

由前述可知，消能效果最好的是稍有淹没的淹没式水跃，那么如果判断出泄水建筑物下游发生远离式水跃或临界式水跃，则需要采取工程措施，以保证发生淹没式水跃。要使远离式水跃或临界式水跃转变为淹没式水跃需要增加下游水深h_t，但对于一定的河槽，在通过某一流量时，下游的水深为一定值，由于水跃范围不长，因此只需在临近泄水建筑物的较短距离内增加水深即可。常采用的工程措施是在泄水建筑物下游修建消力池。消力池的形式有三种：①降低护坦高程［图8.2.1（a）］；②在护坦末端修建消力坎［图8.2.1（b）］；③既降低护坦高程又修建消能墙的综合方式［图8.2.1（c）］。消力池的水力计算任务就是消力池的深度或墙高及消力池长度的确定。

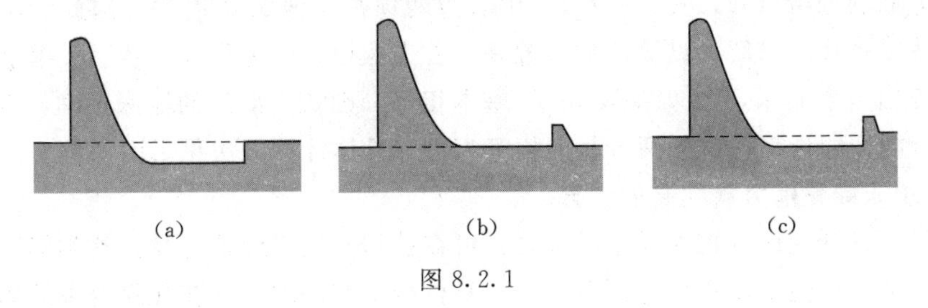

图8.2.1

8.2.1 降低护坦高程消力池深度 *d* 的计算

以矩形断面平底消力池的水力计算为例，从下游河床下挖一深度为d、长度为L_k的消力池，并使水跃发生在池内，如图8.2.2所示。

由消力池出口的几何关系得

$$h_T=d+h_t+\Delta z$$

或者

$$d=h_T-h_t-\Delta z \tag{8.2.1}$$

现分析式中右边各项如下：

(1) h_T为消力池末端水深，在池中发生淹没水跃时，$h_T=\sigma_j h''_{c1}$，σ_j为水跃淹没系

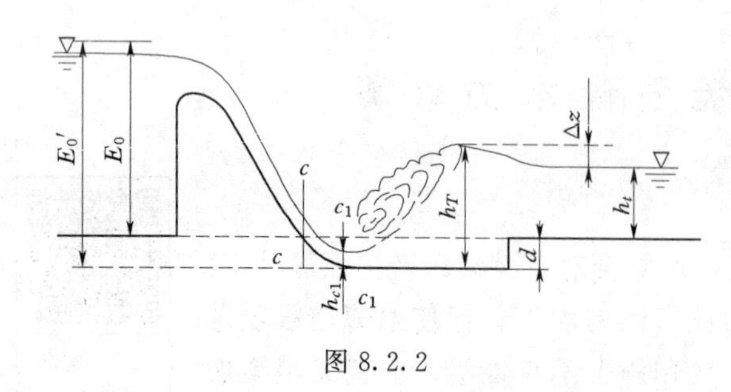

图 8.2.2

数，一般取 $\sigma_j=1.05\sim1.10$；h''_{c1} 为挖池后临界水跃的跃后水深，可根据挖池后收缩断面水深 h_{c1} 求得。而挖池后的收缩断面 h_{c1} 可根据式（8.1.3）求得。但这时式（8.1.3）左端水头为挖池后的值 E_0'，即

$$E_0'=E_0+d=h_{c1}+\frac{q^2}{2g\varphi^2h_{c1}^2}$$

因此 h_{c1} 与池深 d 有关，因而 h''_{c1} 也与池深 d 有关。

(2) h_t 为下游河道或渠道中的水深，一般是已知的。

(3) Δz 为消力池出口的水面落差，一般将消力池出口的水流视为宽顶堰淹没出流。以下游河床为基准面，列池末断面及下游断面的能量方程，则有

$$h_t+\Delta z+\frac{\alpha_1v_1^2}{2g}=h_t+\frac{\alpha v_2^2}{2g}+\zeta_1\frac{v_2^2}{2g}$$

即

$$\Delta z=(\alpha+\zeta_1)\frac{v_2^2}{2g}-\frac{\alpha_1v_1^2}{2g}$$

将池末断面流速 $v_1=\frac{q}{h_T}=\frac{q}{\sigma_jh''_{c1}}$，下游渠道内流速 $v_2=\frac{q}{h_t}$，以及出口的流速系数 $\varphi'=\frac{1}{\sqrt{\alpha+\zeta_1}}$代入上式得

$$\Delta z=\frac{q^2}{2g}\left[\frac{1}{(\varphi'h_t)^2}-\frac{1}{(\sigma_jh''_{c1})^2}\right] \tag{8.2.2}$$

因为 h''_{c1} 与池深 d 有关，所以 Δz 也与 d 有关。

根据上面的分析可知，式（8.2.1）中右边两项都与池深 d 有关，因此无法求解，需采用试算法或迭代法求解。试算法的步骤是：首先假设一个池深 d，然后根据上面所推求的公式计算出一个池深 d_1。如果 d 与 d_1 基本相等，则认为假设的池深正确，否则重设池深 d，进行同样的计算，直到两者基本相等为止，具体计算方法见后面示例。

8.2.2 护坦末端建消力坎坎高的计算

当河床不易开挖或开挖太深不经济时，可在护坦末端修建消力坎。这类消力池与挖深消力池不同的是出池水流不是宽顶堰流，而是折线型实用堰流。在建筑物下游河床上修建一高度为 c 的实体坎，坎的上游面距下泄水流收缩断面的距离为 L_k，水跃在坎前发生，如图 8.2.3 所示。

由图 8.2.3 可知

$$h_T=\sigma_jh''_c=c+H_1$$

式中 c——坎高；

H_1——坎顶水头。

于是得坎高的计算公式

$$c=\sigma_jh''_c-H_1 \tag{8.2.3}$$

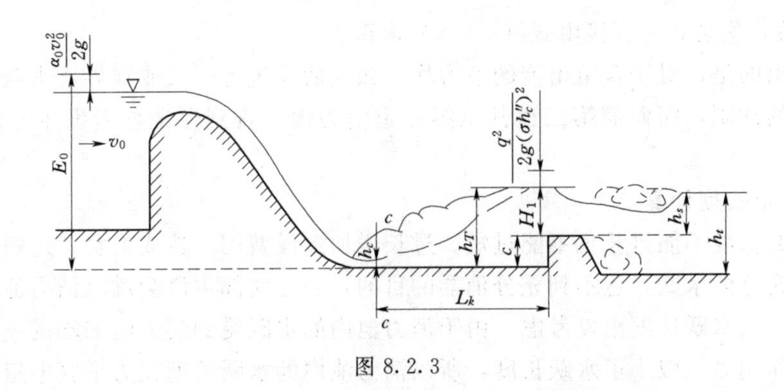

图 8.2.3

坎顶水头 H_1 可用堰流公式推导，若为矩形断面河渠，渠底宽等于池宽，即无侧收缩的情况，则有

$$H_1 = H_{10} - \frac{q^2}{2g(\sigma_j h_c'')^2} = \left(\frac{q}{\sigma_s m_1 \sqrt{2g}}\right)^{2/3} - \frac{q^2}{2g(\sigma_j h_c'')^2}$$

将 H_1 的计算代入式（8.2.3）得

$$c = \sigma_j h_c'' - \left(\frac{q}{\sigma_s m_1 \sqrt{2g}}\right)^{2/3} + \frac{q^2}{2g(\sigma_j h_c'')^2} \tag{8.2.4}$$

改写为

$$c + \left(\frac{q}{\sigma_s m_1 \sqrt{2g}}\right)^{2/3} = \sigma_j h_c'' + \frac{q^2}{2g(\sigma_j h_c'')^2} \tag{8.2.5}$$

式中　m_1——折线型实用堰的流量系数，一般取 $m_1 = 0.42$；

σ_s——消力坎淹没系数，其大小与下游水深和坎高有关，即

$$\sigma_s = f\left(\frac{h_s}{H_{10}}\right) = f\left(\frac{h_t - c}{H_{10}}\right)$$

试验表明：当 $\frac{h_s}{H_{10}} \leqslant 0.45$ 时，为非淹没堰，$\sigma_s = 1$；当 $\frac{h_s}{H_{10}} > 0.45$ 时，为淹没堰，σ_s 值可根据相对淹没度 $\frac{h_s}{H_{10}}$ 查表 8.2.1 确定。

对于坎高的计算，可采用试算法。式（8.2.5）中左边 σ_s 是坎高 c 的函数，用 $f(c)$ 表示；右边为已知数，用 B 表示，则式（8.2.5）可写成

$$f(c) = B$$

表 8.2.1　　**淹没系数表**

$\frac{h_s}{H_{10}}$	≤0.45	0.50	0.55	0.60	0.65	0.70	0.72	0.74	0.76	0.78
σ_s	1.00	0.990	0.985	0.975	0.960	0.940	0.930	0.915	0.900	0.885
$\frac{h_s}{H_{10}}$	0.80	0.82	0.84	0.86	0.88	0.90	0.92	0.95	1.00	
σ_s	0.865	0.845	0.815	0.785	0.750	0.710	0.651	0.535	0.000	

假定一系列 c 值，计算相应的 $f(c)$，可绘 $c - f(c)$ 关系曲线，由曲线查得 $f(c) = B$ 所对应的 c 值，即为所求坎高。如果溢过消力坎的水流为自由堰流，则淹没系数 $\sigma_s = 1$，

H_1与c无关，坎高c可直接由式（8.2.4）求得。

应当指出的是，对于自由出流的消力坎，如坎后发生远驱式或临界式水跃时，可能引起坎后河床的冲刷，因而需第二道甚至第三道消力池，直到保证坎后发生淹没出流衔接为止。

8.2.3 消力池长度计算

消力池的长度不能过长也不能过短。过长增加建设费用，造成浪费；过短，不能在池中形成消能充分的水跃，达不到充分消能的目的，并且底部主流会跳出消力池，所以消力池的长度可以从水跃长度出发考虑。由于消力池内的水跃受到消力池末端的垂直壁面产生的一个反向作用力，减小了水跃长度，所以消力池内的水跃长度仅为平底渠道中自由水跃长度的70%～80%。

即池内水跃的长度
$$L_k=(0.7\sim0.8)L_j \tag{8.2.6}$$

式中 L_j——平底渠中自由水跃长度，$L_j=6.9(h''_c-h_c)$。

8.2.4 消力池的设计流量

前面所讨论的消力池的水力计算是在某个给定流量及相应的下游水深条件下进行的，但建池后的消力池却要在不同的流量下运行，为了保证消力池能在各个流量下都能起到控制水跃的作用，正确选择消力池的设计流量在实际工程中是十分必要的。实际计算时，消力池的设计流量的选择应依据以下原则：

（1）求消力池池深d的设计流量。作(h''_c-h_t)-Q关系曲线，相应于$(h''_c-h_t)_{max}$的流量即为设计流量。

（2）求消力坎高度c的设计流量。一般是选择使消力坎最高的流量作为坎高的设计流量。实际计算时，一般是在给定的流量范围内，选取包括Q_{min}和Q_{max}在内的若干个流量值，分别计算出坎高c，绘制c-Q关系曲线，坎高c最大值所对应的流量即为设计流量。

（3）求池长L_k的设计流量。一般自由水跃的长度随流量的增大而增加，而池长与自由水跃长度有关，因此使自由水跃最长的流量就是设计流量。一般选择使$h''-h'$或h''_c最大的流量作为池长的设计流量。

应当指出的是：三种设计流量不一定是泄水建筑物运行时的最大流量，三种流量不一定相等。在实际工程设计中，合理选择组合设计流量是个重要的问题。

8.2.5 辅助消能工

为了提高消能效率，常在消力池中设置辅助消能工，如趾墩、消能墩及尾坎等（如图8.2.4所示）。辅助消能工的体型很多，下面举例说明几种消能工及其作用。

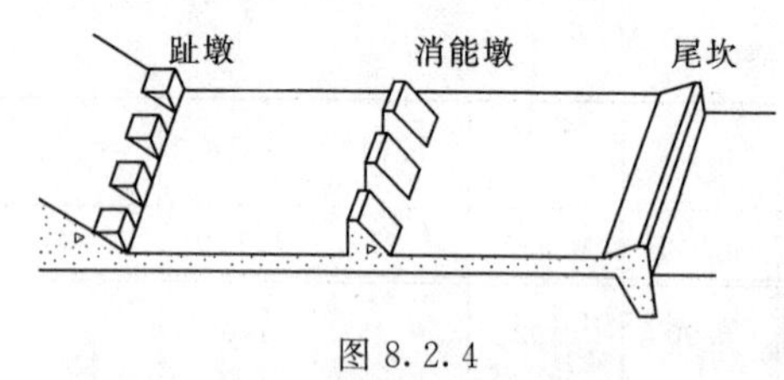

图 8.2.4

（1）趾墩（也称分流齿墩）。布置在消力池进口，其作用是分散入池水股，增加水跃区中主流与旋滚的交界面，加剧紊动混掺来提高消能效率。

（2）消能墩。布置在消力池内池长的护坦上，它的作用除分散水流，形成更多的漩涡以增加消能效率，还可以迎拒水流，对水流的冲击产生反作用力。根据动量方程可知，这个反力降低了水跃共轭水深的要求，具有减小池深和池长的作用。

（3）尾坎。设置在消能池末端，其作用是将池末流速较大的底部水流挑起，导入下游水体上层，以改善消力池后的水流流速分布，减轻对下游河床的冲刷。

这些辅助消能工可以根据具体情况分别采用或合并采用。一般能起到缩短池长，减小池深的作用。但必须注意的是消力池前部消能作用较大，易发生空蚀，冲击力大；消力池后部消能作用较小，不易发生空蚀，改善水流。另外，有漂浮物或推移质的河道，辅助消能工常遭撞击破坏。

任务解析单

底流消能又叫水跃消能，是一种成熟而古老的消能方式，主要是计算消力池的深度、长度，确定消力池的设计流量。

下面计算任务单消力池的深度和长度。

1. 估算池深 d

$$d=\sigma h''_c-h_t=1.05\times3.972-3.4=0.771(\text{m})$$

取 $d=0.8\text{m}$。

2. 验算消力池深 $d=0.8\text{m}$ 时，是否满足要求

（1）计算新的收缩断面水深及其共轭水深。

$$E'_0=E_0+d=13.2+0.8=14.0(\text{m})$$

取 $\varphi=0.9$，$h_{c1}^{(0)}=0$。

第一次迭代计算

$$h_{c1}^{(1)}=\frac{q}{\varphi\sqrt{2g(E'_0-h_c^{(0)})}}=\frac{6}{0.9\times\sqrt{19.6\times(14.0-0)}}=0.402(\text{m})$$

第二次迭代计算

$$h_{c1}^{(2)}=\frac{q}{\varphi\sqrt{2g(E'_0-h_{c1}^{(1)})}}=\frac{6}{0.9\times\sqrt{19.6\times(14.0-0.402)}}=0.408(\text{m})$$

第三次迭代计算

$$h_{c1}^{(3)}=\frac{q}{\varphi\sqrt{2g(E'_0-h_{c1}^{(2)})}}=\frac{6}{0.9\times\sqrt{19.6\times(14.0-0.408)}}=0.408(\text{m})$$

所以取 $h_{c1}=0.408\text{m}$。

$$h''_c=\frac{h_2}{2}\left(\sqrt{1+\frac{8q^2}{gh_c^3}}-1\right)=\frac{0.408}{2}\times\left(\sqrt{1+\frac{8\times6^2}{9.8\times0.408^3}}-1\right)=4.044(\text{m})$$

（2）计算 $d=0.8\text{m}$ 时 Δz。

$$\Delta z=\frac{q^2}{2g}\left[\frac{1}{(\varphi'h_t)^2}-\frac{1}{(\sigma_j h''_{c1})^2}\right]=\frac{6^2}{19.6}\times\left[\frac{1}{(0.95\times3.4)^2}-\frac{1}{(1.05\times4.044)^2}\right]=0.041(\text{m})$$

（3）计算池中跃后水深及水跃的淹没程度。

池中跃后水深　$h_T=d+\Delta z+h_t=0.8+0.041+3.4=4.241(\text{m})$

池中水跃的淹没程度　$\sigma_j=\frac{h_T}{h''_{c1}}=\frac{4.241}{4.044}=1.05$

满足要求。

3. 计算消力池长度

$$L_k=(0.7\sim0.8)L_j=(0.7\sim0.8)\times6.9\times(4.044-0.408)=17.6\sim20.1(\text{m})$$

工作单

8.2.1 在设计消力池或消力坎时，为什么要先确定设计流量？怎样确定池深、坎高、池长的设计流量？

8.2.2 一5孔 WES 型剖面溢流坝，每孔净宽 $b=6\text{m}$，闸墩厚度 $d=1.5\text{m}$，边墩及中墩均为半圆形，下游坝高 $P_2=20\text{m}$，在设计情况下，下泄流量 $Q_d=300\text{m}^3/\text{s}$，流量系数 $m_d=0.502$，下游水深 $h_t=3.5\text{m}$，收缩断面处河宽 $B=nb+nd$，试求：(1) 判别坝下游的底流衔接形式。(2) 如为远离式水跃衔接，设计一降低护坦高程式消力池。

8.2.3 在矩形断面河道上有一平板门泄水闸，已知闸门上游水深 $H=6\text{m}$，闸门开度 $e=1.5\text{m}$，下游水深 $h_t=2.5\text{m}$，流速系数 $\varphi=0.95$，试求：(1) 判别闸门下游的底流衔接形式。(2) 如果产生远离式水跃，设计一降低护坦高程式消力池。

任务8.3　挑流消能水力计算

任务单

将建筑物下游部分设计成向上翘起的鼻坎，泄流的高速水股被鼻坎导向空中，经较远距离后跌入河槽，这种消能方式就是挑流式消能。挑流消能如何进行水力计算？

某溢流坝共7孔，每孔净宽 $b=6\text{m}$，闸墩厚度 $d=1.8\text{m}$。溢流坝顶高程为161m，设计水位为167.15m，流量系数 $m=0.49$，收缩系数 $\varepsilon=0.95$，挑坎为连续式，坎顶高程为111.0m，挑角 $\theta=28°$；下游河床高程为102m，岩基冲刷系数为1.10（Ⅱ类岩），下游水深为7.0m。试估算挑流射程及冲刷深度并检查冲刷坑是否危及大坝安全。

学习单

挑流消能主要有以下两个过程，如图8.3.1所示。

（1）空中消能。水股从挑坎射向空中，在空中裂散并掺气，增加了与空气的摩擦与内摩擦，从而消耗了部分能量。消能小部分发生在空中，水股越扩散，消能越充分，在这个过程中往往会形成雾化现象。

（2）水下消能。扩散的水股在建筑物下游跌入河床中，与下游水体发生碰撞，入水点附近形成两个巨大的旋滚，主流与旋滚之间发生强烈的动量交换及剪切作用，从而消耗大部分能量。由于下泄水流不断冲刷河床，形成冲刷坑，水流不断掏蚀冲刷坑，坑内水深逐渐增加，从而形成较厚的水垫，对水股起到缓冲和消能作用。水垫越厚，消能越好。一般来说，水下消能消耗了水流的大部分能量。

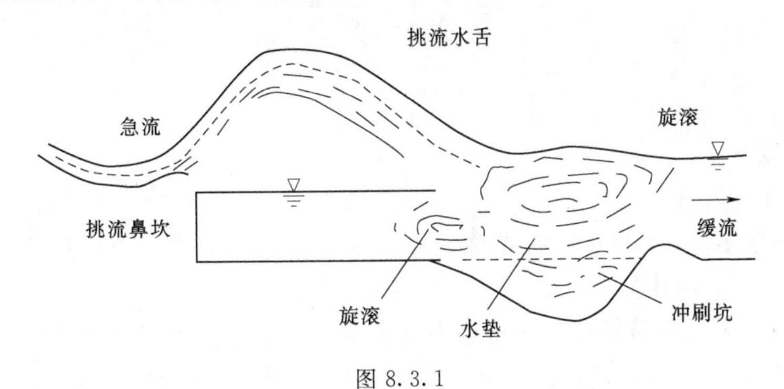

图8.3.1

8.3.1　挑流射程的计算

挑距是指挑坎末端至冲刷坑最深点的位置。计算挑距的目的就是为了确定冲刷坑最深点的位置。由图8.3.2可以看出，挑距 L 由空中挑距 L_1 和水下挑距 L_2 组成，即 $L=L_1+L_2$。

1. 空中挑距 L_1 的计算

空中挑距 L_1 是指挑坎末端至水舌轴线与下游水面交点间的水平距离。假设挑坎断面1—1上的流速 v 分布均匀，流速与鼻坎相切，忽略水舌的扩散、掺气、破碎与空气阻力

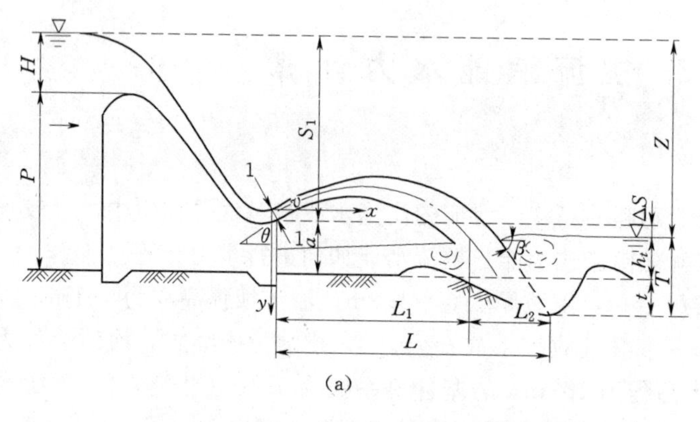

(a)

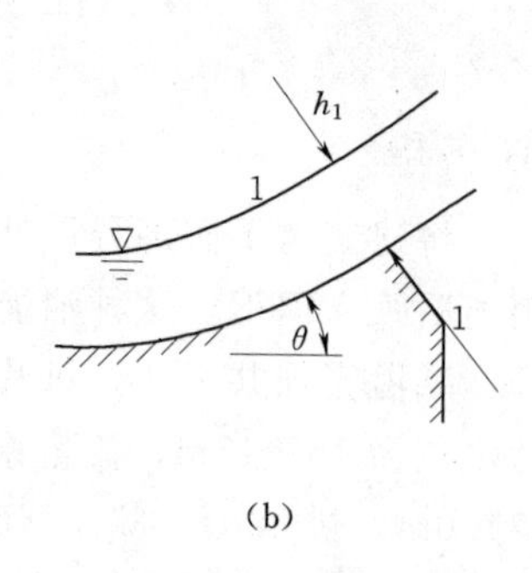

(b)

图 8.3.2

的影响，把抛射水流的运动视为自由抛射体的运动，应用质点自由抛射运动原理可求出空中挑距 L_1 的计算公式如下：

$$L_1=\varphi^2 S_1 \sin 2\theta\left(1+\sqrt{1+\frac{a-h_t}{\varphi^2 S_1 \sin^2\theta}}\right) \tag{8.3.1}$$

式中 S_1——上游水面至挑坎顶部的高差；

a——挑坎高度，即下游河床至挑坎顶部的高差；

θ——鼻坎挑射角；

h_t——冲刷坑后下游水深；

φ——坝面流速系数，可按经验公式计算。

$$\varphi=\sqrt[3]{1-\frac{0.055}{K^{0.5}}} \tag{8.3.2}$$

其中

$$K=\frac{q}{\sqrt{g}S_1^{1.5}}$$

式中 K——流能比；

q——单宽流量。

式（8.3.2）用于 $K=0.004\sim0.15$ 范围内，当 $K>0.15$ 时，取 $\varphi=0.95$。

2. 水下挑距 L_2 的计算

水下挑距 L_2 是指水舌轴线与下游水面交点至冲刷坑最深点间的水平距离。水舌进入下游水体后，属于射流的潜没扩散运动，与质点的自由抛射运动有一定的区别。可近似认为，水舌落入下游水面后仍沿入水角方向直线前进，则

$$L_2=\frac{t+h_t}{\tan\beta} \tag{8.3.3}$$

式中 t——冲刷坑深度；

β——水舌入水角，可按下式近似计算。

$$\cos\beta=\sqrt{\frac{\varphi^2 S_1}{\varphi^2 S_1+Z-S_1}}\cos\theta \tag{8.3.4}$$

式中 Z——上、下游水位差。

8.3.2 冲刷坑深度的估算

当水舌跃入下游河道时，主流潜入下游河底，主流前后形成两个旋滚而消除一部分能量。若潜入下游河床的水舌所具有的冲刷能力仍大于河床的抗冲能力时，河床被冲刷，从而形成冲刷坑。随着坑深的增加，水舌冲刷能力降低，直到水舌的冲刷能力与河床的抗冲能力达到平衡时，冲刷坑才趋于稳定。

冲刷坑的深度取决于水舌跃入下游水体后的冲刷能力和河床的抗冲能力，它与单宽流量、上下游水位差、下游河床的地质条件、下游水深、鼻坎形式、坝面和空中的水流能量损失以及掺气程度等因素有关。由于影响的因素众多，特别是牵涉到其中主要因素之一的岩基河床的地质条件，因而遇到了困难。过去虽然研究不少，提出的计算方法也很多，但问题至今尚未得到满意的解决。我国目前较普遍采用的计算公式为

$$t=Kq^{0.5}Z^{0.25}-h_t \tag{8.3.5}$$

式中 K——抗冲系数，主要与河床的地质条件有关。

K 值是一个难以确定的因素。近年来，某些工程和科研单位，对 K 值的确定取得了进展。例如：坚硬完整的岩石 $K=0.9\sim1.2$；坚硬但完整性较差的岩石 $K=1.2\sim1.5$；软弱破碎、裂隙发育的基岩 $K=1.5\sim2.0$。

需要注意的是：只有在先算出冲刷坑的深度 t 后才能计算挑流的射程 L，然后按照下式检查冲刷坑后坡 i 是否满足坝体的安全要求：

$$i=\frac{t}{L}<(0.2\sim0.4) \tag{8.3.6}$$

其中（0.2～0.4）为冲刷坑最大后坡，若此式成立，坝体安全，否则不安全。

8.3.3 挑坎的形式和尺寸

1. 挑坎形式

常用的挑坎形式有连续式和差动式两种。

（1）连续式。如图 8.3.3 所示，在整个挑坎宽度上具有同一反弧半径 R 和挑射角 θ。其优点是施工简便，不易空蚀，挑流射程远；缺点是水舌比较集中，冲刷坑深。

（2）差动式。如图 8.3.3 所示，具有不同反弧半径 R 和挑射角 θ 的高齿和低槽构成。其优点是由于水舌在铅直方向上有较大的扩散，消能效果好，冲刷坑浅；缺点是齿坎侧面容易发生空蚀破坏，且施工复杂。

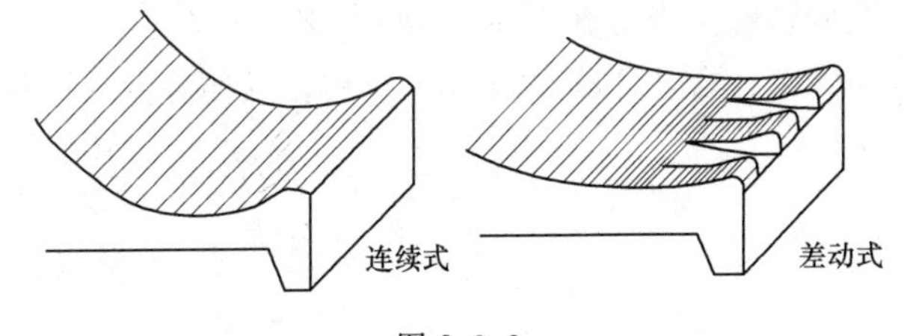

图 8.3.3

2. 挑坎尺寸的拟定

目前采用较多的是连续式挑坎。连续式挑坎尺寸包括挑角 θ、反弧半径 R 及挑坎高程三个方面。合理的挑坎尺寸，可以在同样水力条件下得到的射程最大，冲刷坑深度较浅。

（1）挑角 θ。按质点抛射运动考虑，当 $\theta<45°$时，θ 值越大，空中挑距 L_1 越大；当 $\theta=45°$时射程最大，但这时水舌的入水角 β 也相应增大，水下挑距 L_2 减小，冲刷坑深度增加。另外，随着挑角增大，开始形成挑流的流量也增大。当实际通过的流量小于起挑流

量时，由于动能不足，水流挑不出去，在挑坎的反弧段内形成旋滚，然后沿挑坎溢流而下，在紧靠挑坎下游形成冲刷坑，对建筑物威胁较大。所以挑角不宜选得过大，工程上常取 $\theta=15°\sim35°$。高挑坎时取较小值，低挑坎、大单宽流量及较小上下游水位差时取较大值。

（2）反弧半径 R。当水流在反弧半径内做曲线运动时，将有部分动能转化为离心惯性能，从而使出射水流的动能减小，挑距减小。反弧半径越小离心惯性能越大，挑距越小。但是反弧半径也不能太大，否则将增加坝体的工程量。一般取 $R=(4\sim10)h_c$，h_c 为反弧段最低点水深。

（3）挑坎高程。挑坎高程越低，出口断面流速越大，射程越远。同时，挑坎高程低，工程量小，造价低。但是过低的挑坎将被下游水位淹没，不能形成挑射，或者因为水舌下缘与坝址附近的下游水面间被带走的空气得不到充分补充，而造成局部负压使射程减小。所以，工程设计中常使挑坎最低高程等于或略高于下游最高水位。

任务解析单

挑流消能主要是计算挑流射程、冲刷深度、根据冲刷坑后坡检查冲刷坑是否危及大坝安全，并选择挑坎形式和尺寸。

下面解决任务单挑流消能问题。

首先确定本溢流坝在设计水位 167.15m 时，溢流坝下泄流量 Q；然后进行挑流射程 L 及冲刷坑深度 t 的估算，最后进行冲刷坑后坡 i 的验算。

1. 溢流坝下泄流量 Q 的计算

因溢流坝较高，行近流速水头可忽略不计，即 $H_0\approx H=167.15-161=6.15(\text{m})$；同时下游水位较低，溢流坝为自由泄流，故下泄流量计算式为

$$Q=\varepsilon mnb\sqrt{2g}H^{3/2}$$

代入已知条件：$Q=0.95\times0.49\times7\times6\times\sqrt{2\times9.8}\times6.15^{3/2}=1320(\text{m}^3/\text{s})$

2. 冲刷坑深度 t 估算

为了计算水下射程 L_2，先计算冲刷坑深度 t。

冲刷坑深度估算式为 $t=Kq^{0.5}Z^{0.25}-h_t$。

式中，岩基冲刷系数 $K=1.10$，其他各参数计算如下：

$$q=\frac{Q}{nb+(n-1)d}=\frac{1320}{7\times6+(7-1)\times1.8}=25(\text{m}^3/\text{s})$$

$$Z=167.15-109=58.15(\text{m})$$

$$h_t=109-102=7(\text{m})$$

$$t=1.1\times25^{0.5}\times58.15^{0.25}-7=8.19(\text{m})$$

3. 射程 L 估算

根据已知条件求得　　$S_1=167.15-111=56.15(\text{m})$

$$a=111-102=9(\text{m})$$

流速系数的计算公式为　　$\varphi=\sqrt[3]{1-\dfrac{0.055}{K^{0.5}}}$

式中流能比 $$K=\frac{q}{\sqrt{g}S_1^{1.5}}=\frac{25}{\sqrt{9.8}\times56.15^{1.5}}=0.019$$

因此 $$\varphi=\sqrt[3]{1-\frac{0.055}{K^{0.5}}}=0.86$$

于是 $$L_1=\varphi^2S_1\sin2\theta\left(1+\sqrt{1+\frac{a-h_t}{\varphi^2S_1\sin^2\theta}}\right)$$

$$=0.86^2\times56.15\times\sin(2\times28°)\times\left(1+\sqrt{1+\frac{9-7}{0.86^2\times56.15\times\sin^2 28°}}\right)$$

$$=72.43(\text{m})$$

同理将已知条件代入公式 $\cos\beta=\sqrt{\frac{\varphi^2S_1}{\varphi^2S_1+Z-S_1}}\cos\theta$ 及公式 $L_2=\frac{t+h_t}{\tan\beta}$ 中求得 $L_2=25.88$m。

4. 检验冲刷坑后坡 i

$$i=\frac{t}{L}=\frac{8.19}{72.43+25.88}=0.083$$

由于 $i<$（0.2～0.4），故冲刷坑不会危及大坝的安全。

工作单

8.3.1 挑流消能的挑距包括哪些部分？影响挑距的主要因素有哪些？怎样选择连续式鼻坎的挑角、反弧半径及挑坎高程？

8.3.2 某电站溢流坝为3孔，每孔宽 b 为16m；闸墩厚4m；设计流量 Q 为6480m³/s；相应的上、下游水位高程及河底高程如图8.3.4所示。今在坝末端设一挑坎，采用挑流消能。已知：挑坎末端高程为218.5m；挑坎挑角 θ 为25°；反弧半径 R 为24.5m。下游河床基岩坚硬，但完整性较差。试计算挑流射程和冲刷坑深度。

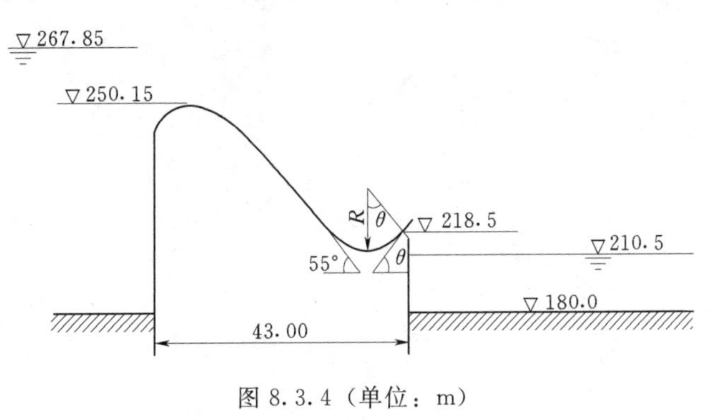

图8.3.4（单位：m）

参 考 文 献

[1] 张春娟. 工程水力计算 [M]. 北京：中国水利水电出版社，2010.
[2] 柳素霞，郭振苗. 水力学 [M]. 北京：中国水利水电出版社，2020.
[3] 奚斌. 水力学（工程流体力学）实验教程 [M]. 北京：中国水利水电出版社，2021.
[4] 者建伦，张春娟，余金凤. 工程水力学 [M]. 郑州：黄河水利出版社，2009.
[5] 张耀先，丁新求. 水力学 [M]. 郑州：黄河水利出版社，2010.
[6] 吴持恭. 水力学：上、下册 [M]. 3版. 北京：高等教育出版社，2003.
[7] 水力学国家重点实验室（四川大学）. 水力学 [M]. 北京：高等教育出版社，2003.
[8] 张朝晖，拜存有. 工程水文水力学 [M]. 杨凌：西北农林科技大学出版社，2003.
[9] 张春娟. 水力学与桥涵水文 [M]. 北京：中国水利水电出版社，2007.
[10] 张耀先. 水力学 [M]. 北京：科学出版社，2005.
[11] 邓小玲. 水力学 [M]. 北京：科学出版社，2005.
[12] 韩梅，拜存有. 水力学 [M]. 北京：科学出版社，2005.
[13] 张劲，章吉吉. 水力学 [M]. 北京：科学出版社，2005.
[14] 武汉大学水利水电学院. 水力计算手册 [M]. 北京：中国水利水电出版社，2006.
[15] 张耀先，游玉萍. 水力学 [M]. 北京：科学出版社，2005.
[16] 赵振兴，何建京. 水力学 [M]. 北京：清华大学出版社，2005.
[17] 中华人民共和国住房和城乡建设部，国家市场监督管理总局. GB 50014—2021 室外排水设计标准 [S]. 北京：中国计划出版社，2021.

附　图

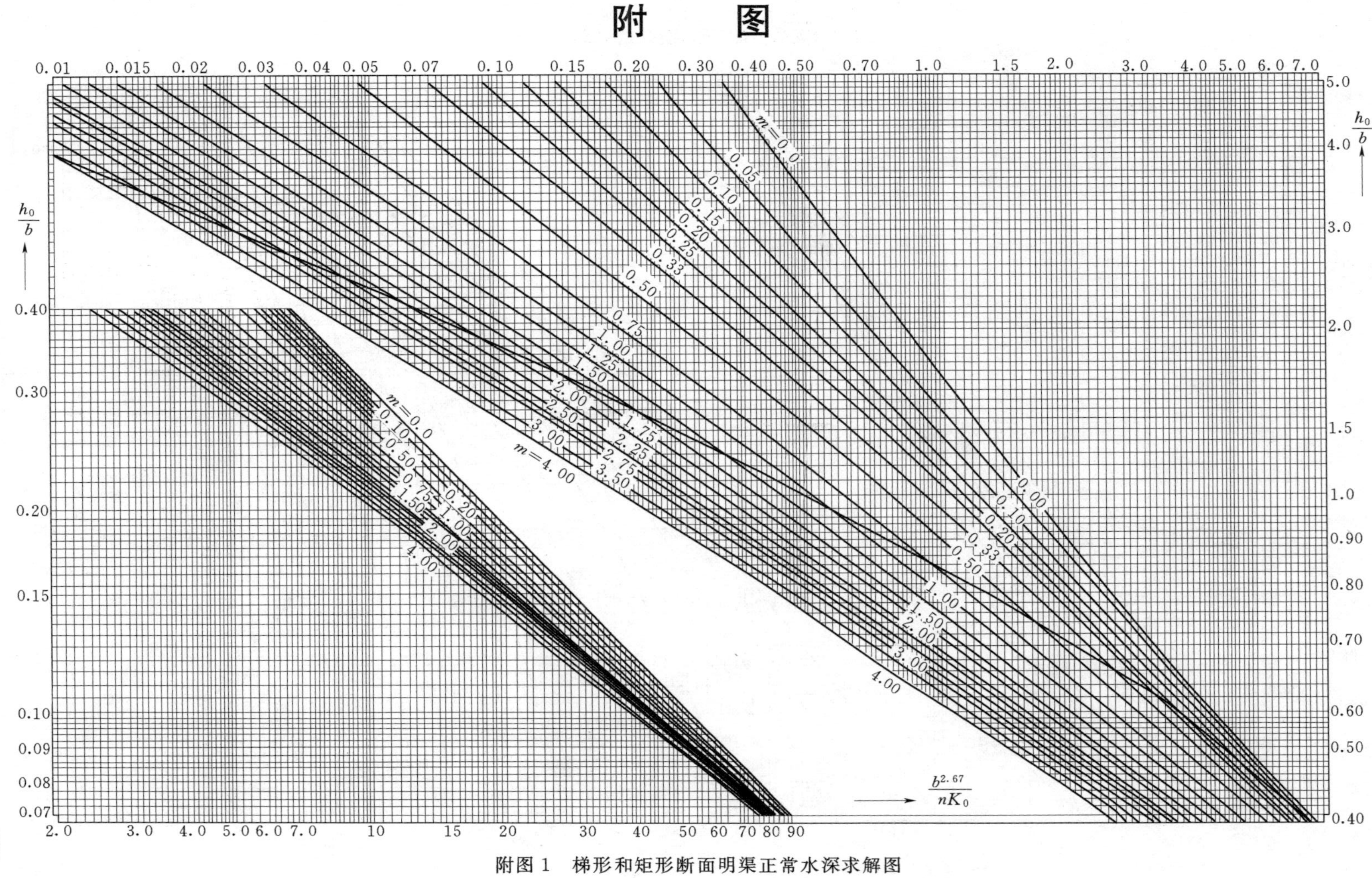

附图 1　梯形和矩形断面明渠正常水深求解图

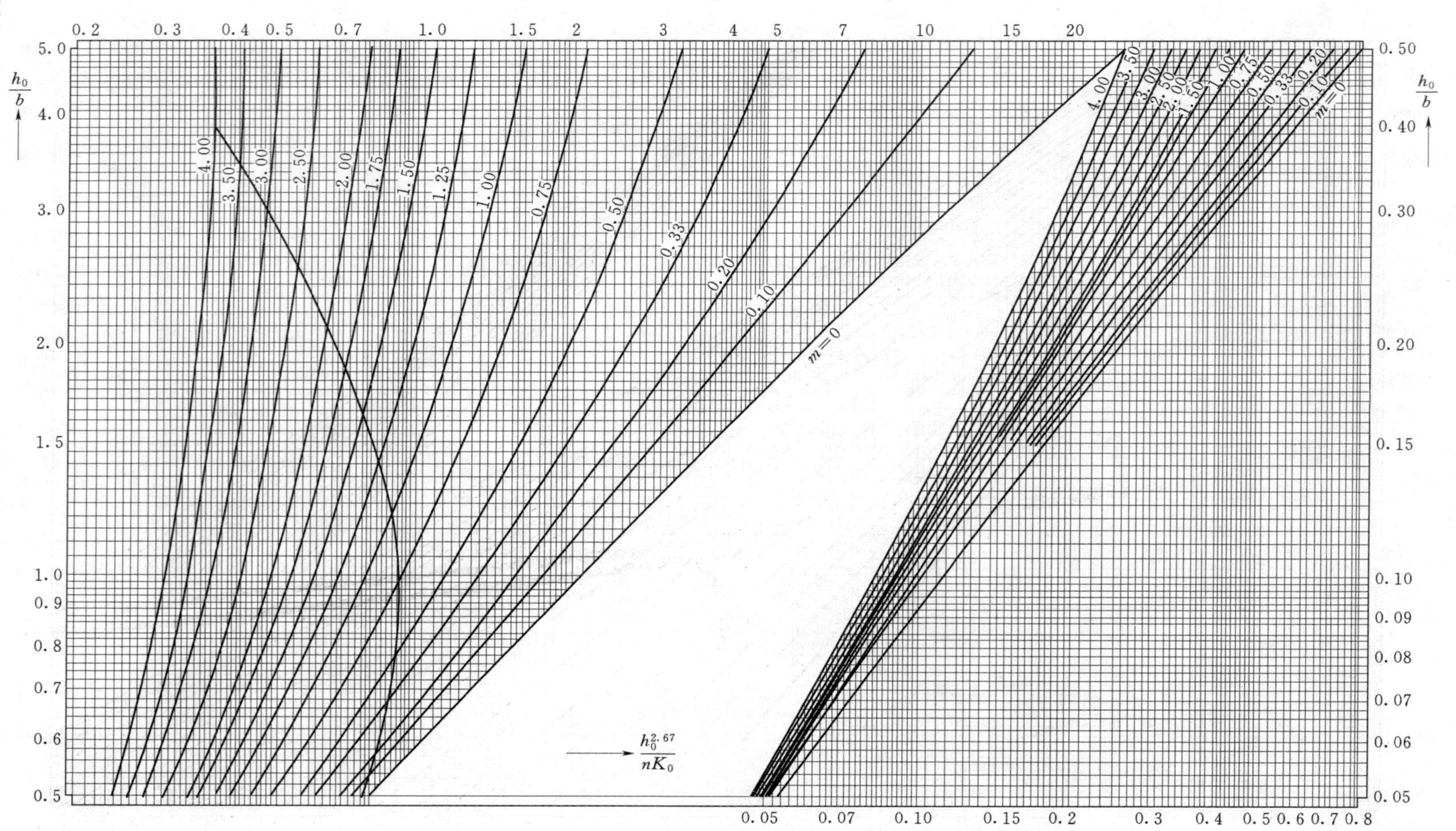

附图 2　梯形和矩形断面明渠底宽求解图

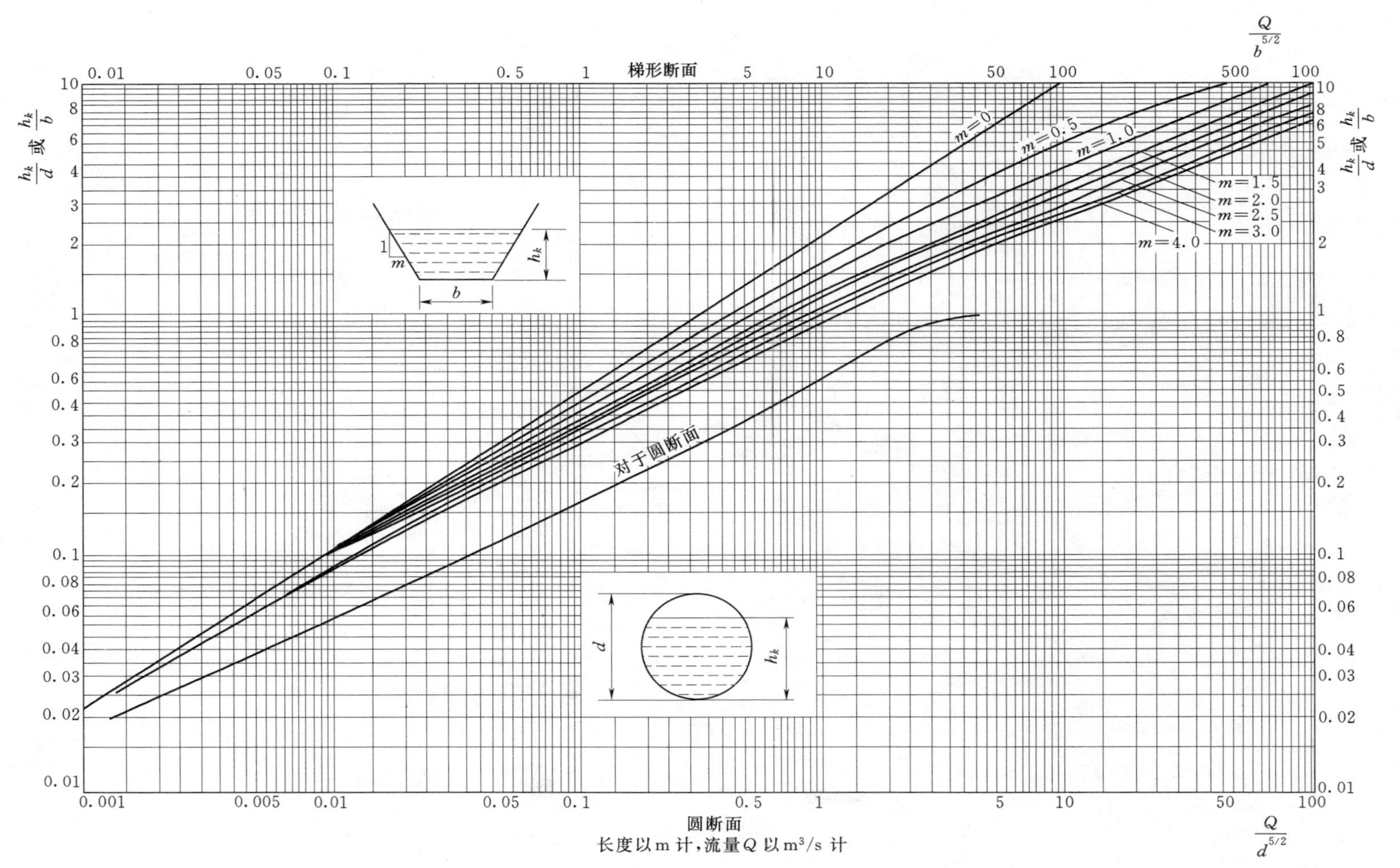

附图 3　梯形、矩形、圆形断面明槽临界水深求解图